Schriftenreihe zur
Yacht- und Schifffahrtsgeschichte
Band 2

Vom Gondelcorso zum Ocean-Race

Als Kaiser Wilhelm II. den Yachtsport nach Deutschland brachte

*Eine Dokumentation zur
deutschen Yachtgeschichte 1815–1915
zusammengestellt von Klaus Kramer*

Klaus Kramer Verlag

ISBN 3–9805874–4–4
© 2002 Klaus Kramer Verlag, Schramberg
Fotomechanische Wiedergabe nur mit ausdrücklicher Genehmigung des Verlages
Umschlaggestaltung und Typografie: klaus kramer fotografie+grafik, D-78713 Schramberg,
Lektorat: Susanne Schindler, Berlin
Druck: Druckzentrum Südwest, VS-Schwenningen
Printed in Germany

INHALTSVERZEICHNIS

VORWORT

Stellen Sie sich vor, Wochen- und Tageszeitungen berichten regelmäßig in ihren Leitartikeln ausführlich über die aktuellen Segelsportereignisse. Politische Magazine besprechen auf den ersten Seiten die neusten Entwicklungen im Yachtbau und bieten ihren Lesern Hilfestellung bei der richtigen Bootswahl. Die führenden Staatsmänner geben alle drei bis vier Jahre zu Lasten des Marineetats eine neue 40 m-Rennyacht in Auftrag und die Presse lobt dies seglerische Engagement als patriotische Tat. Das deutsche Staatsoberhaupt präsentiert sich als begnadeter Rennsegler, seine Söhne, führende Persönlichkeiten aus Staat und Wirtschaft beteiligen sich regelmäßig unter großer Anteilnahme der Öffentlichkeit mit ihren Yachten an internationalen Segelveranstaltungen. Die Regattapreise im Land, kostbare Silberpokale, werden von hohen Regierungsstellen oder dem höchsten Amtsinhaber des Staates gestiftet. Auslandsbesuche deutscher Repräsentanten finden an Bord imposanter Megayachten statt. Die Antriebsmaschinen dieser Staatsyachten besitzen stärkere Maschinen als die mächtigsten Einheiten der Marine. Und daneben gibt es für den deutschen Blätterwald kaum Wichtigeres zu berichten als über die aktuellen Baufortschritte und Indienststellungen neuer Marineeinheiten. – Während der Amtszeit Kaiser Wilhelms II. war dies der ganz normale Alltag.

Dabei hatte 20 Jahre zuvor das Freizeitvergnügen auf deutschen Gewässern mit Wassercorso und neckischen Blumenschlachten noch vollständig in der spielerisch-theatralischen Tradition der barocken Wasserfeste und fürstlichen Teichtheater gestanden.

Bei der 1835 zu Berlin gegründeten ,Tavernengesellschaft' – der ersten Seglervereinigung Deutschlands – stellte der gemeinsame Bootscorso mit fantasievoll ausgeschmückten Ruder- und Segelbooten, Musik und Tanz den gemeinschaftlichen Höhepunkt des Vereinsjahres dar. Aufgelockert wurden solche Feste durch Piratenspiele und gegenseitige Blumen-

bombardements auf der Spree. Man zeigte neben der preußischen Flagge bunte Fantasietücher und die Farben all der seefahrenden Nationen, deren man habhaft werden konnte. Im Winter vertrieb man sich die segellose Zeit mit amüsanten Kostümbällen. Die Berliner Pfennig-Blätter beschrieben einen dieser Seglerbälle 1845: „Die Herren tanzten in ihren hübschen Matrosenkostüms, und wahrlich, das gewährte einen gefälligeren Anblick als im Ballsaal, mit schwarzbefrackten und glacebehandschuhten Kavalieren. Die Damen in ihrer Toilette bildeten einen eigentümlichen Kontrast zu den sonnenverbrannten Herren in Seemannstracht, aber nichtsdestoweniger nahmen die Damen keinen Abstand, einmal ein paar Seemannsstündchen zu genießen."

Auch in den Statuten des zweiten Segelvereins auf deutschem Boden stand das gesellige Miteinander des Segelns noch an wichtigster Stelle. Die Satzung des 1855 von Königsburger Schülern gegründeten Segelclubs ,Rhe' bestimmte: „§1. Der Zweck der Verbindung ist, im Sommer amüsante Segelpartien zu befördern, während im Winter die Erinnerung an dieselben durch Versammlungen und eine Zeitung aufgefrischt und die Erwartung auf den folgenden Sommer angeregt werden soll . . ."

An der Küste dienten sogenannte Jachten ihrem Eigner als persönliche Reise-, Geschäfts- und Repräsentationsfahrzeuge. Man segelte weniger zum Vergnügen als zum Zwecke des Broterwerbs. Die Schiffsführung solcher Jachten lag in den Händen von Berufsseeleuten.

Das sportliche Regattasegeln wurde im deutschsprachigen Raum erstmals 1862 ein Thema, mit der Einfuhr der amerikanischen Rennyacht LAURA. Weil es noch keine eigenen Wettfahrtbestimmungen gab, trug man die ersten Wettfahrten auf Elbe und Alster nach den amerikanischen Regeln des Brooklyn Yacht-Clubs aus. Die Siegesprämien waren keine glänzenden Pokale, sondern die Zuschauer setzten, wie bei Pferderennen, zum Teil beträchtliche Wettgelder auf ihre Favoriten. Das Siegerboot konnte mit einem beachtlichen Preisgeld rechnen.

Führende Mitglieder des in Hamburg nach britischem Vorbild gegründeten Germania Ruder-Clubs schufen vier Jahre später, als Unterabteilung ihres Wassersportvereins, den Germania-Segel-Club. Hauptzweck dieser internen Segelabteilung war „die Förderung des Segelns durch die Organisation von Regatten auf Alster, Elbe und Ostsee". Die Segelabteilung des Germania Ruder-Clubs war damit die erste, wenn auch noch unselbstständige Einrichtung, die sich das Regattieren ausdrücklich als Ziel gesetzt hatte. 1868 wurde der Germania-Segel-Club vom Mutterverein getrennt und als Norddeutscher Regatta-Verein auf selbständige Füße gestellt. Der N.R.V. sah seine Hauptaufgabe weiterhin in der Ausrichtung, Unterstützung und Verbreitung des Wettsegelsports, nun aber nicht mehr allein in Hamburg, sondern auf dem gesamten Staatsgebiet Preußens und des Norddeutschen Bundes. Auch die ersten Kieler Wettfahrten wurden vom N.R.V. organisiert.

Während der Yachtsport in Deutschland noch ganz behutsam seine ersten Schritte wagte, konnten die Wassersportler in Großbritannien und Irland auf eine mehr als 250-jährige Yacht- und Regattatradition zurückblicken. Jenseits des Atlantiks, in New York, war der erste Yachtclub 1811 entstanden. Die Nachfolgeorganisation, der New York Yacht-Club, hatte 1851 – elf Jahre vor dem Auftreten der ersten Rennyacht in Hamburg –, die Schoneryacht AMERICA zur großen Londoner Weltausstellung nach England entsandt, um sich in südenglischen Gewässern mit den schnellsten Yachten Großbritanniens im Wettkampf zu messen.

Nach der Machtübernahme des jungen Kaiser Wilhelms II. im Jahre 1888 sollte der Yachtsport in Deutschland einen einzigartigen Aufschwung erleben – und zugleich seine friedlich-sportliche Unschuld verlieren. Von Marineangelegenheiten und Seemachtstreben besessen, erhoben Kaiser Wilhelm II. und sein jüngerer Bruder Prinz Heinrich den Segelsport durch ihr persönliches Engagement zur nationalen Angelegenheit. Mit dem Ankauf des ausgemusterten schottischen AMERICA's-Cupper THISTLE und der Öff-

nung des Kaiserlichen Yacht-Clubs für das gehobene Bürgertum, mit Kaiser Wilhelm II. als Kommodore an der Spitze, wurde Segeln zur patriotischen Herausforderung. Yachtsport und Marine waren nun wichtige Themen der allgemeinen Tagespresse. Selbst im tiefsten Binnenland, wo die Bevölkerung traditionell keinerlei Beziehung zu Schifffahrt und See hatte und man das Meer im günstigsten Fall vom Hörensagen kannte, wurde jetzt regelmäßig über die aktuellen Fortschritte im Flottenbau und Segelveranstaltungen informiert.

Verstärkt wurde dieser Trend ab 1896/97 mit der Diskussion und der Annahme des von Kaiser Wilhelm und seinem Marinekabinett geforderten ersten Flottengesetzes durch den Reichstag. Das Flottengesetz legte den Flottenaufbau für die kommenden sechs Jahre fest und bestimmte unter anderem die Errichtung einer aktiven Schlachtflotte mit zwei Geschwadern modernster Linienschiffe. Admiral Alfred von Tirpitz: „Deutschland muss eine so starke Schlachtflotte besitzen, dass ein Krieg auch für den seemächtigsten Gegner" – er meinte hiermit provokant England – „mit derartigen Gefahren verbunden ist, dass seine eigene Machtstellung in Frage gestellt ist."

Das erste Flottengesetz bedeutete das Umschwenken von einer defensiven, den Seehandel beschützenden und die Küsten verteidigenden Seemachtpolitik, hin zu einer offensiven Kolonial- und Seekriegsstrategie. Fürst von Bülow 1897 anlässlich der ersten Lesung des Flottengesetzes im Reichstag: „Wir wollen niemand in den Schatten stellen; aber wir verlangen auch unseren Platz an der Sonne."

Mit der Forderung nach einer starken Flotte folgten die Befürworter den Thesen der damaligen Marinetheoretiker, die international übereinstimmend prophezeiten, dass die Zukunft der Großmächte künftig auf den Meeren entschieden würde.

Um die für den Flottenbau notwendigen parlamentarischen Mehrheiten zu schaffen, hatte Alfred von Tirpitz mit Hilfe moderner Propagandamethoden die öffentliche Meinung mobilisiert. Als seine effektivste Agitationsmaschine war 1898 mit finanzieller Unterstützung von Wirtschaft und Industrie der Deutsche Flottenverein gegründet worden, der mit Pressebeiträgen, wie sie zum Teil in diesem Buch wiedergegeben werden, Abenteuerromanen, Sach- und Kinderbüchern, Flugblättern, öffentlichen Vorträgen und eigenen Zeitschriften geschickt sein Ziel verfolgte, „das Verständnis und das Interesse des deutschen Volkes für die Bedeutung und Aufgabe der Flotte zu wecken, zu stärken und zu pflegen."

Bereits zwei Jahre nach dem ersten, konnte im Reichstag das zweite Flottengesetz durchgesetzt werden, das einen zusätzlichen Ausbau der kaiserlichen Flotte vorsah. Danach sollte das Kaiserreich bis 1920 über eine Kriegsflotte von 60 modernen Großkampfschiffen verfügen. Dies bedeutete die Indienststellung von drei großen Panzerschiffen pro Jahr.

Während die traditionell erste Seemacht der Welt Großbritannien am so genannten ‚two-power-standard' – doppelt so viele Kriegsschiffe wie der potentielle Rivale – festhielt, versuchte das Kaiserreich ein Kräfteverhältnis von zwei zu drei zur englischen Flottenstärke zu erreichen. Damit begann ein beispielloses Wettrüsten. Neben dem technischen Aufbau der Flotte musste vor allem Menschennachschub zur Bemannung der Kriegsschiffneubauten ausgehoben werden. Da die Ressourcen an Seefahrtswilligen aus den dünn besiedelten Küstenregionen schon bald erschöpft waren, sollten die Bewohner des Binnenlandes an die Seefahrt herangeführt werden.

Jedes Jahr mussten allein für den Offiziersnachwuchs zwischen 600 und 850 Jugendliche als Schiffsjungen eingestellt werden. Um den immensen Bedarf an Schiffspersonal stillen zu können, veranlasste Tirpitz in den Jahren 1906/07 gezielte Werbeaktionen für das Schiffsjungen-Institut in ländlichen süddeutschen Zeitungen.

Großbritannien hatte über viele Jahrzehnte vorgeführt, wie man der Bevölkerung mit Yachtsport die Seefahrt näher bringen konnte. Während man jenseits des Kanals alle Bevölkerungsgruppen mit Erfolg für Segeln und Wassersport begeisterte, sollte bei uns zunächst allein das wohlhabende Bürgertum, getrennt von den unteren Bevölkerungsschichten, an den Segelsport herangeführt werden. Die segelnde Oberschicht sollte den übrigen Bürgern Vorbild sein. Ab 1907/1908 konnten sich auch die mittleren Gehaltsklassen, von öffentlichen Stellen gefördert und anerkannt, auf spielerische und sportliche Art mit Booten, Wind, Wellen und Wasser vertraut machen. Zugleich war in der Öffentlichkeitsarbeit ein Sinneswandel vom reinen Regatta- zum organisierten Fahrtensegelsport festzustellen.

Der Deutsche Schulschiff-Verein begann etwa zur gleichen Zeit im Binnenland mit Hilfe der Landesfürsten, Segelvereine zu gründen. Marinestellen bezeichneten die Yachtclubs als die ‚Pflanzschulen der Kriegsmarine'.

Bis zum Beginn des ersten Weltkrieges war es Wilhelm II. und der Marineleitung unter Alfred von Tirpitz gelungen, die Kaiserliche Flotte von der sechsten Weltrangstellung im Jahr 1888 auf den zweiten Platz nach Großbritannien und vor den USA emporzukatapultieren. Parallel hierzu hatte sich Deutschland aus dem Nichts heraus zu einer führenden Segelnation entwickelt.

Eine wichtige Rolle hierbei spielte die Berichterstattung der deutschen Presse, die als Sprachrohr der Staatsführung die britische Sportart in Deutschland populär gemacht hatte.

Das vorliegende Buch führt Sie anhand ausgewählter Zeitungsartikel, mit den Aussagen führender Persönlichkeiten und den lebendigen und engagierten Abbildungen zeitgenössischer Künstler durch die ersten einhundert Jahre deutscher Yachtgeschichte. Viele dieser Texte und Abbildungen sind der Leipziger ‚Illustrierten Zeitung' entnommen – sie war mit Abstand die am weitesten verbreitete Wochenzeitschrift der damaligen Zeit. Bei den vorliegenden Texten wurde die Rechtschreibung weitgehend dem heutigen Standard angepasst. Begriffsbezeichnungen und die Namensschreibung wurde beibehalten. Einzelne Artikel wurden behutsam gekürzt, ohne hierbei Sinn oder Inhalt zu verfälschen. Die zum Teil bei verschiedenen Quellen zeitgleich angewandte unterschiedliche Schreibweise von Jacht mit ‚J', beziehungsweise Yacht mit ‚Y' wurde dagegen bewusst beibehalten. Während Yachtzeitschriften und Segler in der Regel den englischen Begriff Yacht anwandten, um ihre Lust- und Regattaschiffe von dem schnellen Ostsee-Handelsfahrzeug deutlich zu unterscheiden, blieben die meisten Publikumszeitschriften bei dem traditionellen deutschen Begriff Jacht mit ‚J'.

Klaus Kramer

ROYAL LOUISE

Die königliche Fregatte ROYAL LOUISE dürfte wohl die älteste Lustyacht und überhaupt eins der ältesten Schiffe Deutschlands sein. Auf dem schönen, waldumkränzten Jungfernsee stationiert, hat sie mit ihren schmucken, seegerechten Formen und der seemännisch und zierlich gestalteten und gebrassten Takelage von jeher die Blicke auf sich gezogen und eines jeden Seglers Herz erfreut, in noch höherem Grade wohl, wenn sie unter dem Druck ihrer zahlreichen Segel anmutig und stolz dahinzog und Angehörige unseres Herrscherhauses über die blauen Fluten der Havelseen trug. [...]

Im Jahre 1831 nach Entwürfen des Master Shipwright Long und unter dessen Aufsicht in den Königlichen Dockyards von Woolwich erbaut, blickt sie jetzt auf das für ein Holz-

ROYAL LOUISE

schiff sehr beträchtliche Alter von über 70 Jahren zurück. Die vorzügliche Erhaltung verdankt sie ebenso dem ausgesucht kernigen Material – Planken und Doppelspanten bestehen aus Mahagoniholz –, wie der außerordentlichen Sorgfalt, die ihr seit jeher und pietätvoll noch jetzt bei der Instandhaltung und Außerdienststellung zuteil wurde.

Schon in demselben Sommer, in dem die Lustyacht hier eintraf, wurde für sie am Ufer der Pfaueninsel ein überdachter Winterhafen erbaut, der für etwaige kleinere Reparaturen mit einer Aufschleppvorrichtung versehen ist. Mit dem Ende der Segelsaison, im Oktober, gelangt der Rumpf, nachdem Takelung und Stangen bis auf die Untermasten und

Bugspriet entfernt sind, noch immer im Schlepp eines Dampfers hierher: eine weise Maßregel, die wesentlich zu seiner Erhaltung bis in die Jetztzeit beigetragen hat.

Ihrer etwas kleineren Vorgängerin, welche im Jahre 1814 als Erinnerungsgeschenk des Prinzregenten Georg I. von England an die Waffenbrüderschaft im gemeinsamen Kampfe gegen den großen Korsen und als besonderer Ausdruck der freundschaftlichen Beziehungen hier eintraf, war eine so lange Lebensdauer nicht beschieden. Die mutmaßlich ungenügende Konstruktion und jeglicher Mangel an Schutz den verderblichen Einflüssen der Witterung gegenüber bewirkten leider, dass das Fahrzeug schon Ende der zwanziger Jahre außer Dienst gestellt werden musste. Jedoch hatten auf die Angehörigen der königlichen Familie, obwohl das Schiffchen neben der Bemannung nur wenig Raum und Bequemlichkeit für die Passagiere bot, der Reiz und die Annehmlichkeiten der kleineren Ausflüge und Segelfahrten genügend stark gewirkt, um das Verlangen nach einem neuen, geräumigeren Ersatzfahrzeug laut werden zu lassen.

Während man sich um die Erwerbung einer gleichen Yacht ernstlich bemühte, kam König Wilhelm II. von England diesem Wunsche entgegen und machte seinem königlichen Freunde die Mitteilung, dass er ihm eine ähnliche Miniatur-Fregatte wie er sie selbst als Lustfahrzeug besaß als erneutes Geschenk zugedacht habe, und dass bei diesem Neubau die besonderen Wünsche Friedrich Willhelms III. in Bezug auf Größen- und Tiefgangsverhältnisse berücksichtigt werden sollten. Der Bau wurde eifrigst gefördert, so dass die Fregatte, welche – eine sinnige Aufmerksamkeit für das Andenken an die unvergessliche Königin – den Namen ROYAL LOUISE erhalten hatte, schon am 1. Juni 1832 in Begleitung eines englischen Regierungsdampfers in Hamburg eintraf. Jedoch stellten sich der weiteren Überführung ernstliche Hindernisse entgegen, da der Wasserstand auf Elbe und Havel zu niedrig war, als dass die Yacht auf eigenem Kiel nach Potsdam gelangen konnte. Schließlich gelang dieselbe mittelst einer versenkten und wieder leergepumpten Zille, die also gewissermaßen ein Schwimmdock bildete. Doch nur langsam ging der Transport vonstatten, und erst Mitte Juni traf das schmucke Schiffchen an der Pfaueninsel ein, wo es das Entzücken und die Bewunderung der ganzen königlichen Familie erregte.

Eine kostbare Vase aus der Königlichen Porzellanmanufaktur, mit prächtigen Malereien geschmückt, Ansichten von Potsdam und Umgebung, von der Pfaueninsel und der daselbst liegenden Fregatte, bildete das Gegengeschenk, mit welchem der preußische König den Gefühlen seiner Dankbarkeit und Freundschaft in der Folge Ausdruck gab.

Als Bedienungsmannschaft wurden anfangs Seeleute von Beruf, die beim Garde-Pionierbataillon dienten und besondere Abzeichen erhielten, nach der Pfaueninsel abkommandiert. Im Jahre 1842 wurden dann sämtliche Lustfahrzeuge nach der jetzigen Matrosenstation an der Glienicker Brücke verlegt, wo das betreffende Grundstück angekauft und zur Aufnahme der Mannschaften eingerichtet war. Hier liegt die Fregatte noch heute in der Nähe des Landes vor Anker. Von der Gaffel weht stolz die ehemalige preußische Kriegsflagge – auf weißem Grunde der schwarze Aar, in der oberen Ecke das Eiserne Kreuz –, die erst herabsinkt, wenn bei Sonnenuntergang der Abendsalut gegeben wird.

Hier wurde auch der von der Seehandlung angekaufte Raddampfer ALEXANDRIA stationiert, der früher zu den Passagierdampfern gehörte, welche vor dem Bau der betreffenden Eisenbahnlinie dem Personenverkehr zwischen Potsdam und Hamburg

dienten. Nach dem Entstehen der Königlich Preußischen Marine wurden aus dieser die Mannschaften für die Lustfahrzeuge ausgewählt, welche seit dem Jahre 1850 fortan alljährlich in jedem Sommer wieder erscheinen.

Der äußere Anblick der Fregatte ist, obwohl einen die nach der damaligen Bauart üblichen vollen Linien im Vor- und Achterschiff fremd anmuten, ein durchweg günstiger, der durch die zierliche Ausführung und das streng seemännische Aussehen der Takelung mit ihren untergeschlagenen Segeln und vierkant gebrassten Rahen noch wohltuender auf das Auge wirkt. Besonders hübsch ist der Blick auf die graziöse Linienführung des Hauptspants, wenn man vor dem reich verzierten Bug steht, dessen Galion in einen Adlerkopf ausläuft. Bei einer Länge über Deck von 15 m hat der Rumpf eine Breite von 4,20 m und 1,40 m Tiefgang. Das Vorgeschirr ist 7 m lang, der Topp des Hauptmastes ragt 13 m über den Wasserspiegel. Das Unterwasserschiff ist gekupfert mit schmalem, weißen Streifen auf der Grenzlinie. Über Wasser ist der alte Anstrich, schwarz mit weißem Gang, beibehalten worden. Aus den in diesem weißen Streifen durch Anstrich markierten Stückpforten ragen nachgemachte Kanonenläufe hervor. Auf dem Heck, das ebenfalls reichen Schmuck trägt, und dessen Fläche durch angedeutete, verzierte Seitenlichter belebt wird, steht auf weißem Bande in Goldbuchstaben der Name ROYAL LOUISE. Ein 60 cm hohes Schanzkleid, das zahlreiche Pfortenöffnungen hat, begrenzt das Deck und trägt eine gelb gehaltene Relingleiste.

Das Deck selbst zeigt in kleinem Maßstabe die gesamte Einrichtung eines Kriegsschiffes, wie sie damals üblich war: ein Miniatur-Gangspill, die Kranbalken mit zwei schweren Bugankern und auf dem Achterdeck zwei kleine Messing-Kanonen, mit denen Salutschüsse erwidert werden und der Abendschuss bei Sonnenuntergang gefeuert wird. Zwischen Großmast und Fockmast liegt ein 40 cm hoher Kajütaufbau, der dem darunter befindlichen Salon eine reichliche Stehhöhe von 2 m verleiht. Weiter nach vorn zu schließt sich das Luk zum Mannschaftslogis an.

Dicht hinter dem Großmast befindet sich der Niedergang, dessen Treppe, querschiffs gelegt, von Steuerbord nach Backbord hinunterführt. Sämtliche

Aufbauten bestehen aus Mahagoniholz, Hauptdeck und Kajütendeck sind aus schmalen White Pine-Planken verlegt. Hinter dem Besanmast liegt der Steuerraum. Die Steuerung selbst ist auswechselbar und kann mittelst Pinne oder, was gewöhnlich der Fall ist, mittelst Rad geschehen. Zierliche, pyramidenartig geformte, achtseitige Glaskuppeln geben den unter Deck befindlichen Räumen das nötige Tageslicht.

Diese Letzteren bieten, wenn auch der Aufenthalt auf Deck von den hohen Gästen an Bord bevorzugt wird, eine für kleinere Fahrten reichlich genügende Bequemlichkeit. Von dem oben erwähnten Niedergang aus gelangt man zunächst in einen Vorflur, dessen freier Raum durch Spinde und Pantry ausgenutzt ist. An Backbord führt eine Tür zu dem geräumigen, 4 ½ m langen Salon, der sich über die ganze Breite des Schiffes erstreckt. Seine Ausstattung ist ebenso einfach wie vornehm gehalten. Die Wände sind mahagonigetäfelt, die Decke weiß gemalt. Mit rotem Satinleder überzogene Polster laufen an den Seiten entlang, in Bronzegrund gehaltene Teppiche bedecken den Boden. Ein Ausziehtisch für zwölf Personen und die nötigen Sessel vervollständigen die innere Einrichtung. Nach vorn zu trennt den Salon ein Schott von dem kleinen Mannschaftsraum, der keine weiteren Einbauten hat und mehr als Kabel-Gat benutzt wird. Nach achtern zu führt der Gang zur Schlafkajüte, die bei ihrer Lage im Hinterschiff eine geringere Höhe hat. Die Wände sind ebenfalls mahagonigetäfelt, die Polster mit einem fein gemusterten Wollstoff bezogen.

Zu der im vorigen Herbste vorgenommenen Reparatur waren natürlich sämtliche Gegenstände der inneren Einrichtung entfernt, und nur der leere Rumpf stand mit seinen Untermasten und Bugspriet auf dem Slip der Werft. Schon im Jahre 1871 war eine erste eingehendere Ausbesserung erfolgt; jedoch zeig-te es sich, dass hierbei so manches fehlerhaft ausgeführt war. Dafür fiel dann die jetzige umso gründlicher und sorgfältiger aus. Dreißig Doppelspanten wurden teilweise ersetzt und das ganze Unterwasserschiff neu beplankt und wieder gekupfert. Auch der Loskiel, der sich stark von Muscheln bewachsen und zerfressen zeigte, erhielt diesmal die schützende Hülle. Ebenso musste das Deck, welches ja naturgemäß die größte Beanspruchung erfährt, samt seinen Luken und Aufbauten aus schmalen White Pine-Planken gänzlich neu gelegt werden. Außerdem waren Decksbalken, Weger teilweise zu ersetzen, Wegerung, Rüsten, Deckslichter und andere kleinere Sachen neu anzufertigen. Interessant ist es, dass beim Brennen der Farbe von den Decksbalken das ursprüngliche Namensschild des Konstrukteurs und der Werft wieder gefunden wurde, welches schon seit ungefähr 30 Jahren durch Überstreichen mit Farbe den Blicken entzogen war; von neuem aufgefrischt hat es jetzt seinen alten Ehrenplatz wiedererhalten.

Lange Jahre blieb die Fregatte nur ein Prunkstück. Erst unter unserem Kaiser, der damals zusammen mit Prinz Heinrich seine ersten nautischen Kenntnisse hier erwarb, begann eine schöne, an Arbeit und Freuden reiche Zeit für die Matrosenstation. Auch jetzt noch ist sie, soweit die Last der Regierungsgeschäfte es nur erlaubt, der bevorzugte Erholungsort unseres Kaisers und seiner Familie, und des Öfteren werden über das ganze Revier ausgedehnte Fahrten unternommen. Möge das historische Schiffchen, dieser sinnige Schmuck des Jungfernsees, das dank der pietätvollen Sorgfalt unseres Kaisers schon ein so hohes Alter erreicht hat, noch recht lange seinen Zwecken dienen, und möge es noch oft mit entfalteten Segeln und der purpurnen Königsstandarte im Großtopp stolz und anmutig über die blauen Fluten der Havelseen dahinziehen.   *Wassersport, 1913*

DER SEGEL-CORSO ZU BERLIN AM 16. JULI 1845

Zu Lande war der Corso sehr wässrig, was Wunder also, dass ein Wassercorso arrangiert wurde. Ein solcher fand am 16. d. M. bei Stralow statt, den die dortige Segelgesellschaft arrangiert hatte. Die Sache ist ganz allerliebst gewesen und hat dergestalt gefallen, dass recht bald eine Wiederholung sein wird. Etwa 30 Boote worauf Musik, manövrierten ‚en flotte' in sehr präzisenSchwenkungen umher. Bei diesem Segelcorso erblickte man doch fröhliche Gesichter, wahrhaft buntes Treiben, den südlichen Humor. Außer dem Segelcorso war neulich auf der Pfuhlchen Anstalt am Schlesischen Tor Schwimmcorso, und in Pankow Laufcorso.

Sie waren alle hundertmal hübscher als der langweilige Landcorso.

Berliner Pfennig-Blätter, 1845

DER BESUCH DER RUSSISCHEN MAJESTÄTEN IN POTSDAM

. . . Dennoch sollten auch die Tage der erneuten Anwesenheit der russischen Kaiserin und ihres sie abholenden Gemahls irgendwie ausgezeichnet werden, und es geschah dies durch die Erinnerung von Festen, die zwar in ähnlicher Weise früher schon gefeiert wurden, seitdem aber ausgesetzt worden waren, als die trüber werdende Zeit solchen harmlosen Vergnügungen sich allzu sehr abhold erwies.

Die Kaiserin traf, sichtlich erstarkt und gekräftigt, am Abend des 5. Juli von Schlangenbad zurückkehrend, nachdem sie in Begleitung König Friedrich Wilhelms Stolzenfels und Köln besucht hatte, über Hannover wieder in Potsdam ein, um bis nach ihrem Geburtstage dort im traulichen Familienkreise inmitten der überaus reizenden Umgebung dieser Stadt, die für die hohe Fürstin so viele jugendliche Erinnerungen umschließt, zu verweilen.

Der Abend des 7. Juli wurde ausersehen, zu Ehren der Kaiserin einen großen Wassercorso zu veranstalten, und das herrlichste, mildeste Sonnenwetter sicherte ebenso wie die zahlreiche freudige Teilnahme aus allen Kreisen der Gesellschaft das Gelingen dieser ursprünglich dem Süden und namentlich Italien angehörigen Festlichkeit.

Man wird sich erinnern, dass dieser nordische Corso bei Potsdam zu Wasser, im Berliner Tiergarten zu Lande in den Jahren 1846 und 1847 plötzlich große Beliebtheit gewann und die Illustrierte Zeitung gab in Nr. 170 ein Bild desjenigen Gondelcorsos, der im erstgenannten Jahre zur Zeit der Anwesenheit des Königs von Sachsen gehalten wurde. Mit den Unruhen des Jahres 1848 vertrug sich diese trauliche Vergnügung nicht, und sie unterblieb seitdem, ist aber nun desto anmutiger wieder entstanden. Kaum irgendwo dürfte, die majestätischen Alpenseen etwa ausgenommen, denen aber diese zierlichen Flotten von Gondeln und Segelbooten fehlen, eine schönere Örtlichkeit sich so sehr diesen reizenden Spielen anschließen, als dies bei dem großen Havelbecken oberhalb der Glienicker Brücke der Fall ist. Dort teilt sich das von der Pfaueninsel her kommende Gewässer in zwei Arme, welche die Insel, ‚der potsdamsche Werder' genannt, umspannen, und erweitert sich dabei zu einem umfangreichen See, den die schönsten, meist massigen Ufer besäumen und in dem sich eine Reihe schöner Bauwerke bespiegeln. Wer am Abend mitten auf dem See fährt, erblickt zur Stadt gewendet deren Türme jenseits einer hohen Pappelallee, umleuchtet vom strahlenden Abendhimmel, rechts das dunkle Waldgrün des Neuen Gartens mit dem freundlichen Marmorpalais und seitwärts die reizende Villa Jacobs, hinter sich die düsteren Fichten des Königswaldes und an der äußeren Spitze gegen die Pfaueninsel zu die freundliche von Persius erbaute Heilandskirche am Port zu Sacrow, eine Basilika mit freistehendem Glockenturm. Noch weiter zurück überragt der leicht gebaute Turm der Peter-Paulskirche bei Nikolskoe die Bäume der Waldhöhen. Aber die schönste Einfassung und dabei in der köstlichsten Beleuchtung bietet sich zur Linken. Dort überspannt die Glienicker Brücke mit einer Reihe von trefflich gemauerten Steinbogen den breiten Strom, das Schloss Babertsberg, dem Prinzen von Preußen gehörig, tritt dahinter, malerisch in normannischem Stil ausgeführt, aus dem Walde heraus, und vor ihm wirft mitten aus dem blauen Strome eine prachtvolle Fontäne ihr klares Silber in die Luft. Neben der Brücke endlich schmücken ein nach dem berühmten Tempel des Lysistrates zu Athen erbauter Pavillon, dann ein mit seiner schönen Veranda vortretendem Gebüsch die reich mit den buntesten Flaggen und Wimpel aller Nationen prangenden, vollständig aufgetakelten Masten eines Seeschiffes darstellen. Das ist seinen Hauptzügen nach der Schauplatz, auf dem sich das heitere Leben des Corsos entwickelt. Sehen wir uns nun dieses etwas näher an.

Nahe am Weststrande des Sees ankert das zierliche Modell einer Fregatte, welches König Friedrich Wilhelm II. einst vom Könige von England zum

Der Gondelcorso auf der Havel bei Potsdam am 7. Juli 1852

Geschenk erhielt. Es ist mit allem versehen, was zur vollen Ausrüstung gehört und prangt gleichfalls mit vielen bunten Flaggen; aber es sieht sich das Treiben des Corsos nur aus einiger Ferne mit an. Inzwischen kommen die Gondeln von der Stadt her durch die Bogen der Glienicker Brücke herangeschwommen zum Stelldichein auf dem See. Kränze mit Blumen und Gewinde von Laub zieren die Borde und Spitzen derselben, und sauber gekleidete Matrosen führen die kräftigen Ruderschläge, der leichte Abendwind aber spielt kosend mit den Flaggen, in denen mit den preußischen Farben der Adler wechselt. Immer zahlreicher wird die Schar dieser Boote, bald nahen auch Segelboote, leicht und schlank gebaut, die Segel spannend und die langsamere Masse der anderen mit raschem Kiele umschwärmend, und nun tönen luftige Fanfaren und helle Trompetenklänge hinein und lok-

ken alle die Gondeln und Boote und selbst die schwerfälligen, großen, Zuschauer führenden Kähne nach der Mitte des Sees. Die drei Musikchöre der Garde zu Korps, Husaren, Ulanen kommen auf ebenso vielen Gondeln dazu, und ihre Melodien rauschen schmetternd über die spiegelhelle Wasserfläche dahin. Immer dichter und dichter zieht sich der Knäuel der Fahrzeuge zusammen, und wer hineinschauen kann, sieht nicht nur reiche Kränze von Damen darin, sondern auch Hunderte von zierlichen Blumensträußen mit Rosen und Vergissmeinnicht, die bestimmt sind, als Wurfgeschosse von schönen Händen geschleudert oder aufgefangen zu werden, sobald der lustige Krieg beginnt. Aber der Krieg ist hier ein wenig ernstlich gemeinter, darum darf auch jenes Boot mitfahren, das auf seiner weißen Flagge die Inschrift führt: Weiß- und Bayrisch-Bier! Wohl 200 Boote sind jetzt beisammen und von Glienicke kommt, seltsam anzusehen, ein Wassertreter daher und wandelt neben der Menge ruhig dahin; zwei kleine kahnförmige Behälter unter den Füßen und eine lange Ruderstange in der Hand, das ist der Apparat, mit dem er wandelt. Auch ein der Eisenbahndirektion gehöriges kleines Dampfboot kommt festlich geschmückt zu der vergnüglichen Fahrt. Nun erscheinen als Vorläufer der hohen Gäste die königlichen Prinzen mit ihren hübschen und leicht dahingleitenden Segelbooten. Die königlichen Flaggen wehen an Bord, die Matrosen sind geschmackvoll gekleidet, die Blumengeschütze bereit, so fahren sie durch die immer dichter schwirrende Menge. Da beginnt der Kampf, die Geschosse fliegen von Bord zu Bord, jeder wirft und hascht nach dem Geworfenen, während die Ruderer vorwärts eilen, um überall in der Schlacht gegenwärtig zu sein. Wohl fürchtet manche ängstliche Dame, das Boot werde umschlagen, wenn die Kämpfer zu hitzig sich überbeugen, die zu kurz geworfenen Sträuße zu erhaschen; aber dem Angstrufe folgt schnell wieder der Ausbruch der Freude, denn dass nach und nach Hut und Kleid und jedes Stück der Toilette in Wasser getränkt wird durch die fliegenden und sprühenden Geschosse, ist etwas, das am wenigsten Sorge macht.

Jetzt donnern Kanonenschüsse ihren Gruß und hallen weit über das Wasser hin, das Echo weckend. Die Kaiserin, der König und die Königin sind zu Wagen durch den Neuen Garten herangekommen.

Dort besteigen sie das große schöne Haveldampfboot ALEXANDRA, welches der König zu seiner Verfügung hat und auf dessen Hauptmaste die gelbe russische Flagge mit dem kaiserlichen Doppeladler prangt, dann fahren sie mit reichem und glänzendem Gefolge der Mitte des Sees zu, von wo sich bereits die ganze Flottille in Bewegung gesetzt hat, ihnen entgegenzueilen. Lebhaftes Hurrarufen und fortdauernder Kanonendonner geben Zeugnis von der Freude über das Kommen der erlauchten Gäste, dann beginnt auch hier das Blumenwerfen. Langsam wendete das Dampfboot und fuhr dahin durch die wimmelnden Boote, Blumen um Blumen fliegen hin und wider, denn jeder warf und haschte, haschte und warf immer von neuem. Selbst die Kaiserin nahm teil an diesem freundlichen Spiele, vor allem aber der König, den dasselbe zu vergnügen schien. Die Ufer alle waren dicht mit Menschen zu Fuß und zu Wagen besetzt, auch das erhöhte die Pracht des Anblicks, und dazu ward die Beleuchtung immer abendlicher, immer schöner. Auf und ab fuhr das Boot ALEXANDRA, geleitet von dem fröhlichen Gefolge der Boote, und als die Blumen, die jedes mitgeführt hatte, ausgeworfen waren, da begann man aufzufischen, was auf dem Wasser trieb. So dauerte es bei fröhlicher Musik eine längere Zeit, bis endlich das königliche Boot seinen Kurs nach der Pfaueninsel zu nahm. Da kehrten die Übrigen auch, noch lange des schönen Abends genießend und geleitet von der Musik, zur Stadt zurück.

Illustrierte Zeitung, 1852

LUSTYACHT DES KÖNIGS VON HANNOVER, KÖNIGIN MARIE

Diese für Rechnung des Königs von Hannover gebaute Lustyacht lief am 3. Juli in dem am Ausflusse der Weser gelegenen hannoverschen Hafenorte Geestemünde auf der Werft des Schiffsbaumeisters und Erbauers R. C. Rickmers von Stapel unter Beisein der dort anwesenden königlichen Offiziere des ‚Fort Wilhelm', und erhielt bei der Taufe, welche an derselben vollzogen wurde, ehe man sie ihrem Elemente übergab, den Namen KÖNIGIN MARIE. Bei den Schlussworten: „Ich taufe dich, möge der Schaum der Wellen für dich nie gefährlicher werden als dieses sprudelnde Taufwasser!" wurde eine Flasche Champagner am Bug des Schiffes zerschellt.

Unter freudigem Zuruf der anwesenden Menge setzte es sich, als kaum die letzten Worte verhallt waren, in Bewegung, und begleitet von einem donnernden Hoch auf den König als den Schutzpatron für Handel und Schifffahrt eilte sie unter Kanonenschüssen ihrem Elemente entgegen, auf dem sie auch nach wenigen Sekunden so graziös wie eine Möwe dahinschwamm.

Zu Wasser liegend macht die Yacht durch ihre gefällige Form auf das Auge des Beschauers einen angenehmen Eindruck. Das große königliche Wappen ziert den Spiegel (Heck), ist durch reich vergoldete Arabesken eingefasst, und darunter glänzt hell der Name KÖNIGIN MARIE. Vorn endigt das Schiff in einem unter dem Bugspriet auslaufenden Steven, welcher mit vergoldeten Bildhauerarbeiten verziert ist. Vermittelst einer bequemen Treppe, mit messingnen Szeptern versehen, gelangt man sicher und gut auf das Verdeck, woselbst zuerst die feine und saubere Arbeit auffällt. Um passende Sitze auf dem Verdeck zu erlangen, ist eine Erhöhung in der Mitte des Schiffes angebracht, welche gleichzeitig dazu dient, die Kajüte höher und geräumiger zu machen, wodurch zugleich höchst praktisch zwei Vorteile zugleich erzielt sind; elegante, zum Wegnehmen eingerichtete Kissen sind auf derselben angebracht und ziehen sich längs derselben hin. Auf dieser Erhöhung befindet sich das mit Eleganz gearbeitete, achteckige, in Mahagoniholz eingerahmte Oberlicht, durch welches Luft und Helligkeit in die Kajüte gelangt. In der Mitte ist der Eingang zum Entreezimmer, vorn und hinten der zur Kapitänskammer, Koje etc.

Im Bug befindet sich das Spill (Winde), womit der Anker aufgewunden wird. Von der gewöhnlichen Form abweichend ist es auf eine sinnreiche Art eingerichtet, so dass es wenig Platz wegnimmt. Eine geschmackvolle, von Messing gearbeitete Ruderpinne dient hinten zum Steuern des Schiffs; vor dieser ist ein Kompasshaus ganz von Messing, aus einem Stück gehämmert und ein Meisterstück von Arbeit. Rund um den Mast läuft ein breiter, metallener Ring zum Festmachen verschiedener Taue, und die Enden der Taue, welche die Masten und Stengen halten, sind ebenfalls mit metallenen Kapseln überzogen. Bänke, mit Kissen von einem Stoff, der die Nässe vertragen kann, überzogen, ziehen sich vom Kompasshause bis zum Masten hin, auf beiden Seiten einen Weg zum Promenieren freilassend. Auf den metallenen Kanonen von ausgezeichnetem Guss, auf Mahagonilafetten ruhend, ist zwischen Weinranken der Name des Schiffs in erhabener Schrift angebracht.

Die innere Einrichtung ist, dem Sinne der königlichen Familie entsprechend, einfach, aber dabei sehr geschmackvoll. Eine massive Mahagonitreppe mit messingnem Geländer führt in das Innere des Entrees, von welchem man rechts in die Kajüte und links in das Toilettenzimmer gelangt.

Die Wände des Entrees, das durch Scheiben mit Glasmalerei erhellt wird, die eigens dazu angefertigt wurden, sind mit ausländischem Holze von verschiedenen Farben in Fächer, die durch Marmorsäulen mit bronzierten Kapitalen gekrönt voneinander getrennt werden, ausgelegt.

Tritt man von da aus in die Kajüte, so gewähren die meist mit Gold eingefassten Wände derselben

Lustyacht des Königs von Hannover, KÖNIGIN MARIE, gebaut von R. C. Rickmers in Geestemünde

einen angenehmen Gegensatz zum Entree. Schwere Brüsseler Teppiche bedecken den Fußboden und weiche, zum Sitzen einladende Diwane, mit einem gediegenen, dunklen Stoff in türkischem Geschmack überzogen, ziehen sich zu beiden Seiten der Kajüte hin. In der Mitte befindet sich ein hübsch gearbeiteter Mahagonitisch mit einer seiner Decken darüber, über dem in symmetrischer Ordnung eine Hängelampe, ein

Barometer und ein Hängekompass angebracht sind. Die eine Wand schmückt ein Ölgemälde, das Vom-Stapel-Lassen der Yacht vorstellend, die entgegengesetzte ein geschmackvoller Spiegel.

Ins Toilettenzimmer gelangend, in welchem sich auf beiden Seiten mit rotem Stoff überzogene Divane befinden, erstaunt man über die Bequemlichkeit, welche man überall findet. Der weiße Grund wird durch Mahagonisäulen, die wieder durch goldene Leisten verziert werden, abgetrennt. Dasselbe ist gleichfalls mit Teppichen sowie mit Kleiderschränken und Toilettentischen mit Marmorplatten versehen.

Hinter dem Toilettenzimmer befindet sich eine kleine, niedliche, weiß lackierte und mit Fußdecken versehene Kajüte für den Kapitän und Ersten Offizier und hinter dieser wieder die Vorrats- und Segelkammer. Vorn im Bug hat die Küche, die durch Fenster von den Seiten erhellt wird, ihre Einrichtung erhalten; daran anstoßend befindet sich das Pantry (Kabinett für den Steward), woselbst das feinere Geschirr für die Kajüte aufbewahrt und der Bedarf für die königliche Tafel zubereitet wird; in einer Ecke daselbst befindet sich ein eiserner Behälter, in welchem das Trinkwasser aufbewahrt wird, das wieder durch Patentfilter gefiltert wird. Neben der Küche ist eine geräumige Abteilung zum Aufenthalt für die Mannschaft.

Der Bau des Schiffes war ein schwieriger, und zwar insofern, weil, wenn es seinem Zwecke entsprechen sollte, zwei Aufgaben ihre Lösung finden mussten.

Durch den höchst geringen Tiefgang von vier Fuß, den dieses Schiff trotz seiner Größe nur einnehmen durfte, um es auf flachen Gewässern benutzen zu können, entstand nämlich erstens eine Konstruktion, bei der die ganze Schiffsbaukunst angewandt werden musste, wenn es dadurch nichts an seiner gefälligen Form und an seiner Steifheit auf See einbüßen sollte.

Die zweite Aufgabe, welche die innere Bauart betraf, bestand darin, dass in Folge der flachen Bauart die geringe Höhe des Schiffes bedeutende Schwierigkeiten verursachte, um die Einrichtung auf eine geräumige und bequeme Weise herstellen zu können. Beide Aufgaben sind jedoch, und ohne dass dadurch der gefälligen Form des Schiffes Abbruch getan ist, auf eine glänzende Weise gelöst; mit Ballast und überhaupt mit allem, was zur Ausrüstung des Schiffes gehört, nimmt es kaum den ihm bestimmten Tiefgang ein. Bei hohem Seegange arbeitet es dabei sehr leicht und entwickelt eine Steifigkeit, die Bewunderung erregt.

Viele bei dem Vom-Stapel-Lassen der Lustyacht KÖNIGIN MARIE anwesenden Sachkenner, welche oft Gelegenheit gehabt, derartige Lustschiffe in England und Amerika zu sehen, versichern, dass dieselbe von keinem in ihrer Bauart und gefälligen Form übertroffen werde; und so darf man mit vollem Zug sagen, dass dies auf der Werft des Herren Rickmers erbaute Schiff wiederum aufs Glänzendste den ausgezeichneten Ruf bewahrt habe, dessen die an der Unterweser gebauten Schiffe sich schon seit langem unter allen seefahrenden Nationen erfreuen. Dieser Ruf ist in der Tat ein so ausgebreiteter und gediegener, dass selbst der Großadmiral der russischen Flotte, Großfürst Konstantin, bei seiner letzten Anwesenheit in Hannover, sowie vor kurzem noch der Admiral der sardinischen Flotte bei einer Reise des Schiffsbaumeisters Rickmers in Italien Gelegenheit nahmen, sich mehrere Stunden mit demselben über den Schiffsbau an der Weser zu unterhalten, wie denn auch Herr Rickmers vor einigen Jahren in Portsmouth die Ehre ward, von hoher Hand eine Einladung zu erhalten, welche ihm gestattete, der großen Flottenrevue daselbst auf einem der Regierungsschiffe mit beiwohnen zu können. *Illustrierte Zeitung, 1858*

Die Wettfahrt zwischen LAURA und NETTY am 3. Juni 1866 auf der Elbe

Am 8. Juni fand auf der Elbe ein Wettsegeln statt, welches im Club lebhaftes Interesse hervorrief.

Bei seiner Rückkehr von New York vor zwei Jahren hatte sich nämlich Adolph Tietgens von dort ein Boot mitgebracht. Dasselbe, die LAURA, 30 Fuß Hbg. Wasserlinie lang und 13 Fuß breit, war nie geschlagen worden.

Im vorigen Sommer hatte Tietgens im Lauf eines durch die LAURA hervorgerufenen Gesprächs über Hamburger und amerikanischen Bootsbau mit Hrn. Ph. Baetcke eine hohe Wette abgeschlossen, infolgedessen dieser sich bei H. Heidtmann auf der Uhlenhorst ein Boot NETTY 34 Fuß lang bauen ließ, um damit gegen die LAURA zu segeln.

Am genannten Tage, morgens acht Uhr, begann das Segeln bei sehr flauem östlichen Winde.

Die zu durchsegelnde Regattatour war: von Övelgönne, um die Tonne Nr. 15 bei Glückstadt und zurück zur Abfahrtsstelle. Bald nach dem Start erlangte die LAURA einen kleinen Vorsprung, welcher sich allmählich ein wenig vergrößerte und passierte sie 1 Uhr 12 ¾ Minuten mittags die Tonne Nr. 15, fünf Minuten vor der NETTY. Später vergrößerte sich dieser Vorsprung beim Kreuzen noch mehr und langte die LAURA 6 Uhr 5 Minuten nachmittags mit einem Vorsprung von 27 Minuten beim Ziele an.

Zur Begleitung der beiden Boote hatten sich die G.R.C.-Mitglieder ein kleines Dampfboot, den HERCULES, welcher die Clubflagge am Topp führte, gechartert und es befanden sich außer den Mitgliedern, Bock, Burmester, Grasemann, Denader, Eberling, Gräpel, H. Hellmrich, Justus, Martens, Schlesinger und K. Tietgens auch mehrere Clubfreunde und Bekannte an Bord.

In der LAURA waren außer Tietgens noch zwei Clubleute, Schröder und Westendarp.

Ein zweites Dampfboot war von H. Droege gechartert und es befanden sich hierauf hauptsächlich Damen. Außer diesen beiden fanden sich noch zwei andere Dampfer, wovon das eine Richterboot war, und eine große Anzahl Segelboote am Start ein, wodurch sich ein sehr hübscher Anblick darbot.

Während der ersten halben Stunde herrschte an Bord des Club-Steamers eine ziemliche Aufregung. Da der Wind aber wie erwähnt sehr flau, kamen die Boote nur langsam vorwärts und es verlor das Segeln dadurch allmählich an Interesse. Nun wurde auf Zeitvertreib gesonnen und zuerst Essen und Trinken dafür gewählt, zumal sich bei den meisten auch schon ein ziemlicher Hunger und Durst eingestellt hatte. Zum Dessert wurden darauf von Mitgliedern und Clubfreunden einige recht lehrreiche Geschichten zum Besten gegeben, die bei den jüngeren Anwesenden allgemeinen Anklang, bei einigen älteren Herren jedoch etwas merkwürdige Gesichter hervorriefen.

Währenddessen waren wir langsam weitergekommen. Am Morgen war zuerst bedeckte, kühle Luft gewesen, nach und nach verzogen sich die Wolken und gegen Mittag brannte die Sonne ganz erheblich. Dabei war der Wind immer flauer geworden, so dass die beiden konkurrierenden Boote manchmal nur durch den Strom vorwärts kamen. Als die Tonne Nr. 15 zu Gesicht kam, wurde vorausgedampft und bei derselben die Boote abgewartet. Als die LAURA die Tonne genommen, erscholl ein kräftiges Hurra vom Club-Steamer und dazu ein Salutschuss. Letzteres geschah auch bei der NETTY.

Ein Uhr war vorbei, da stellte sich wieder Appetit ein, die Mittagstafel wurde gedeckt und wie vorhin beim Frühstück, so wurde auch jetzt dem Mittagessen tapfer zugesprochen und auch das Getränk nicht vergessen.

Nach der Tafel bildeten sich verschiedene Gruppen. Einige gebildete und ungebildete Sänger hatten sich am Steven niedergelassen und ließen von da her ihre Lieder schaurig schön erschallen. Es schien ein musikalischer Geist über sie gekommen und es befand sich auch Freund Kräpel bei dieser Gruppe, dadurch alle Behauptungen Meister Klapproths zunichte machend; Grasemann schien hier Direktor. Auf dem Hinterdeck hatten sich mehrere müde Seelen dem Schlaf in die Arme geworfen und ruhten von des Tages Lasten und Mühen, und eine dritte Gruppe nahm nach aufgehobener Tafel nochmals beim Glase ihren Platz. Hier nahm die Szene jedoch bald eine andere Gestalt an, und nicht lange, so tobte ein wilder Kampf. Einige Müde vom Hinterdeck wollten nämlich ihr Schläfchen in der Kajüte fortsetzen, fanden aber die Kajütentür verschlossen. Nach vergeblichem Pochen und Bitten um Aufnahme öffneten dieselben darauf die Skylight-Fenster und nun gewahrte man drei oder vier Herren sehr gemütlich unten platziert, welche alle Aufforderungen zum Öffnen sehr kaltblütig zurückwiesen, und nun entwickelte sich schließlich, wie eben erwähnt, ein hitziges Gefecht. – Die Einlassbegehrenden wollten solchen jetzt erzwingen; das Hinabsteigen wurde aber von den unten Befindlichen energisch durch Anwendung zarter Stockschläge und einiger Biergläser voll Wasser verhindert.

Nachdem so der erste Angriff abgeschlagen, wollten die Belagerten sich wieder zur Ruhe begeben, aber jetzt griffen die Angreifer zum Wasser, ganze Ladungen flossen hinunter, nicht zum Vorteil der Kajüte und der darin befindlichen Kleidungsstücke, bis endlich Wassermangel und Intervention des Kapitäns eintraten, worauf sich die Pforten der Festung öffneten.

Da die Hitze bei gänzlichem Windmangel und der langsamen Bewegung unerträglich wurde, fasste man den Beschluss, die Segelboote zu verlassen und nach der Lühe zu dampfen, um dort an Land zu gehen, und nach einer dreiviertel Stunde fand dann auch die Ausschiffung daselbst glücklich statt. Kaum angekommen, fingen die meisten an zu segeln, andere

Wettfahrt auf der Hamburger Außenalster

sahen zu und wieder andere legten sich im Schatten zur Ruhe nieder.

Nach einiger Zeit jedoch fanden sich alle wieder zusammen und nun begann in dem großen Wirtschaftssalon ein tolles Treiben. Es wurden Steeple chases und akrobatische Kunststücke aufgeführt und auf Kommando eines Offiziers mit dicken, 10 Fuß langen, im Saal zum Bau liegenden Säulen exerziert,

Appell auf einer Trommel einen wahren Höllenlärm ausführte, begab sich die ganze Gesellschaft wieder an Bord.

Nun ging's ans Debattieren, wohin gesteuert werden sollte. Die beiden Konkurrenten kamen eben in Sicht, wie sie mit der flauen Brise aufkreuzten. Der Club-Dampfer fuhr ihnen erst entgegen und dann zurück nach Blankenese, wo einige Passagiere an Land gesetzt wurden. Die beabsichtigte Landung der ganzen Gesellschaft wurde aber nicht ausgeführt, da inzwischen eine lebhafte Brise aufgekommen, infolgedessen gedreht und zur LAURA zurückgedampft wurde. Unterhalb Schulau ward sie erreicht und nun dicht hinter gehalten. – Die NETTY kam eben erst in Sicht.

War vorhin bei vielen allmählich Ermattung eingetreten, so war jetzt alles verschwunden und jeder folgte aufmerksam dem Segeln, indem die Brise nochmals zugenommen hatte und die LAURA wirklich lebhaftes Interesse gewährte. Schon von Blankenese an zeigten sich dichte Gruppen Zuschauer am Ufer und das Tücherschwenken und Hurrarufen nahm zu, je mehr sich das Boot Övelgönne näherte; hier war jeder Garten dicht besetzt und das Winken und Rufen dauerte ununterbrochen fort. Als der Sieger das Ziel passierte, folgte nochmals Hurra und Salutschuss vom Club-Dampfer und mehrere Mitglieder gingen an Land, um Tietgens ihre Glückwünsche darzubringen, während die Übrigen bald darauf zur Stadt dampften

auch später getanzt, d. h. ohne Damen, Klaviervorträge gehalten und schließlich Chor gesungen, wobei manchmal der Vers ,So ein Lied das Stein erweichen, Menschen usw.' anwendbar war. Zu diesen Aufführungen hatte sich die liebe Dorfjugend zahlreich eingefunden und bewunderte die Produktionen mit offenem Munde. Zur Stärkung nahm man noch einige Pfannkuchen usw. zu sich und nachdem Dencker zum und so eine Tour beschlossen, die bei allen Teilnehmern wegen des heiteren und fidelen Tones im besten Andenken bleiben wird.

Jahresbericht des Germania-Ruder-Clubs für 1866

DAS JUBELFEST DER PFUELSCHEN SCHWIMMANSTALT ZU BERLIN

„Ha, welche Lust gewährt das Schwimmen!"
Es war ein originelles Fest, welches in den Früh-
stunden des 4. August zur Erinnerung an das 50jährige
Bestehen der Pfuelschen Schwimmanstalt in den Räumen und der Umgebung derselben gefeiert wurde;
originell durch den Humor der Teilnehmer, welche im

heiteren Maskenscherz auf dem flüssigen Elemente
Dinge zur Anschauung brachten, welche wir sonst nur
auf dem festen zu sehen gewohnt sind. Es war aber
auch ein ernstes und gemütvolles, galt doch der erste
Teil der Feier besonders dem Andenken des vor wenigen Monaten verschiedenen Generals Ernst v. Pfuel,

jenes echt preußischen Kriegsmannes, dessen Ziel sein ganzes Leben hindurch war, die Einigkeit zwischen dem Militär- und dem Zivilstande herbeizuführen und aufrechtzuerhalten. Von diesem Geiste beseelt gründete er die Anstalt, in welcher 50 Jahre hindurch Soldaten und Zivilpersonen fast zu gleichen Teilen im Schwimmen ausgebildet worden sind.

Die Festgenossen hatten sich frühzeitig auf dem Hofe der mit der Anstalt verbundenen Pionierkaserne versammelt. Um sieben Uhr setzte sich der Zug in Bewegung unter Vortritt eines Musikkorps und der von den zeitigen Schwimmlehrern getragenen Fahnen. Voran gingen die Fahrtenschwimmer von 1817, die Ehrengäste und militärischen Deputationen; es folgte die große Menge der Festteilnehmer des Militär- und Zivilstandes. Nach einmaligem Rundgange gruppierte sich der Zug auf dem reich mit Fahnen geschmückten Perron der Anstalt, wo, gegenüber der von Louis Drake gefertigten Kolossalbüste Pfuels, Prediger Roland, ein Schüler der Anstalt, die Tribüne bestieg und in herzlicher Anrede die Versammlung begrüßte. Dann sang Hofopernsänger Zschische, wie einst vor 25 Jahren, das Preußenlied; diesem folgte ein von der ganzen Versammlung gesungenes Weihelied, welches Direktor August, einer der Veteranen von 1817, gedichtet hatte; darauf sprach Roland die Festrede, worin er eine kurze Geschichte der Anstalt gab und der Verdienste ihres Gründers, des Generals v. Pfuel, dieses ‚deutschen und ganzen Mannes vom alten Schrot und Korn' gedachte. Nachdem dann Redner noch der heranwachsenden Generation in launiger Weise als Zehrstand im Anschluss an Lehr- und Wehrstand Erwähnung getan, schloss er mit einem Hoch auf die Pfleger der Anstalt, das Haus der Hohenzollern. Ein gleichfalls von Direktor August gedichtetes Festlied beendete diesen Teil der Feier.

Die Veteranen von 1817 waren inzwischen mit Erinnerungsmedaillen geschmückt worden und begaben sich mit den Ehrengästen auf die bereitliegenden Fahrzeuge, die sie dem Zuge der Schwimmer entgegenführten. Diese hatten sich währenddessen auf die spreeaufwärts, an der Liebermannschen Fabrik liegenden Floßhölzer begeben, von wo aus die Schwimmfahrt unter dem regsten Interesse der am Ufer gescharten Zuschauer begann. Dieser Wasserzug, an dem sich etwa 200 Schwimmer beteiligten, war ein höchst ergötzlicher; wir haben versucht, unseren Lesern in einer Illustration ein Bild davon zu geben. Es ist der Moment gewählt, wo die einzelnen Züge, vor der Anstalt angekommen, in willkürlichen Gruppierungen nach dieser einschwenkten. Die Abfahrt selbst geschah geordnet, und zwar eröffneten den Zug, in einer von Tritonen geführten Muschel und umgeben von einer großen Schar Seerosen, die drei Gebrüder Karchow, Veteranen von 1817. In der Nähe der Anstalt angekommen, stürzten sich die rüstigen alten Herren munter in das Wasser und schwammen mit der jüngeren Generation um die Wette dem Ziele zu. Der Muschel folgte die Neptunsfahne, getragen und kräftig aufrecht erhalten von dem Sohne des Veteranen Danz. Dann kam ein großes Jagdrennen, Herren im Sportsmenkostüm, deren Versuche, eine in das Wasser hineinragende Stange zu erklettern, stets im Nassen endeten; eine Kaffeeklatschgesellschaft, deren bärtige Teilnehmerinnen vielfachen Belästigungen verliebter Neger, Schornsteinfeger, Indianer, ja selbst einer Anzahl von Fröschen ausgesetzt waren. Matrosen, von einem Lotsen mit Südwester und Teerjacke begleitet, folgten. Zuletzt erschien ein großartiger Bacchuszug; das Fass, auf dem der Gott, eine äußerst korpulente Gestalt, saß, wurde von acht Schwimmern mit Pantherfellen über Kopf und Schulter gezogen.

Es würde zu weit führen, alle launigen Einzelheiten anzuführen, in welchen Witz und Humor so erfinderisch gewesen waren. Für alle Mühe hätte man den Teilnehmern wohl ein paar Grad Wasserwärme mehr gewünscht. Freilich suchte ein Boot mit Johanniterrittern dem erstarrenden Einfluss der Kälte durch seine belebenden Medizinsorten entgegenzuarbeiten. Ganz ist dies aber wohl erst später gelungen, als das auf dem Kasernenhofe aufgeschlagene Königszelt die Teilnehmer des Festes bei guter Kost und bestem Wein zum fröhlichen Schluss des frohen Festes vereinte. *H.S.*   *Illustrierte Zeitung, 1867*

Die erste Segelregatta bei Berlin am 7. Juni 1868

Die Spree hat den guten Geschmack gehabt, sich ein malerisches und üppiges Bett auszusuchen, was umso vornehmer wie auch befremdender erscheinen mag, als der dürre, flache Sandboden der Mark, durch den sie fließt, weder an Malerischem noch an Üppigkeit eine Auswahl zu haben scheint. Indes die Lausitz und die Mark ist besser als ihr Ruf. Wer den Lauf der wasserreichen, dunkelblaufarbigen Spree verfolgt, von ihrer Wiege im Spreewald an bis zu ihrem Ende, ehe sie die Schande über sich ergehen lassen will, ‚nach Spandau' zu kommen, der wird nicht leugnen können, dass die von ihr gesuchte Vermählung des Wassers mit Wiesen, Hügeln und Wald ihre Reize hat. Mit der Koketterie einer nach Aufmerksamkeit begehrenden Schönen ist sie namentlich auch kurz vor ihrem Eintritt in Berlin bedacht gewesen, alle ihre Schönheit zu entfalten. Zwischen großen Seen, waldbegrenzten und bergigen Ufern flutet sie hindurch, ehe sie durch das kaudinische Joch der Berliner Brücken gehen muss. Und nicht ohne Zufriedenheit und Stolz eilt aus dem Staub feines Daseins der Berliner nach dieser idyllischen, durch die Spree und ihre Seen ihm erschlossenen Natur vor seinen Toren. Kleine Dampfer tragen ihn aus der Mitte der Stadt über die breite Wasserfläche des Flusses nach Stralow, nach Treptow in einer halben Stunde, von dort weiter nach der kleinen Stadt Köpenick zwei Meilen von Berlin, hinter dem die großen Seen sich öffnen, in deren Fluten sich die Müggelberge und die Kiefernwälder von Grünau und Schönweide spiegeln.

Kein Wunder, dass die Berliner ihre Natur verstanden haben und auch der Schifffahrt sich widmeten. Eher als an eine deutsche Flotte zu denken gewesen, existierte eine Flotte auf der Spree, die ihre Stationen in dieser eben erwähnten Gegend zwischen Treptow und Köpenick besaß. Man kennt die Energie und Unternehmungslust von städtischen Seglern; sie übersteigt weitaus die der Seefahrer im offenen Meere. Ein Bürger von Berlin, der gleich einem athenischen Nauarchen sein Segelboot kommandiert, ist ein Mensch, der bei gutem Wind und schönem Wetter an Geschäft, an Weib und Kind nicht mehr denkt. Es treibt ihn hinaus auf die blauen Wasser der Spree und des Müggelsees, und die Leidenschaft für seine Nymphe ist unheilbar.

Die erste Berliner Segelwettfahrt am 7. Juni 1868

Für dies verwegene und auf seine maritimen Verdienste eifersüchtige Volk war nun in diesem Sommer ein ähnliches Fest veranstaltet wie im vergangenen für die Schwimmer. Die Olympischen Spiele Berlins, die mit einem Wettrennen im Hoppegarten begonnen hatten, sollten diesmal auch in einem Wettsegeln bestehen, in einer Regatta. Die Sache war in dieser organisierten Weise neu für die Berliner, und wie diese Nation sich schon bei gewöhnlichen Veranlassungen, wenn ‚was los ist', nicht viel nötigen lässt, so war sie auch gleich bereit, ihre große Teilnahme für die Regatta am 7. Juni an den Tag zu legen. Die hohen und heidebestandenen Gestade der mendischen Spree von der Rohrinsel hinter Köpenick an bis hinter Grünau und nach dem Langensee bildeten ein vortreffliches Amphitheater, von dem herab die Tausende von Spree-Athenern dem reizvollen maritimen Schauspiele zuschauten.

Die festlich bewimpelte und mit ihren Segeln den schwachen West aufreizende Flottille bestand aus 39 Booten, die sich bei der Rohrinsel zum Wettspiel aufstellten. Drei von ihnen zogen gegen Reugeld ihre Kommandeure zurück; die Übrigen wurden in vier Treffen geteilt, je nach der Größe ihres Segelareals, so dass die erste Klasse die Boote von 400–350 Quadratfuß Segel, und jede folgende die Boote von 50 Quadratfuß weniger Segelinhalt umfasste. Die Preise waren für alle vier Klassen dieselben; sie fielen dem zu, der innerhalb seiner Abteilung sich als der beste und schnellste Segler erweisen würde.

Ein prächtiger Sonntagmorgen begünstigte das Fest, und die Brise aus Westsüdwest, welche von den umliegenden Hügeln anfangs gebrochen worden, schwellte auf dem breiter werdenden Gewässer voll und in sanftem Nachdruck kosenden Schmeichelns die weißen Segel, die Flügel dieser Schwäne. Gegen elf Uhr segelte die erste Abteilung ab und bald folgten ihnen auf gegebene Signale hin die anderen, kleineren Boote. Die gedrängten Kolonnen lösten sich plötzlich auf und bald war die ganze Breite des seeartigen Flusses von dieser Segelschar bedeckt, und die Kiele durchfurchten die blaue Flut. Die einen labierten, die anderen hielten geraden Kurs; bald lief dieser dem anderen den Rang ab; bald fing der Letztere wieder

dem Ersteren den Wind ab. Ein prächtiger Anblick war es, diese Segelboote in ziemlich engem Anschluss gleichmäßig nach einer Richtung hin sich vorwärts bewegen zu sehen. Andere Kähne, naseweis und neckend, flogen zwischen den Seglern durch wie Spatzen zwischen Tauben. Die Aufseher auf ihren kleinen Steamern eilten blitzschnell bald auf diesen, bald auf jenen Punkt, um nach dem Rechten zu sehen; ein großer Dampfer mit einem Musikchor und den Angehörigen des Unionsklubs, der die Regatta veranstaltet, begleitete die Flotte, während an dem 1 ¾ Meilen vom Ausgangspunkt entfernten Ziel die Preisrichter auf ihren beflaggten Schiffen hielten.

Gegen Ende der vorgezeichneten Bahn begann natürlich das eigentlich dramatische Interesse der Wettfahrt, und lautes Hurra von den Bergen scholl über das Wasser und suchte das mürrische Echo, wenn ein Segler vornauf um eine Hafenlänge seinen Vordermann überholte, bis ein anderer stiller Furcher der Wasser sich wieder an dessen Bug vorschob. Es waren drei Potsdamer Boote dabei, und für die Wettsegler Berlins gestaltete sich damit die Preisfrage so aufregend wie die beim jüngsten Wettrennen für die Pariser, als sie den Engländer in die Arena führen sahen. Ärgerlicher ist es für keinen Franzosen, sich von dem Engländer überholt zu sehen, wie für einen Berliner noch hinter einem Potsdamer zurückzubleiben. Und doch kämpfte der stärkste Potsdamer mit dem stärksten Berliner lange und schwer um den ersten Preis und segelte ihn richtig ab. Es war ein Sieg, der dem Ruf des Potsdamers wenigstens zu Wasser wieder aufhelfen wird. Der Potsdamer ALBATROS, der in der ersten Klasse den ersten Preis davontrug, segelte die Strecke in nicht ganz drei Viertelstunden ab, sein Berliner Konkurrent eine Minute länger, die letzten der ersten Klasse folgten nur zehn bis fünfzehn Minuten dem Schnellsegler; von den kleinsten Booten brauchte das langsamste bis zum Ziele zwei Stunden 23 ¼ Minuten. Um halb zwei Uhr etwa war das Ende der Regatta, und in dem reizend gelegenen Schönweide wurden dann die Preise, bestehend in Flaggen, Marinegläsern, Trinkgefäßen und Alben unter dem lautesten Jubel verteilt.

Über Land und Meer, 1868

Die Norddeutsche Elb-Segelregatta am 6. Juni 1875 zu Hamburg

Wenn auch der Sport ursprünglich keine deutsche Passion, sondern aus England importiert ist, so hat er sich doch in Deutschland heimisch gemacht, und seine zahlreichen Anhänger sehen mit Spannung der jährlichen Wiederkehr der Renn- und Regattatage entgegen. Wie einst die Griechen nach Olympia wollten, um im nationalen Wettstreit den Preis zu erringen oder als Zuschauer dem ‚Kampf der Wagen und Gesänge' beizuwohnen, so kommen in unserer Zeit die Freunde des Sports zum internationalen Kampf der Rosse, der Segel- und Ruderboote zusammen, weither aus vieler Herren Länder, nicht selten von jenseits des Ozeans.

Der Tag des großen Derby-Rennens ist in London ein althergebrachter allgemeiner Festtag, an dem die Comptoire geschlossen sind und das Parlament seine Sitzungen aussetzt. Eine derartige Bedeutung haben für das Bewusstsein des deutschen Volkes unsere Wettrennen nicht, noch viel weniger die Regatten. Sie sind exklusive Vergnügungen der wohlhabenden Klassen, und infolgedessen ist das Interesse für dieselben ein auf diese Kreise beschränktes, aber es lässt sich nicht leugnen, dass das Segeln – beim Rudern ist weniger geschickte Beobachtung und kühne Entschlossenheit erforderlich, nur die Muskelkraft entscheidet – wegen seiner Noblesse und der ihm innewohnenden Poesie unter den verschiedenen Arten des Sports eine hervorragende Stelle einzunehmen berechtigt ist.

Die beigegebene Abbildung gibt ein lebendiges Bild von der am vergangenen 6. Juni stattgefundenen Segelregatta zu Hamburg, dem Zentrum für die Rennen und Regatten des Nordens. Mit großem Geschick hat der Künstler den letzten Moment des Wettsegelns zur Darstellung gebracht. Der stattliche Dampfer BLANKENESE, welcher die Boote auf ihrer Fahrt begleitet hat, ist vor Anker gegangen und erwartet die zurückkehrenden Schiffe. Auf ihm befinden sich die Preisrichter, die Mitglieder des Clubs und dessen Gäste, Herren und Damen. Die Sieger werden mit Hurra empfangen; es ist nachmittags vier Uhr.

Am Morgen hatte der Dampfer Hamburg verlassen und war bis hinter Altona gegangen, wo die konkurrierenden Boote, 20 an der Zahl, nach ihrer Größe in fünf Abteilungen geordnet, starteten. Kanonenschüsse gaben jeder derselben ihr Signal zum Lichten der Anker und Aufsetzen der Segel, und nun begann unter leichter Westbrise das Wettsegeln die Elbe hinunter bis nach dem etwa zwei Meilen von Hamburg entfernten Schulau, das als Zielpunkt bestimmt war. Der Weg dahin, an dem hohen, mit üppigen Parks und stattlichen Villen, die zur Feier des Tages in vollem Flaggenschmuck standen, gezierten Elbufer entlang, gehört zu den schönsten Spaziergängen der Welt. Der Zauber der Landschaft wurde durch das bunte Leben auf dem Wasser erhöht. Denn außer dem BLANKENESE begleiteten die konkurrierenden Boote viele kleine Dampfer und Segelboote, in denen ebenso wie auf dem Richterschiff die lieblichen Hamburgerinnen zahlreich vertreten waren, deren frische Gesichter mit dem Schmuck ihrer Toiletten und den Reizen der Natur siegreich wetteiferten.

Bald nachdem der BLANKENESE bei Schulau vor Anker gegangen war, langten die Segler an und gruppierten sich um das Richterschiff. Es herrschte ein munteres Treiben. Auf Jollen ließen sich die Passagiere des Dampfers zu den Segelbooten bringen, und die Segler kamen an Bord des BLANKENESE. Selbstverständlich fehlte der seemännische Begrüßungstrunk nicht, und als die Militärkapelle die verführerischen Klänge eines Walzers erklingen ließ, war rasch auf dem geräumigen und mit einem Sonnenzelt überdachten Deck ein Ball arrangiert, durch den Herren

und Damen in die fröhlichste Stimmung versetzt wurden.

Mit dem Eintritt der Flut, gegen ein Uhr, wurde zum Aufbruch gerüstet. Die einzelnen Abteilungen begannen die Fahrt in derselben Weise wie auf dem Hinweg. Da die Brise zur Freude der Segler etwas frischer geworden war, so wirkten die Segel kräftiger und man erzielte vom Begleitschiff aus einen noch prachtvolleren Anblick der majestätisch dahinsegelnden Flottille als vorher. Ein interessantes Wettsegeln entspann sich zwischen den Booten, namentlich zwischen LAURA, ELLIDA, AUGUSTE, WIDGEON, SCHWAN und NAUTILUS. Mehrere Boote erlitten durch zu spätes Klarwerden Zeitverlust. Bei Övelgönne ging der BLANKENESE wieder vor Anker, um die zweite Timung vorzunehmen. Nachdem durch die Richter die Zeit festgestellt worden war, welche jedes Boot zur Hin- und Rückfahrt gebraucht hatte, wurden vor versammelter Menge die an Bord ausgestellten Preise verteilt. In den ersten Abteilungen waren ELLIDA, LAURA und SCHWAN Sieger. LAURA, der zweiten Abteilung angehörig, war beide Mal, auf dem Hin- wie auf dem Rückweg, zuerst am Ziel. Sie wurde mit wohlverdientem, donnerndem Hurra und Tusch empfangen. Als die Sieger ihre Preise aus den Händen des Präsidenten, der sich in humorvoller Weise seiner Aufgabe entledigte, empfangen, ging der BLANKENESE nach Hamburgs mastenreichem Hafen zurück, wo er die Passagiere um vier Uhr ans Land setzte. *Illustrierte Zeitung, 1875*

Die Regatta am 6. Juni 1875. Nach einer Zeichnung von Holger Drachmann

Die kaiserliche Yacht HOHENZOLLERN I nimmt vor Danzig die Parade der anwesenden Kriegsschiffe ab. Im Hintergrund die ehemalige preußische Königsyacht GRILLE.

DIE KAISERZUSAMMENKUNFT IN DANZIG

Unter allen Monarchenbegegnungen der jüngsten Zeit, welche die Kombinationslust der politischen Welt in Atem erhalten haben, ist das am 9. September in Danzig erfolgte Zusammentreffen des Deutschen Kaisers mit dem russischen Herrscher unstreitig am wichtigsten. Die Vorbesprechungen über dasselbe waren aus sehr naheliegenden Gründen so geheim gehalten worden, dass die erste in die Öffentlichkeit gelangende Meldung von dem Bevorstehen dieser Zusammenkunft auch die in die höhere Politik eingeweihten Kreise überraschte. Die journalistischen Federn aller Länder sind nunmehr beflissen, die Zeitungsleser mit ihren oft recht widerspruchsvollen Deutungen der Danziger Kaiserbegegnung bekannt zu machen. Hier sei nur die Tatsache festgestellt, dass diese persönliche Begrüßung der beiden Herrscher in Deutschland sowie von Seiten der dem Deutschen Reich befreundeten Mächte sympathisch aufgenommen worden ist, dass man in derselben ein neues und wertvolles Unterpfand für die Erhaltung und Befestigung des europäischen Friedens sieht. Die hochpolitische Bedeutung dieser Zusammenkunft, welche von einigen Seiten bestritten worden war, erhellt zur Genüge aus der Anwesenheit des Fürsten-Reichskanzlers und des russischen Ministers des Auswärtigen v. Giers.

Die Nachricht von dem bevorstehenden Besuch der beiden Kaiser versetzte die getreuen Danziger in eine fieberhafte Erregung, welche durch mancherlei sich kreuzende und widersprechende Meldungen nur gesteigert werden konnte. Alles legte Hand an, der altehrwürdigen, architektonisch so schönen Stadt ein buntes Festgewand zu verleihen. Die Ankunft des Deutschen Kaisers von Berlin erfolgte am 9. d. M. morgens sechs Uhr. Mit ihm kamen der Kronprinz und der Großherzog von Mecklenburg-Schwerin. Zum Absteigequartier war die Kommandantur ausersehen. Gegen Mittag erst lief dort die Meldung von der Annäherung der durch starken Nebel aufge-

Decksalon der kaiserlichen Yacht HOHENZOLLERN I

haltenen russischen Kaiseryacht ein. Alsbald trat der Kaiser mit seiner Begleitung, der sich inzwischen auch Fürst Bismarck mit seinem Sohne, dem Grafen Herbert, sowie die Herren von der russischen Botschaft in Berlin angeschlossen hatten, die Fahrt nach Neufahrwasser an; dort begab er sich an Bord der kaiserlichen Yacht HOHENZOLLERN. Es war das erste Mal, dass Kaiser Wilhelm dieses erst vor einigen Jahren erbaute Schiff betrat. Das prächtige und elegante Fahrzeug, auf den Werften der Norddeutschen Schiffbaugesellschaft zu Gaarden bei Kiel erbaut, ist als Raddampfer konstruiert. Die Yacht hat bedeutende Dimensionen: Eine Länge von 81,6 und eine Breite von 10,3 m. Der Tiefgang beträgt 4,2 m, der Tonnengehalt 1.700. Die sehr starke Maschine von 3.000 Pferdekraft gestattet eine Schnelligkeit bis zu 16 Seemeilen in der Stunde. Der Schiffskörper besteht aus Eisen.

Unter den Salutschüssen der in Front aufgestellten, in Flaggengala paradierenden Panzerschiffe fuhr die HOHENZOLLERN, die deutsche Kaiserflagge am Großmast, das Geschwader entlang. Etwas nach ein Uhr warf die russische Kriegsyacht DERSHAWA, die von einigen kleinen Kriegsschiffen gefolgt war, an der Seite des deutschen Geschwaders Anker, von den Kanonensalven des Letzteren begrüßt. Von der DERSHAWA näherte sich das Boot mit der russischen Kaiserstandarte der HOHENZOLLERN.

Auf dem obersten Pavillon stand der Deutsche Kaiser in der russischen Generaluniform, geschmückt mit dem Band des Andreas-Ordens und dem St. Georgs-Großkreuz. Auch der Kronprinz und der Großherzog trugen die Uniformen ihrer russischen Regimenter, Fürst Bismarck die historisch gewordene Kürassieruniform mit den Generalsabzeichen und dem breiten russischen Ordensband. Die vom Steuerbord niedergelassene Kaisertreppe erstieg raschen Schritts der Zar, seinerseits angetan mit der Uniform seines Brandenburgischen Ulanenregiments und dem Band des Schwarzen Adlerordens. Die Begrüßung zwischen den beiden Herrschern war innig und herzlich; in tiefer Bewegung schloss unser Kaiser den stattlichen Großneffen wiederholt in die Arme. Dem Zaren folgten seine beiden älteren Brüder sowie die Minister von Giers und Woronzoff-Daschkoff.

Nach den ausgetauschten Begrüßungen begab die hohe Gesellschaft sich in das Innere des Kaiserpavillons. Dasselbe ist, seinem Zweck entsprechend, mit gediegener Pracht ausgestattet, namentlich das Speisezimmer und der Empfangssalon. Letzterer, im mittleren Teil des Pavillons gelegen, dürfte vielleicht durch die darin gepflogenen Unterredungen historische Bedeutung erlangen. Die gesamte Einrichtung ist im Stil der Renaissance gehalten. Der Salon ist ganz in amerikanischem Nussbaum getäfelt, Füllungen und Brüstung sind mit italienischer Eschenmaser furniert. Die Füllungen neben den Fenstern zeigen fantasiereich eingelegte Arbeit in Birnbaum und Ebenholz. Die beiden Kaiser blieben dort einige Zeit allein. Auch mit dem Fürsten Bismarck hatte Alexander III. eine längere Unterredung.

Gegen vier Uhr dampfte die HOHENZOLLERN, beide Kaiserstandarten am Mast, dem Landungsplatze zu. Ein Extrazug führte die Kaiser mit ihrer Begleitung nach Danzig. In einem Wagen hielten Monarchen ihren Einzug in die altertümliche Stadt; hinter ihnen fuhren der Kronprinz und der Großfürst Wladimir. Mit Befriedigung schaute Kaiser Wilhelm auf die ihm begeistert zujubelnde Volksmenge. Auch den Zaren schienen diese von Herzen kommenden Huldigungen zu erfreuen, er erwiderte sie mit freundlichen Grüßen. Es wurde vielfach bemerkt, dass Fürst Bismarck heiter und angeregt aussah. Zu dem Diner, welches in dem herrlichen, glänzend erleuchteten Saal des Artushofs stattfand, waren etwa siebzig Einladungen ergangen. Die Stadt war prachtvoll illuminiert, doch wirkte die Ungunst der Elemente sehr störend. Kaiser Wilhelm kehrte von Danzig direkt nach Berlin zurück, der Zar trat am anderen Morgen seine Heimfahrt auf der DERSHAWA an.

Illustrierte Zeitung, 1881

Speiseraum auf der Kaiseryacht HOHENZOLLERN I

DIE GEBURT DER KIELER WOCHE UND DIE ERSTE INTERNATIONALE WETTFAHRT

Als im Jahre 1880 der bisher zur kaiserlichen Werft in Danzig gehörige Marine-Ingenieur Saefkow nach Kiel versetzt wurde und die ihm gehörende Segelyacht ANNA (später HAI) von dort mitbrachte, zog ein neuer Geist bei den Kieler Seglern ein. Saefkow, der nicht nur ein für Regatten schwärmender Segler, sondern auch ein ausgezeichneter Yachtkonstrukteur war, suchte bald mit allen Kräften dem Wettsegeln, welches er bis dahin mit den Mitgliedern des Segelclubs Rhe in Königsberg besonders auf dem Frischen Haff betrieben hatte, auch in Kiel Eingang zu verschaffen.

Er traf hier gleich gestimmte Seelen in seinem früheren Schulkameraden, dem Marine-Ingenieur Busley und dem eifrigen Segler Arenhold. Mit ihrer Hilfe wurde am 1. September 1881 die erste kleine Segelregatta in Szene gesetzt, an welcher sich außer den Booten TEIFUN und ANNA noch der kurz vorher von den Herren Paulsen und Ivers erworbene Kutter ADLER sowie ein von Saefkow für den Prinzen Friedrich Carl von Preußen konstruiertes Boot USKAN beteiligten. Auch mehrere Kriegsschiffsboote segelten mit. Die Startschüsse wurden von dem Schulschiff NIOBE gefeuert.

Die Wettfahrt erregte die Aufmerksamkeit zweier Hamburger Segler, welche als Gäste ihrer Schwiegermutter, der Gutsherrin von Schrevenborn, häufig die Kieler Bucht besuchten. Diese Herren waren der Vorsitzende des Norddeutschen Regattavereins in Hamburg, Hermann Wentzel, und sein Schwager, der Vorsitzende des Segelausschusses des genannten Vereins, Hermann Droege. Beide Herren hatten schon vor Jahren einmal unter Mitwirkung von Marinebooten eine kleine Segelregatta auf der Kieler Förde zustande gebracht. Ihnen waren daher die großen Vorzüge der Kieler Bucht als Segelterrain ebenso bekannt wie ihre landschaftlichen Reize. Beide Herren hatten schon seit langem den Wunsch gehegt, ihren Hamburger Freunden die Kieler Bucht als Regattabahn nutzbar zu machen. Stand ihnen doch außer der Alster nur das enge, sehr belebte und durch die Gezeitenströmungen stark beeinflusste Fahrwasser der Elbe zu Gebote, wogegen die damals noch sehr stille, stromfreie und von der Tide unberührte Kieler Bucht das Ideal einer Regattabahn darbot. Durch Arenhold wurde die Bekanntschaft der genannten Herren mit den Kieler Seglern bald vermittelt, und im Laufe des Winters kam es nach einem gemütlichen Mahle im Hause des Kaufmanns Meinhold in Hamburg zu einer festen Abmachung zwischen den Hamburger und Kieler Seglern, laut welcher die Veranstaltung einer Segelregatta größeren Stils während des Sommers 1882 auf der Kieler Bucht stattfinden sollte. Es wurde ferner beschlossen, dass die teilnehmenden Yachten nach dem vom Norddeutschen Regattaverein eingeführten Raummessverfahren vermessen, und die Regatta nach der bei demselben gebräuchlichen Vergütungstabelle gesegelt werden sollte. Arenhold und Saeskow übernahmen die mehr seglerischen Vorarbeiten für diese Wettfahrt, während Busley und Droege sich der Aufgabe unterzogen, die Meldungen, das Programm und die sonstige Durchführung der Regatta zu überwachen.

Zunächst galt es aber, Yachten für das Zustandekommen der Regatta zu finden, eine bei der damals noch geringen Zahl geeigneter Fahrzeuge nicht ganz leichte Aufgabe. An alle bekannten, in den in der Nähe befindlichen Küstenplätzen der Ostsee wohnenden Yachtbesitzer wurden persönliche Einladungsschreiben gesandt. Wie viele Reisen zu den entfernten Besitzern und wie viele persönliche Besuche mit den in Kiel und Hamburg wohnenden Yachtbesitzern von Busley und Droege gewechselt wurden, bis sich die Ersteren endlich zur Meldung für die Regatta ent-

Ansicht des Kieler Hafens um 1880

schlossen, lässt sich unter den heutigen Verhältnissen kaum noch für möglich halten. Von Hamburg wurden alle Yachten in Bewegung gesetzt, welche von Cuxhaven nach Tönning über die Nordsee segeln, und nachdem sie die Eider bis Rendsburg hinaufgefahren waren, den damaligen Eiderkanal von Rendsburg bis Holtenau passieren konnten. Trotzdem dies eine sehr zeitraubende, langweilige und unter den damaligen Verhältnissen auch sehr anstrengende Reise war, besonders wenn die in vielen Schlangenwindungen laufende Unter-Eider von Tönning bis Rendsburg aufgekreuzt werden musste, entschlossen sich doch alle besseren und größeren Hamburger Yachten für diese Fahrt. Die kleineren Hamburger Yachten wurden auf Eisenbahnwagen verladen und auf diesem Wege nach Kiel gebracht. Als endlich beim Meldeschluss 20 Mel-

dungen für die Wettfahrt vorlagen, waren die Veranstalter der ersten Kieler Regatta so befriedigt, dass sie über alle Mängel und Lücken der vielfach recht oberflächlich und ungenügend ausgefüllten Meldescheine hinwegsahen. Da von einzelnen Yachtbesitzern keine Unterscheidungsflaggen angegeben waren, so musste das Programm ohne solche hergestellt werden und nachträglich noch den Schiedsrichtern und Mitseglern Farbenskizzen der fehlenden Flaggen übermittelt werden. Als Starter war Busley für die Regatta in Aussicht genommen, der sich aber weigerte, dieses Amt anzunehmen, weil er, als hiermit nicht genügend vertraut, die Verantwortung für einen glatten Start nicht übernehmen konnte. In letzter Stunde trat daher Meinhold als Starter ein, der ebenso wie der Richter Droege von Busley unterstützt wurde. Die Schiedsrichter setzten sich zusammen aus Kapitän zur See Schröder, Korvettenkapitän Tirpitz und Wasserschout Tetens aus Hamburg.

Keiner späteren Kieler Regatta haben ihre Veranstalter wohl mit bangeren Zweifeln und stärker pochendem Herzen entgegengesehen wie jener denkwürdigen ersten, bei der sie sich teilweise noch die Sporen verdienen mussten und zu erproben hatten, ob alle von ihnen getroffenen Bestimmungen sich auch praktisch bewähren würden.

DIE ERSTE KIELER WETTFAHRT

Als ein herrlicher, warmer Sommermorgen, der alle Sorgen verscheuchte, welche bei den Veranstaltern der Wettfahrt ob ihres Gelingens noch bestanden, brach der Sonntag, der 23. Juli 1882 an. Unter den Seglern und den sonstigen Sachverständigen herrschte eine gewaltige Spannung, wie wohl die von Saefkow konstruierten tiefen Kielbote, wie LOLLY und NUCKEL gegen die bisher gebräuchlichen mittieltiefen Yachten wie SVALEN und TEIFUN und gegen die Schwertyachten WELLE bzw. ARGO abschneiden würden.

Als um 10 ½ Uhr der Vorbereitungsschuss gefeuert wurde, entwickelte sich auf der Kieler Bucht ein Leben, wie man es auf derselben bis dahin noch nicht gekannt hatte. Zunächst waren alle gemeldeten 20 Segelyachten zur Stelle. Als Begleitfahrzeuge hatten sich der Postdampfer AUGUSTE VIKTORIA mit den Mitgliedern des Norddeutschen Regattavereins an Bord, und mehrere Dampfer aus Schleswig und Sonderburg sowie auch von Fehmarn eingefunden. Von Hamburg waren außer einem Extrazuge mit 600 Personen alle fahrplanmäßigen Züge überfüllt in Kiel eingetroffen. Alles, was an Kieler Personen- und Fährdampfern freigemacht werden konnte und was die im Hafen liegenden

Die Segelregatta in der Kieler Bucht am 23. Juli. Nach einer Zeichnung von Waap, 1882

Kriegsschiffe, die Kaiserliche Werft und die anderen Marinebehörden an kleinen Schlepp- und Verkehrsdampfern, sowie an Dampfpinassen aufzutreiben vermochten, mischte sich in der Nähe der Startlinie mit den unzähligen Fähr- und Ruderbooten jeglicher Art, in denen sich die Kieler Bevölkerung und die eingetroffenen Fremden befanden. Es herrschte unter diesen Fahrzeugen ein so unbeschreibliches Gewirr, dass es den wettsegelnden Yachten schwer wurde, den nötigen Raum zum Kreuzen vor der Startlinie, die bei der Seebadeanstalt Düsternbrook lag, zu finden. Der Start vollzog sich aber trotzdem glatt und ohne Störung.

Es wehte eine südwestliche Brise in der Stärke von etwa sechs Meter pro Sekunde, so dass die Yachten vor dem Winde mit allen Beisegeln von der Startlinie fortzogen. Sehr bald hatten WELLE und LOLLY die Führung übernommen, und nicht lange dauerte es, bis LOLLY in ihrem heutigen Jungfernrennen weit vorn an der Spitze lag, ihren Vorsprung vor den Mitseglern immer mehr vergrößernd. Auf der Kreuztour von der Heulboje bis zur Boje 3 brach MARTHA ihre Gaffel. Sie verbesserte den Schaden zwar sehr schnell, kam aber ganz aus dem Rennen.

Von der Startlinie bis zu der Heulboje hatten, abgesehen von LOLLY, meistens die Schwertyachten die Führung. Während des Kreuzens rückten aber die Kielboote bedenklich auf und machten schließlich auch der bis dahin sehr weit vorn liegenden WELLE den Sieg streitig. FREUDENBERG berührte die Heulboje, als er sie zum zweiten Male umsegelte und war dadurch vom Rennen ausgeschlossen. Beim Einkreuzen in den Kieler Hafen gingen LOLLY und WELLE sehr weit in die Strander Bucht und verloren hierdurch viel von ihrem Vorsprung vor ihren Nachfolgern, die sich mehr unter Land hielten, wo sie raumeren Wind hatten. Bei der Rückfahrt brach auf SYLPHE der Klüverbaum, wodurch sie weit in das Hintertreffen gelangte. Mit sehr großen Abständen durchsegelten die Yachten die Ziellinie. LOLLY als Erste, zwölf Minuten später MOSQUITO und 16 Minuten später SVALEN, welche die drei Preisträger blieben. Die

Abstände zwischen den einzelnen Yachten waren so groß, dass die Zeitvergütung nicht in Betracht kam. Überhaupt die Zeitvergütung! Ihre Berechnung war damals nur sehr wenigen ganz Eingeweihten geläufig, für die meisten Segler schwebte darüber ein gewisses mystisches Dunkel. So hatte denn auch Meinhold die Vergütungen für drei verschiedene Windstärken und für die Yachten aller Abteilungen vorher berechnet und tabellarisch zusammengestellt, wie das vorstehende Faksimile der damals in Gebrauch befindliche Tabelle zeigt.

In der zweiten Abteilung hatte die Schwertyacht ELLA einen leichten Sieg über die vier Kielyachten, gegen die sie segeln musste. MARGARETHE hatte die Klau gebrochen, und HAI musste beim Zurückkreuzen ohne Toppsegel fahren, weil er es nicht tragen konnte.

In der dritten Abteilung siegte ARGO ebenfalls sehr leicht. Die neue Saefkowsche Segelyacht NUCKEL führte die für sie bei der lebhaften Brise viel zu große Takelage eines anderen Bootes, außerdem riss auch noch der Großschotbolzen aus, so dass die Schot an einem um das Heck gelegten Stropp befestigt werden musste, und endlich brach noch das Wasserstag. Den zweiten Preis dieser Abteilung errang die vorzüglich geführte LOLLY.

Nach Schluss der Wettfahrt fand die Preisverleihung an Bord der AUGUSTE VIKTORIA statt. Der Vorsitzende des Norddeutschen Regattavereins, Herr Wentzel, brachte ein Hoch auf den Kaiser aus, dem ein anderes auf Ihre Kaiserliche Hoheit, die Kronprinzessin Viktoria, als Protektorin das Vereins folgte, und endlich wurde noch dankend der Marine gedacht, welche die Regatta in so liebenswürdiger und anerkennenswerter Weise unterstützt hatte.

Am frohesten waren die Veranstalter der Wettfahrt. Sie konnten auf eine vorzüglich geglückte Regatta zurückblicken, durch welche sie das Interesse des Publikums in hohem Maße geweckt hatten. Sie waren sich auch vollkommen klar darüber, dass es versucht werden müsste, von nun an jedes Jahr eine Kieler Regatta abzuhalten.

Die Kieler Woche 1882-1907, K.Y.C.

DIE REGATTEN IN DEUTSCHLAND 1883

Das Jahr 1883 wird in der Geschichte des deutschen Yachting einen bemerkenswerten Platz einnehmen, denn es vermehrte sich nicht nur die deutsche Yachtflotte um eine große Anzahl schöner Fahrzeuge, sondern es waren auch die Regatten gut besucht; es war das erste Jahr, in welchem fremde, englische und dänische Yachten sich in unserem heimischen Wasser mit unserem Material maßen und in welchem eine deutsche Yacht im fremden Wasser große Erfolge errang.

Es weht seit wenigen Jahren eine frische Brise im deutschen Segel- und Rudersport, immer mehr wächst das Yachtregister und in immer weitere Kreise verpflanzt sich die Passion zum schönen Yachting.

Die Saison 1883 begann wie gewöhnlich mit dem Berliner Pokal am 3. Mai. Elf Boote stellten sich dem Starter; es war so recht der richtige laue Wind für Berliner etwas übertakelte Verhältnisse, und mit Spannung erwartete man die Leistung der von Tarryer gebauten neuen NAMENLOS gegenüber den älteren Siegern TITANIA, GLÜCKAUF und SPORT. Das kleinere Boot, die NAMENLOS, schlug nicht nur ihre größeren Konkurrenten durch die Vergütung, sondern auch glatt in absoluter Schnelligkeit und errang ihrem sieggewohnten Besitzer den Pokal — auf ein Jahr.

Es war, soviel wir wissen, das erste Mal, dass die TITANIA von einem kleineren Boote geschlagen wurde, denn ihre frühere Bezwingerin ELLA hat wohl den selben Kubikinhalt, und die SPHINX ist bedeutend größer. Wer sich noch der kleinen WARRIOR in der Pokalregatta vom 7. Mai 1876 und der jahrelangen Siege der ALICE erinnert, wird der Hand, welche hier das Ruder der NAMENLOS führte, wohl den gleichen Anteil an dem glänzenden Siege zuschreiben als der Konstruktion des Bootes selbst.

Am 20. Mai folgte Hamburg mit der ersten Alster-Regatta, zu der sich die alten Kämpen, fast nur Heidtmannsche Werft, stellten. HUASCAR trug den Sieg über RABE und LA GAVIOTA davon. Schade, dass man die neue MOSQUITO, ein Schwesterboot der Berliner MARGARETHE II nicht zuließ; es wäre für die Yawl geeignetes Wetter gewesen. Sehr anerkennenswert war die Leistung der kleinen ungedeckten Boote bei böiger Brise, fast Sturm. Die unbesiegte DOLLY musste hier der etwas größeren LELLIE die Siegespalme abtreten. Es starteten 14 Boote.

Am 27. Mai fanden vier Regatten gleichzeitig in Deutschland statt. Die Regatta des Stralauer (jetzt Berliner) Vereins auf der Müggel förderte sonderbare Resultate. Zwei alte auflackierte Kästen mit himmelhohen Segeln trugen unter 20 Booten die Preise durch ihre Vergütung davon. Ob dies die Folge der beliebten empirischen (!) Vergütungsmethode oder des erlaubten, aber nicht vermessenen, auch nicht besteuerten lebenden Ballastes, erscheint zweifelhaft. Unzweifelhaft aber ist, dass diese Methode gerade nicht zur Anschaffung solider neuer Boote mit einem Rigg für Gut- und Schlechtwetter ermuntert. Wie es bei diesen übertakelten Booten zugeht, wenn es einmal etwas weht, hatten wir Gelegenheit, noch in diesem Jahre am 23. September zu sehen.

Der Bremer und der Vegesacker Regattaverein hatten sich an gleichem Tage zu einem äußerst gelungenen sportlichen Fest (Bahn Vegesack bis Lienen) zusammengetan. Gute Brise, tüchtige Boote und tüchtige Segler vereinigten sich zu einer richtigen, echten Seglerregatta, an der 17 Kielboote von 20 bis 30 Fuß und drei der berühmten Dielenschiffe (Urtyp des Sharpie) teilnahmen.

Auch Hamburg hatte guten Sport an diesem Tage. Die erste Regatta des Elb-Segelvereins brachte 14 Schwert- und 15 Kielboote bei guter Brise zum Start, von denen STÖRTEBECKER die alten Kämpen HUMOR, AUGUSTE, MARTHA, PETER schonungslos besiegte. Weshalb an demselben Tage auch der Pöseldorf-Uhlenhorster Verein seine Regatta mit neun Booten abhielt und hierdurch gewiss manchen Yachtsman von der Elbe zurückhielt, wissen wir nicht.

Auch der 10. Juni brachte drei Regatten: In der ersten Elb-Regatta des Norddeutschen Regattavereins zeigte ELLA, diese Flunder erster Güte, einmal wieder, was sie konnte. Sie schlug WELLE und NAMENLOS um je 13, STÖRTEBECKER um vier Minuten. WELLE kreuzte die Hintour am schlechtesten von allen Booten der drei ersten Klassen. Total segelten 17 Schwertboote.

In Gegenwart eines erlauchten, passionierten Yachtsman, des Erbgroßherzogs von Oldenburg, hielt der Oldenburger Segler- und Ruderclub seine Regatta bei guter Brise ab. 16 Konkurrenten kämpften um den Preis, den SCHIRAN gegen TELL davontrug.

Zur internationalen Regatta des Berliner Seglerclubs am selben Tage hatten sich glücklicherweise keine fremden Konkurrenten gefunden, denn sie war kaum Regatta zu nennen. Es war nämlich, wie leider so oft bei Berlin, kein Wind. Trotzdem starteten 22 Boote.

Am 1. Juli hatte ein junger Segelverein, der St. Georger von 1882, in Hamburg seine erste Regatta – bei schöner Brise und mit acht Booten. Mögen dieser ersten noch recht viele folgen.

Auch der 8. Juli brachte drei Regatten in Deutschland. Auf dem schönen Wannsee bei Berlin hielt der Verein ‚Seglerhaus' am 8. Juli eine sehr gelungene Regatta bei guter Brise und mit nicht weniger als 24 startenden Booten ab. Auch hier führte hervorragende Seamanship die NAMENLOS zum Siege gegen ihre größeren Gegner; nur die VEGA schlug sie in absoluter Schnelligkeit. In der zweiten Klasse siegte wie gewöhnlich die sieggewohnte GERMANIA.

17 Boote, 14 Kielboote und drei Dielenboote, stellten sich in der Regatta des Oberweser Segel- und Rudervereins dem Starter; die WESER siegte glänzend.

Das Jahr 1883 ist dadurch bemerkenswert, dass in ihm unseres Wissens die erste größere, von Seeoffizieren geleitete und gesegelte Regatta stattfand. Der 8. Juli war ein Tag, dem hoffentlich noch hundert gleiche an allen Orten folgen werden, wo Seeoffiziere stationiert sind. Sechs Seeoffiziere bildeten das Komitee und 19 Boote starteten. Ein Kapitän zur See, ein Korvettenkapitän, vier Kapitänleutnants, sieben Leutnants zur See, vier Unterleutnants, zwei Seekadetten und ein Offizier des Seebataillons führten hier meisterlich in hartem Kampf in kleinen Booten die Ruderpinne. Bravo! Und vivant sequentes! Der 22. Juli 1883 war ein Tag, der mit goldenen Lettern in den Annalen des deutschen Segelsports verzeichnet steht, der Tag der Kieler Regatta, arran-

Um die Wendeboje. Englischer Holzstich, veröffentlicht in der Illustrierten Zeitung, 1879

giert vom Norddeutschen Regattaverein. Schon vor der Regatta war die Spannung aufs Höchste gestiegen. Sollten doch die ersten, besten und größten Yachten Deutschlands sich zum ersten Male miteinander messen, der Hamburger mit dem Bremer und Kieler, das extrem tiefe Boot mit dem Mitteltyp und der Flunder, deutsche Yachten mit Engländern und Norwegern. Da war von größeren Yachten die schöne Yawl WEL-LE, die schnellste Yacht Deutschlands vorm Winde, die in England erbaute herrliche NIXE, die Kieler Schwestern LOLLY und ANNA, die in schwerem Wetter bewährte MOSQUITO aus Cuxhaven, die ebenso wetterfeste Bremer LANKENAU, die in England gebaute Itchen-Yawl WIDGEON, die Kieler GERMANIA, die Flunder STÖRTEBECKER, die Nachfolgerin der in schmiegem Wasser unbesiegbaren ELLA, und sieben kleinere Boote, welche sich mit den Norwegern ALJUCEA (von Dixon Kemp in England gebaut), GLYMT und HERMUD messen sollten. Auch hier führten fünf Seeoffiziere ihre Boote.

Und als der große Tag anbrach, da war Boreas dem deutschen Segelsport gnädig und fegte mit 14 Metern per Sekunde, in 7 – 8 nach Beaufort, über die Kieler Bucht, diese Leistung von Zeit zu Zeit durch schwere Regenböen verstärkend. Es war ein herrlicher Sport! Die tiefen Kutter mit ihren Bleikielen und ihrer kolossalen Stabilität führten ihre vollen, enormen Segel, die Masten und Spieren bogen sich wie die Fiedelbogen, und bald konnte das stehende Gut dem gewaltigen Druck nicht mehr widerstehen. Die Wanten platzten wie Glas, über Bord gingen die Masten, kamen die Stengen herunter, so zeigend, dass selbst unbegrenzte Stabilität in ihrer Ausnutzung durch großes Segelareal von der Haltbarkeit des Rundholzes und stehenden Gutes abhängig ist. – Den Norwegern GLYMT und HERMUD, beides Boote nach dem Typ der auch bei uns vertretenen norwegischen Lotsenkutter (z. B. die frühere SCHWALBE von Quistorp in Stettin, des Lotsenkutters in Swinemünde etc.) fiel die Ehre des Tages zu: der GLYMT durch die Vergütung in der ersten Klasse, der HERMUD auch in absoluter Schnelligkeit in der zweiten Klasse. WELLE war die absolut schnellste Yacht; MOSQUITO bewährte sich vorzüglich. – Gern gönnen wir den fremden Gästen ihre Preise, und neidlos wollen wir anerkennen, dass

sie dieselben gewannen nicht durch ihre besseren Boote, sondern durch die bessere Seamanship! Wir können und wollen von diesen Nachkommen der alten Wikinger viel für unseren jungen Segelsport lernen. War es doch der LOLLY, die in Kiel schon vor dem Start die Wanten brach, vergönnt, am 12. August in Kopenhagen und am 18. August in Malmö die Scharte auszuwetzen: in Kopenhagen als bester Kreuzer unter 46 vorzüglichen seetüchtigen Fahrzeugen bei einem Sturm, stärker noch als in Kiel; in Malmö als absolut und in der Vergütung schnellstes Boot unter 20 Konkurrenten. Wir sind stolz darauf, dass uns der Besitzer sein schönes Boot selbst als Vignette des „Ahoi!" gezeichnet hat.

Kleinere Regatten fanden am 22. Juli in Schwerin (zwölf Boote), am 29. Juli in Hamburg (zweite Regatta des St. Georger Segelvereins von 1882 – acht Lateiner) statt.

Der 1. August brachte ein Unternehmen, das dem „Ahoi!" so recht von Herzen sympathisch ist: eine Segelregatta zwischen Professionals, den Fischern und Berufsschiffern, arrangiert von Badegästen in Wyk. Die Herren Duncker und Kirsten aus Hamburg übernahmen die Leitung; zehn Boote starteten bei guter Brise. Ja, das ist etwas, was uns fehlt! Tausende von Badegästen besuchen unsere Küsten, sehen sich das Leben der Fischer an, lassen sich auch mal spazieren gondeln. Möchten sich doch an jedem Seebadeort nur zwei bis drei Herren finden, die die Sache in die Hand nehmen! Eine Liste ist bald in Zirkulation gesetzt. Jeder zeichnet eine Mark! Es handelt sich ja um ein Vergnügen, um eine Regatta. Ein paar hundert Mark kommen bald zusammen. Es gibt gute Preise. Und dann die freudestrahlenden Gesichter der Fischer – der Sieger! Nicht nur des Geldes, sondern auch der Ehre wegen. Jeder Fischer hat eine verborgene sportliche Ader; es kommt nur darauf an, ihr von außen Blut einzuflößen. 20, 30, 50 solcher Regatten an unseren Küsten! jährlich! ohne Mühe! ohne besondere Kosten, und wir werden sehen, welch ein anderer Geist in unsere Fischer fährt, welcher Wetteifer sich zwischen den Ortschaften und in den Ortschaften entfaltet. Jeder freut sich auf die Sommerregatten; jeder probiert beim Handwerk sein Boot gegen die anderen; jeder takelt, verbessert, putzt. – Und die

Jungs sehen zu, wie Vater kämpft, sich ärgert oder freut; sie nehmen unbewusst den Geist des Wetteifers und Ehrgeizes auf. Jeder will der Beste sein! Liegt da nicht der Druckpunkt, wo der Hebel angesetzt werden kann, ohne viel Mühe, ohne viel Kosten, um unserer Kriegs- und Handelsmarine ein gutes Material zu erziehen? Um ein Gegengewicht gegen die sonstige Trägheit und Abgeschlossenheit des Fischers zu liefern? Auch hier rufen wir und werden stets rufen, solange „Ahoi!" überhaupt eine Stimme hat: „Vivant sequentes!"

Bei sehr guter Brise hielt der Elb-Segelregattaverein von 1880 am 5. August seine zweite Elb-Regatta mit 18 Booten. Böiger, guter Wind, der allmählich abflaute. Die sieggewohnte STÖRTEBECKER trug die erste Klasse heim, KANONIER, KATHARINA und OTHELLO die anderen Klassen.

Der junge Regattaverein Union von 1883 in Hamburg arrangierte am 2. September seine erste, sehr gelungene Regatta auf der Elbe mit elf Booten. Auch hier musste die DOLLY der LELLIE weichen.

Am 10. September belebte sich zum vierten Male in diesem Jahre die Müggel. Der Berliner Regattaverein hielt seine Segelregatta, leider auch wieder bei ganz flauem und umspringendem Winde, so dass die Resultate in keiner Weise maßgebend sein konnten. Die Hamburger KATHARINA schlug alles und erhielt fünf Preise; sie schlug die STÖRTEBECKER um nicht weniger als 21 Minuten auf 18 Kilometer, und es geht schon hieraus hervor, dass es eigentlich kein Segeln zu nennen war, denn bei nur etwas Brise wird wohl die STÖRTEBECKER der Siegerin unter allen Umständen zehn bis 15 Minuten auf obige Distanz geben können.

Der Hamburger Elb-Segelregattaverein segelte am 23. September ab, in einer Weise und bei steifer Brise, dass wir gern ein solches Absegeln unter die ‚Regatten ohne Preis' registrieren.

Der 23. September bot ferner ein recht lehrreiches Schauspiel – man kann es wohl eine Tragödie nennen – auf der Müggel bei Berlin in einer Privat-Segelregatta. Da kamen sie an, die stolzen Flundern mit ihren zum Himmel strebenden Masten, die kleinen eleganten Boote, die so schnell und fix sind, wenn andere Boote nicht von der Stelle kommen, wenn ‚leichter Luftzug' ist. Aber wie sahen die armen Dinger aus? Es wehte etwas! Man erkannte die Boote gar nicht wieder, so kahl ragten die Masten gen Himmel, die Großsegel unförmlich in den Schotring gewickelt, vorm Winde von einer Seite zur anderen schlingernd und mit den langen Bäumen das Wasser peitschend. Ja, wehen darf es für die übertakelten Berliner Boote nicht! Zehn Boote starteten, und davon strandeten – buchstäblich strandeten – fünf Boote, ein Boot verschwand in der alten Spree, zwei gaben die Sache auf und nur zwei Boote, BRIESE und NIXE, erreichten das Ziel. Die Mannschaft der gestrandeten Boote begab sich zu Fuß um den ganzen Müggelsee herum nach Friedrichshagen. Das ist denn doch ein so trauriges Resultat, dass es gebieterisch auffordert, auf Mittel zu sinnen, die Berliner Hindenbergschen Boote wenigstens etwas wetter- und seetüchtiger zu gestalten. Ja, shifting Ballast und Toppsegel mit Großsegel in einer Fläche vereinigt hat auch seine Nachteile!

Die sehr passionierten Brandenburger Segler hielten am 7. Oktober ihre erste gelungene Regatta auf dem Beetzsee mit fünf Booten. Möchte doch dies Beispiel überall dort Nachahmung finden, wo Binnenwasser ist.

Am 14. Oktober schloss der St. Georger Segelverein von 1882 mit einer Regatta von elf Booten die Saison 1883.

Somit blicken wir auf ein gutes Segeljahr zurück. Es war ein guter Anfang für den kräftig sich entwickelnden deutschen Segelsport nach jeder Richtung hin. 81 Yachten errangen 110 Preise.

Wenn das nächste Heft des „Ahoi!" erscheint, können wir bereits auf die Saison 1884 zurückblicken. Möge sie guten Sport bringen! Möge unser edler Sport sich immer mehr und mehr in allen Gesellschaftsklassen Deutschlands verbreiten, und mögen sich auch ihm die Kreise zuwenden, die durch ihre Stellung, Einfluss und Vermögen vor allem berufen sind, jeden Sport zu fördern, der zu einer Kräftigung der deutschen Wehr- und Handelskraft dienen kann.

G. von Glasenapp   *Wassersport, 1883*

Über Jacht-Privilegien

Da sich in letzter Zeit der Sport mit seegehenden Yachten in Deutschland sehr entwickelt hat, so ist auch der Besuch fremder Häfen durch Yachten bedeutend gestiegen, und hat sich hier nun häufig die merkwürdige Tatsache herausgestellt, dass unsere Fahrzeuge in ausländischen Häfen mehr Freiheiten haben und kulanter behandelt werden als in deutschen.

In keinem dänischen und schwedischen Hafen zum Beispiel brauchen die Lustfahrzeuge Abgaben zahlen; in jedem Hafenregelement befindet sich ein besonderer Paragraph, der Lustfahrzeuge (nicht nur die nationalen) von allen Abgaben befreit. Von den dänischen Zollkreuzern wird man stets mit der ausgesuchtesten Höflichkeit behandelt und lassen sie die Yachten meist ganz ungeschoren. Bekanntlich gibt es in Dänemark eine besondere Lustfahrzeugflagge, die Kriegsflagge mit drei goldenen Sternen in der Ecke, die von jedem gedeckten Fahrzeug nach von der Admiralität eingeholter Genehmigung geführt werden darf. Diese Flagge befreit in allen dänischen und schwedischen Häfen von Zollscherereien und Hafenabgaben.

Ähnlich ist es in England. Jeder Club, der das Prädikat ‚royal' führt, hat seine eigene, von der Regierung genehmigte Flagge. Will ein Clubmitglied auf seiner Yacht die Flagge führen, so muss es durch den Sekretär des Clubs von der Admiralität die Erlaubnis dazu einholen. Er bekommt dann einen ‚Admirality warrant', welcher jedoch nur an amtlich registrierte Fahrzeuge verliehen wird. Dieses Dokument enthält die Erlaubnis zur Führung der weißen, blauen oder roten englischen Flagge (letztere mit Abzeichen) und gestattet dem Eigentümer, Wein, Spirituosen, Tabak usw. zollfrei an Bord einzuschiffen, befreit ihn von

Segelwettfahrt. Englischer Holzstich von 1880. Illustrierte Zeitung

Hafenabgaben und stellt ihm die Marine-Moorings-bojen, soweit dieselben nicht von Kriegsschiffen besetzt sind, zur Verfügung. Wechselt eine Yacht den Eigentümer, so muss das Dokument durch den Clubsekretär der Admiralität wieder zugestellt werden. Führt ein Fahrzeug ohne ‚warrant' eine andere wie die gewöhnliche rote englische Flagge, so kann der Eigentümer mit 500 Pfund Sterling Strafe belegt werden. Jedoch erstreckt sich die Jurisdiktion der Admiralität nur auf Flaggen auf Fahrzeugen; an Land kann jede beliebige Flagge gehisst werden. Die weiße, also die eigentliche Kriegsflagge, ist nur einem Club in England, dem ‚Royal Yacht Squadron' gestattet; alle übrigen Yachtclubs, die das Prädikat ‚royal' erhalten haben, führen entweder die blaue Flagge der ‚naval reserve' oder die rote Handelsflagge mit irgendeinem Abzeichen im roten Felde.

Bei uns in Deutschland ist der Segelclub „Rhe" in Königsberg der einzige, der einige Privilegien für seine Fahrzeuge errungen hat; seine Fahrzeuge sind zum Beispiel in allen preußischen Häfen von Abgaben befreit, auch Zollerleichterungen sind ihm gewährt. Er führte bis jetzt eine der Kriegsflagge ähnliche Flagge, die neuerdings jedoch beanstandet und aufgegeben ist. Alle anderen Lustfahrzeuge werden als gewöhnliche Handelsschiffe betrachtet, obwohl die meisten Bestimmungen auf dieselben gar nicht zutreffen. Welche Schwierigkeiten daraus erwachsen, zum Beispiel in der Kieler Bucht, mögen folgende Beispiele zeigen.

Läuft zum Beispiel der TEIFUN in den kleinen Laböer Hafen ein, wenn auch nur auf eine halbe Stunde, so erscheint sofort jemand an Bord, um das Hafengeld einzufordern. Bleibt man, wie gewöhnlich sonntags, einige Stunden in See und ist außer Sichtweite von Friedrichsort gewesen und segelt nichts ahnend zurück, so feuert das Zollwachschiff bei Friedrichsort einen Schuss ab. Man ist gezwungen beizudrehen, wird revidiert, erhält einen Legitimationsschein, welcher dem Fahrzeug den außerordentlichen Vorzug gibt, in Kiel in ‚freien Verkehr gesetzt zu sein'.

Kommt man von den dänischen Inseln, so hat jeder Zollkreuzer das Recht, die Yacht beliebig lange aufzuhalten und zu untersuchen. In Tönning verlangt der Hafenmeister zum Beispiel, dass man sein Schiff persönlich bei ihm anmeldet. Am schlimmsten ist es jetzt auf der Elbe, wo jedes Fahrzeug, das die Zolllinie (bei der damals dänischen Stadt Altona) überfährt, angehalten wird.

Wenn die Clubs bisher noch nichts getan haben, um ihre Fahrzeuge von solch lästigen Plackereien zu befreien, so mag dies damit zu entschuldigen sein, dass solche Fälle bisher nur vereinzelt vorkamen; jetzt aber, wo die Zahl der seegehenden Yachten, die von den Zollbehörden als ‚Kauffahrteischiffe' behandelt werden, und der Besuch verschiedener Häfen gestiegen ist, ist es denn doch an der Zeit, dass man sich um sie kümmert und ihnen ebenfalls Privilegien verschafft wie in allen anderen Ländern! Haben doch sogar englische Clubs in deutschen Häfen Zollerleichterungen!

Hauptsächlich den größeren Clubs an der Küste, die eine Reihe von Fahrzeugen haben, die während des Sommers häufige Touren machen, liegt es ob, die Sache aufzufassen und bei der Regierung vorstellig zu werden, vor allem also dem Norddeutschen Regattaverein, dem Segelclub „Rhe" und dem Bremer Regattaverein. Man gehe aber gemeinschaftlich vor, lasse Delegierte der Clubs zu einer Kommission zusammentreten, die sich mit dieser Frage beschäftigen und der Regierung Vorschläge machen, damit dieser in anderen Ländern unbekannte Zustand aufhört. Auch das Clubwesen würde dabei nur gewinnen, denn wenn einige Clubs Privilegien erreichten, so würden die vielen vereinzelten Fahrzeuge an den deutschen Küsten, die bisher noch keinem Club angehören, gewiss nicht zögern beizutreten.

Es handelt sich also darum, den deutschen Yachtsport von den Belästigungen in deutschen Häfen zu befreien und womöglich auch Privilegien für fremde Häfen zu erringen.

Wassersport, 1883

SEGELFASHION UND SEGELEI

Wir finden unter dem Titel ‚Segeln, ein fashionabler Sport' in der ‚Deutschen Sportzeitung' vom Februar des Jahres einen „v. S … y" unterzeichneten Artikel, auf welchen näher einzugehen geboten erscheint. Derselbe behandelt nämlich einige Fragen von so allgemeinem Interesse und stellt Behauptungen von so prinzipieller Wichtigkeit auf, dass eine Zustimmung resp. ein Widerspruch notwendig wird, um festzustellen, was man denn eigentlich unter ‚Segelfashion' oder ‚Segelei' versteht, was im Segelsport ‚fashionable' ist, und ob dieser Ausdruck für uns, für uns deutsche Segler überhaupt anwendbar ist. – Zuerst der betreffende Artikel:

Segeln, ein fashionabler Sport

Wohl in keinem Lande liegt der Segelsport so sehr im Argen als gerade bei uns in Deutschland, und doch, wenn man die offiziösen Publikationen unserer Segelsportkreise liest, so müsste man beinahe glauben, Deutschland sei die Pflegestätte, das Heim des Segelsports, müsste annehmen, wir seien unübertrefflich in unseren Leistungen, und die ganze Welt müsste erst von uns lernen. Dem ist aber nicht so. Der Segelsport wird hierzulande mit nur ganz beschränkten Mitteln betrieben, seine Ausübung ist nur eine scheinbar sportliche, das eigentliche Wesen fehlt, und es wird in dieser Hinsicht nicht eher eine Wendung zum Besseren eintreten als bis Persönlichkeiten sich für diesen Sportzweig erwärmt haben werden, die Zeit und Geld nicht scheuen, als bis Gentlemen sich der Sache annehmen werden, begüterte und vermögende Leute, die gerne ein kleines Vermögen auf die Anschaffung einer veritablen Yacht anwenden, die Zeit und Lust haben, größere Reisen im offenen Meere zu unternehmen. Der Segelsport ist eine luxuriöse Sache; die Yacht lässt sich mit einer Equipage vergleichen, deren Instandhaltung großer Sorgfalt und Ausgaben bedarf, wozu wieder geeignetes Personal, die Mannschaft, gehört, und wenn man Yachting echt sportlich betreiben will, muss man sich zum Grundsatz machen: „Eher zu viel als zu wenig!" Für solche aber, die sich einen heilgymnastischen Genuss verschaffen wollen, ohne dabei den Säckel ins Mitleid zu ziehen, empfehlen wir etwa das ‚Spazierengehen' oder ‚Zimmergymnastik' etc. Andererseits wird man zugeben müssen, dass mit Rücksicht auf die Mode den größten Teil des Jahres samt Familie sich auf Reisen zu begeben, durch das Reisen per Yacht eine große Ersparnis eintritt. Man prüfe zum Beispiel die nachstehenden Ziffern. Nehmen wir an, wir lassen uns eine Dampfyacht von 170 Tonnen Gehalt bauen: Das ist bereits eine Größe, die es einer ziemlich zahlreichen Familie ermöglicht, mit aller Bequemlichkeit und allem Komfort Monate hindurch zu reisen. Außer der Familie befinden sich noch an Bord ein Kapitän, zwei Maschinisten, ein Heizer, sieben Mann und ein Koch. Man sieht – eine Expedition, derer sich ein Kavalier nicht zu schämen braucht, und das Beispiel ist gut gewählt. Die Yacht soll beispielsweise vier Monate das mittelländische Meer kreuzen, die Häfen von Spanien, Frankreich, Italien, Griechenland anlaufen, hierauf über Tunis, Algier, den Hafen von Marokko etc. in den Ozean zurückkehren: jedenfalls eine äußerst lohnende und genussreiche Fahrt, die selbst auf das verwöhnteste Gemüt einen nachhaltigen Reiz üben muss. Was würde so eine Reise kosten?

Monatl. Kosten des Bootes:			*Kosten des Betriebes:*	
Kapitän	M	160	Kohlen	M	500
I. Maschinist	M	200	Öl	M	150
II. Maschinist	M	120	Lacke etc.	M	150
Heizer	M	100		M	800
Koch	M	100	Küche	M	500
7 Mann	M	500		M	1300
Reparaturen	M	500	hierzu nebige	M	1800
Kleinigkeiten	M	120	monatlich	M	3100
	M	1800			

Die Totalausgabe für die ganze Reise würde sich also auf ca. 12.400 M belaufen. Wenn wir diese

Summe mit Rücksicht auf Nebenausgaben aller Art auf 15.000 M abrunden, wenn wir dieser Ausgabe gegenüber die Genüsse in die Waagschale werfen, welche eine Seereise auf einer eigenen Yacht nach dem Orient bietet, und wenn wir im Gegensatze hierzu die Ausgaben berechnen, deren es bedarf, um mit derselben Familie vier Monate lang in einem respektablen Seebade gelebt zu haben, wir würden zu der Ansicht gelangen, dass auf jener Seite eine große Ersparnis erreicht worden ist. Um nun ein anderes Beispiel anzuführen: Was würde es kosten, wenn ein Sportsman mit seiner Yacht eine Rundreise nach den größeren Regatten der Saison antreten würde? Eine Segelyacht von ca. 50 Tonnen; sie geht nur unter Segel, die Kosten der Maschine bleiben somit erspart; die Tour dauert sechs Monate. Wie stellt sich die Kalkulation?

Kapitän (Jahresgehalt)	2.400
6 Mann (Gehalt für 6 Monate)	3.600
Gehalt Total	M 6.000
w. Spesen für die Mannschaft	300
Instandhaltung des Bootes	1000
Ausgaben für Aushilfe, Renngebühren, Gratifikationen etc.	600
Takelungskosten	800
	M 8.700

Die Kosten würden sich also kaum auf ca. 10.000 M stellen, der Admiral, unser Amateur, hätte in hervorragender Weise die Regattenkampagne besucht, und da nicht anzunehmen ist, dass er bei allen Regatten als Letzter einkommt, so ist ein großer Teil der Auslagen durch die gewonnenen Preise gedeckt. Die Preise auf den französischen Regatten sind aber besonders namhaft, und eine Beteiligung an denselben sehr lohnend; die Möglichkeit ist demnach nicht ausgeschlossen, dass unser Admiral, vom Glück begünstigt, am Schlusse der Rennsaison sogar mit Gewinn abschneidet. Allerdings kommt hierbei noch eine wichtige, die größte Ausgabe in Betracht, das ist die Herstellung der Yacht selbst. Die Kosten einer solchen sind sehr verschieden und richten sich stets nach deren Ausstattung. Normieren wir aber den Preis derselben mit ca. 40.000 M, so sind wir im Besitze eines Fahrzeuges von ca. 60 Tonnen Gehalt, äußerst

rennfähig und dabei höchst komfortabel ausgestattet. Die Yacht wird, wenn sorgsam gepflegt, zehn Jahre mindestens dauern und selbst dann noch einen großen Wert repräsentieren; in die Jahresbilanz dürfen demnach nur 4.000 M Anschaffungskosten gestellt werden.

Diese Art des Sportbetriebes würden wir ‚fashionable' nennen, sie würde dem deutschen Sport Ehre machen, und dann würde der deutsche Segelsport in einer Weise aufblühen, dass wir von allen anderen Nationen beneidet werden würden. Man ersieht ganz deutlich aus obigen Ziffern, dass man nicht gerade ein Krösus zu sein braucht, um eine veritable Yacht zu besitzen, und wie massenhaft viele deutsche Familien gäbe es, die durch Ankauf einer solchen eine lobenswerte Ausnahme von jenen machen würden, welche im Besuch kostspieliger Seebäder die einzige Erholung finden – weil dies eben Mode ist.

Man kann aber auch reiten, ohne einen zahlreichen Stall zu besitzen, man kann jagen, ohne eine Meute von fünfzig Koppel Hunden zu besitzen, und man kann segeln, ohne Yachten zu besitzen wie die EROS des Baron Rothschild, die NUBIENNE des Mr. Edward Blanc, die BRETAGNE des Mr. Henri Say oder der SUNBEAM des Sir Brassey. Solange aber der Segelsport bei uns sich nicht in der angedeuteten Weise entwickeln wird, so lange bleibt er eben nichts weiter als eine ‚Segelei'. „v. S ... y"

So weit Herr ‚v. S ... y'!

Es ist anzuerkennen, dass der ganze Artikel mit Vorliebe für den Segelsport geschrieben ist, dass der Herr Verfasser sich bemüht, Jünger für unseren Sport unter den wohlhabenden Kreisen zu werben. Die Absicht ist unstreitig gut, aber die Ausführung erscheint verfehlt, unlogisch und teilweise verletzend. Das hat kein wirklicher Segler geschrieben! Vielleicht jemand, der mal ‚Le Yacht' oder ‚The Field' gelesen, der aber nicht über das Wesen des Segelsport, seine Basis und seine Aussichten nachgedacht hat. Zunächst ist die Einleitung richtig zu stellen!

Herr ‚v. S ... y' behauptet, der Segelsport liege bei uns danieder, wir betrieben ihn nur mit beschränkten Mitteln, hätten aber den großen Mund, als ob die ganze Welt von uns lernen müsse. Es ist wahr! Deutschland ist nur ein armes Land, und wir können uns in unseren Sportmitteln nicht mit England, Amerika und Frankreich vergleichen. Auch ist es wahr: Der Segelsport beginnt erst bei uns.

Es ist jedoch unwahr, dass wir jemals in irgendeinem Journal unsere Leistungen als unübertrefflich hingestellt hätten, dass wir unseren Sport jemals von oben herab im Vergleich zu anderen Nationen betrieben hätten.

Dann gibt Herr ,v. S ... y' eine längere Berechnung über die Kosten des Yachting ,mit Familie', deren Richtigkeit ich dahingestellt sein lasse, und eine nur zu lobende Aufforderung an wohlhabende Leute, per Yacht statt per Eisenbahn zu reisen.

Sehr einverstanden! Sehr anerkennenswert!!! Aber Ihr Schluss, Herr ,v. S ... y', bedarf der Korrektur. Sie sagen, dass dies Reisen mit Familie per Yacht der einzige fashionable Segelsport sei, und dass derselbe so lange nur bei uns eine ,Segelei' sein würde, bis er sich in der angedeuteten Weise weiterentwickelt!

Das ist grundfalsch, und das hat kein ,Yachtsman' geschrieben, denn jeder Yachtsman weiß, dass der Sport mit kleinem Material in England, Amerika und Frankreich die Basis des Sports bildet, und dass das ,Familien-Yachting' nur eine Konsequenz desselben, nur ein ,Zweig' des Segelsports ist, und zwar kein aktiver Sport, sondern nur ein unterstützender Sport.

Herr ,v. S ... y' macht den Sport in seinem Artikel abhängig vom Geldbesitz! Das ist der Segelsport nun und nimmermehr! Er behauptet, es wäre nur ,Sport' und ,fashionable', mit einem grossen Train in die Welt zu reisen!

Verzeihen Sie, ,Herr v. S ... y', – das kann jeder Geldprotze, der für Segelsport nicht das geringste Interesse hat; er ,reist' eben!

Wenn Thomas Brassey auf der SUNBEAM für ,round the world' startet, so vereinigen sich hier in selten glücklicher Weise ,seamanship first rate with much money'. Gewiss ist es das Ideal jedes Seglers, mit einem 20- bis 160-Tonner unter den Füßen eine Tournee im Mittelmeer und an Englands Küsten zu machen, den Ozean zu durchkreuzen und sich mit der Flagge des Sternenbanners zu messen! Für die meisten bleibt dies aus pekuniären Rücksichten nur ein Ideal! Sind sie deshalb schlechtere Sportsmen, weil sie sich nur ein kleines Boot kaufen können?

Es ist total falsch, ,Fashion' und ,Segelei' einander gegenüberzustellen. Beide wirken für den Sport nebeneinander; beide sind notwendig: die eine mit ihrem Gelde, die andere mit ihrer personellen Leistung.

Wie falsch der Satz ist, ergibt eine einfache Frage: Was würde die Ziele des deutschen Segelsports mehr fördern:
20 fashionable Yachten à 50.000 Mark (eine Million) oder 1.000 20-Fuß-Boote à 1.000 Mark (auch eine Million)? Doch unzweifelhaft das Letztere!

Wenn man schon zwischen Fashion und Segelei wählen müsste, was nicht notwendig ist, dann lieber nur das, was Herr ,v. S ... y' die ,Segelei' zu nennen beliebt.

Mir wenigstens, um ein Beispiel anzufahren, steht ein Herr Kowalewski, der selbst baut, selbst takelt, selbst segelt, der in dem kleinen Fischhausen Segelsport treibt und bekanntlich mit seinem kleinen Boot vorigen Herbst die Mannschaft eines verunglückten Schiffes echt sportinglike rettete, als Sportsman unendlich viel höher, als ein Vergnügungsreisender auf seinem 100-Tonner samt Familie, wenn er (der Herr Kowalewski) auch nicht das Vermögen besitzen sollte, um sechs Monate an der Riviera spazieren zu fahren.

Dies nur als Ansichtsäußerung! Dieselbe ist hervorgerufen durch den Artikel des Herrn ,v. S ... y'; tatsächlich ist sie zwecklos, denn es gibt keinen Gegensatz zwischen Segelfashion und Segelei. Jeder Amateursegler treibt Sport und wirkt für den Sport; die ,Fashion' findet sich von selbst, wenn der Sport durch die jahrelangen Bemühungen auf kleinen Gebieten sich in weitere und wohlhabende Kreise verbreitet hat, und sie wird dann ihren großen rückwirkenden Einfluss auf kleinere Verhältnisse wie auf internationale Beziehungen nicht verfehlen. „Go ahead!"

„Ahoi!", 1884

Segellust (*Jägerchor*)

Hoch lebe auf Erden das Segelvergnügen,
Es gibt keine Freude, die dieser wohl gleicht:
Mit rauschendem Wind durch die Wogen zu fliegen,
Wenn den Schwächling die ängstliche Furcht beschleicht.
Lass ruhn den Philister im dumpfigen Hause,
Er kennt nicht die Freude, die selige Lust:
Wenn schäumende Wellen am Boote zerschellen,
Hebt froh und freier sich unsere Brust.

Der Segler ist kundig, sein Schifflein zu leiten,
Ob Sonne ihm glänzt, ob Nacht ihn umhüllt,
Ob kreischende Möwen beim Sturm ihn begleiten,
Ob säuselnder Zug kaum die Leinwand füllt;
Er ist allzeitig fröhlich in freier Natur,
Die Wonne des Segelns erfüllt seine Brust:
Genießt ohne Zagen, mit frohem Behagen
Des Segelns herrliche, fröhliche Lust!

Drum auf, meine Mannen, den Anker gelichtet,
Die Segel gebrasst, wie der Wind es verlangt;
Dann teilet der Bug bald die schäumende Welle,
Und hoch an der Stenge der Club-Stander prangt.
Ja, groß ist die Freud´, wenn sich Segler begegnen,
Dann jauchzet ein jeder aus fröhlicher Brust:
Es gleicht nichts auf Erden, trotz Sturm und Beschwerden,
Des Segelns herrlicher, sportlicher Lust.
‚Zeus vom Olymp'

Wassersport, 1884

Die WELLE. Holzschnitt nach einer Zeichnung von Leitner, 1882

RACING UND CRUISING

Der Segelsport hat zwei Gebiete, die sich gegenseitig ergänzen, das Racing und das Cruising. Die meisten unserer Leser werden wissen, was man darunter versteht. Es ist schwer, kurz diese beiden englischen Ausdrücke, die bei uns Bürgerrecht erworben haben, zu definieren, noch schwerer, sie mit einem Wort zu übersetzen. Unter Racing versteht man alle die Vorbereitungen der Yacht zur Regatta, zu einem Kampf, und diese Regatta selbst; unter Cruising das Vergnügungs- und Tourensegeln. – Man kann beide Gebiete vergleichen mit dem Rennen (der Pferde) einerseits, der Parforcejagd, der Hetze und der Tourenritte andererseits. Dass beide Gebiete ihre Berechtigung haben, dass sie sich ergänzen und für das Emporblühen des Sport notwendig sind, wird jedermann einleuchten.

Eine andere Frage aber ist die: Sollen wir in Deutschland in unserem jungen Segelsport das Hauptgewicht auf Racing oder Cruising legen? Die Frage ist

Bergen der Vorsegel während einer Regatta. Nach einer Zeichnung von Willy Stöwer

wichtiger als es bei oberflächlicher Betrachtung den Anschein hat. Legen wir das Hauptgewicht auf Racing, wird dieser Standpunkt in der Sportpresse fortwährend betont, dann bekommt der Sport an sich allerdings ein vornehmeres Gesicht, aber es werden viele Elemente, die sich sonst für den Segelsport gewinnen ließen, zurückgeschreckt. Es hat ja nicht jeder das

Geld, sich einen 20-Ton-Racekutter bauen zu lassen; es hat nicht jeder die Zeit, die größere Zahl der Regatten mit seiner Yacht mitzusegeln. Wohl dem, der es kann!

Die große Masse aber muss durch Cruising herangezogen und animiert werden. Es muss feststehen, dass Cruising ein ebenso guter Sport wie Racing ist, nur eine andere Art. – Gerade der kleine Segler, der in seinem kleinen Boot schüchtern anfängt, bildet das große Material für eine spätere Ausdehnung des Sports. Jedes Land, in dem Segelsport blüht, hat klein mit ausgedehntem Cruising angefangen. Das Racing ist ohnehin die unausbleibliche Konsequenz, denn wer eine Weile Cruising getrieben hat, fühlt ganz gewiss den unwiderstehlichen Drang, sich auch einmal im Racing zu versuchen, zu zeigen, was er gelernt hat.

Ein sehr verkehrter Weg wäre es aber unter den Verhältnissen des heutigen Segelsports in Deutschland, wenn wir im „Ahoi!" das Racing allein in den Vordergrund schieben, uns aufs große Pferd setzen und nur von den fünf oder sechs Raceyachten sprechen wollten, die wir überhaupt besitzen; wenn wir den kleinen Sport über die Achsel ansehen wollten. Einmal wäre es lächerlich, denn jeder Sachverständige vergleicht doch unsere sechs Racekutter mit den 3.000 Englands; es wäre aber auch falsch und schädlich für den jungen Sport, denn es würde eine solche Vornehmheit und erhabener Standpunkt viele Novizen von Hause aus zurückschrecken. Auch zu große Wissenschaftlichkeit ist nach unserer Ansicht heute noch bei uns von Übel. Sinus und Kosinus, Sente und Trochoid, Meta- und andere Zentren, – dies sind Gespenster, die den jungen Yachtsman nicht anlokken sondern abschrecken von unserem edlen Handwerk. Wir beabsichtigen, gerade möglichst populär zu schreiben, aber vom wissenschaftlichen Standpunkt, und hoffen hierdurch viel mehr Gegenliebe zu finden. Wer dann für den Sport gewonnen ist, der findet auch schon Mittel und Wege, um sich wissenschaftlich fortzubilden, um in die höheren Geheimnisse eingeweiht zu werden.

Im Anschluss hieran dürfte es für den deutschen Segler nicht ohne Interesse sein, die Stimmung in England betreffs des Racing und Cruising kennenzulernen. Das leitende Sportblatt Englands, der ‚Field', gibt dieser Stimmung und diesen gewonnenen Erfahrungen in folgenden Zeilen Ausdruck: „In dieser viel besprochenen Frage scheinen die meisten Regattakomitees zu der Überzeugung gekommen zu sein, dass die nur für ‚Racing' erbauten und eingerichteten Yachten den Sport durchaus nicht in dem Maße fördern als sie Ansprüche auf die ausgesetzten Preise machen. Ihretwegen werden die ‚Cruisers' fast gänzlich zurückgesetzt und kommen gar nicht mehr zum Start, obgleich die eigentlichen ‚Racers' von Jahr zu Jahr abnehmen."

Wenn man auch nicht so weit zu gehen braucht, dass man die ‚Racers' als den Ruin des Sports betrachtet, was Yachting anbelangt, so ist doch nicht zu leugnen, dass manche ‚Racing-Yachts' heutzutage nichts weiter sind, als ein Apparat, der noch mehr Blei als die und die Yacht schwimmen lässt, um noch mehr Segel tragen zu können! Unzweifelhaft hat das übliche Messverfahren daran Schuld, aber jedes Messverfahren wird schließlich Anlass zu Übertreibungen in irgendeiner Richtung geben. Öfterer Wechsel desselben würde dem entgegenwirken können, doch hat dies auch seine großen Bedenken. Jedenfalls verdienen aber die weit zahlreicheren Besitzer von ‚Cruisers' viel mehr Berücksichtigung, denn die wenigsten Segler sind doch in der Lage, die teuren ‚Racers' anzuschaffen und in Stande zu halten. *„Ahoi!", 1882*

DIE KÖNIGLICHE YACHTFLOTTE IN POTSDAM

wurde vor einem Jahre um ein größeres Ruder- und Segelboot vermehrt, dessen Konstruktion dem Schiffsbautechniker Th. Hein in Kiel übertragen und das auf der Werft von Kluge in Sacrow bei Potsdam gebaut wurde. Wir bringen heute umstehend die Linien desselben.

Es ist vorauszuschicken, dass das Boot nicht Rennzwecken, sondern zu Ruder- und Segelpartien auf den Seen um Potsdam herum dienen soll. Bei einer Länge von 8 m war entsprechende Breite vorgeschrieben, um genügende Stabilität zu erzielen; der Tiefgang war wegen der flachen Ufer der Havel und des Jungfernsees, wo das Boot stationiert werden sollte, beschränkt.

Achtern war ein Cockpit für sechs Passagiere, und zwar getrennt von den Sitzen der Ruderer und des Steuerers, angeordnet; die Sitze sollten in Höhe des Dollbaumes liegen und mit einem Deck umgeben sein. Ferner war hier ein Baldachin und über den Sitzen der Ruderer und des Steuerers ein Sonnenzelt geplant.

Diese Anordnung der Plätze und Platzierung der lebenden Gewichte bedingte die Verlegung des Nullspants hinter die Mitte, was auch für den Lauf des Bootes als vorteilhaft zu erachten ist. Wir lassen hier einige Konstruktionsdaten folgen:

Ganze Länge	8,00 m
Größte Breite auf den Spanten	1,80 m
Deplacement	1,75 cbm (1.750 kg)
Reibungsoberfläche	12,9 qm
Segelareal	30,5 qm
Gewicht des Bootes	700 kg
Stärke der Planken	30 mm

Der Deplacements-Schwerpunkt liegt 0,383 m hinter der Mitte des Bootes. Das Deplacement incl. Beplankung, Kiel und Steven beträgt nach der auf dem Längendurchschnitt angegebenen Wasserlinie 1,75 cbm (1.750 kg), wovon auf das Eigengewicht des Bootes 700, auf die Passagiere und Besatzung 870 und auf das Inventar ca. 200 kg entfallen. Der System-Schwerpunkt des mit seinem Inventar versehenen, mit vier Ruderern, einem Steuerer und sechs Passagieren beladenen Bootes befindet sich ebenfalls 0,383 m hinter der Mitte des Bootes. Es findet demnach eine Veränderung des Tiefgangs am Vorder- oder Hinterende bei den angeführten Gewichten und deren Verteilung nach der vorher angegebenen Wasserlinie nicht statt.

Vertikal liegt der System-Schwerpunkt in dem Punkte C der Zeichnung 0,25 m über dem Deplacements-Schwerpunkt. Das Metazentrum bei einer geringen Neigung in dem Punkte M der Zeichnung 0,94 m über dem Deplacements-Schwerpunkt, also 0,69 m über dem System-Schwerpunkt. Bei 21° Neigung kommt die Oberkante des Dollbaumes zu Wasser, das Metazentrum liegt in dem Punkte M der Zeichnung noch 0,58 m über dem System-Schwerpunkt und ist selbst in diesem Falle die Stabilität, der Größe des Bootes entsprechend, noch eine beträchtliche. D ist der Deplacement-Schwerpunkt des Bootes bei einer Neigung von 21° gegen die Horizontale.

Die Reibungsoberfläche bei Maximal-Tiefgang beträgt 12,9 qm, das projektierte Segelareal 30,5 qm. Die Fock hat 3,8 qm, das Vorsegel 9,36 qm, Großsegel 12,76 qm und der Treiber 4,62 qm.

Das Boot ist schon mehrmals zu Ruderpartien benutzt worden und soll mit sechs Riemen sich leicht rudern. Die Segel sind noch nicht beschafft, doch glauben wir, dass das Boot auch ganz befriedigende Segelresultate ergeben würde, wenn auch die Takelage der Bestimmung entsprechend nur zum Spazierensegeln geeignet ist, dagegen aber den Vorteil großer Handigkeit und Sicherheit besitzt.

Die Söhne Sr. k. k. Hoheit des Kronprinzen verfolgten die Bauausführung selbst mit Interesse und sollen wiederholt höchst ihre Zufriedenheit kundgegeben haben.

Wassersport, 1884

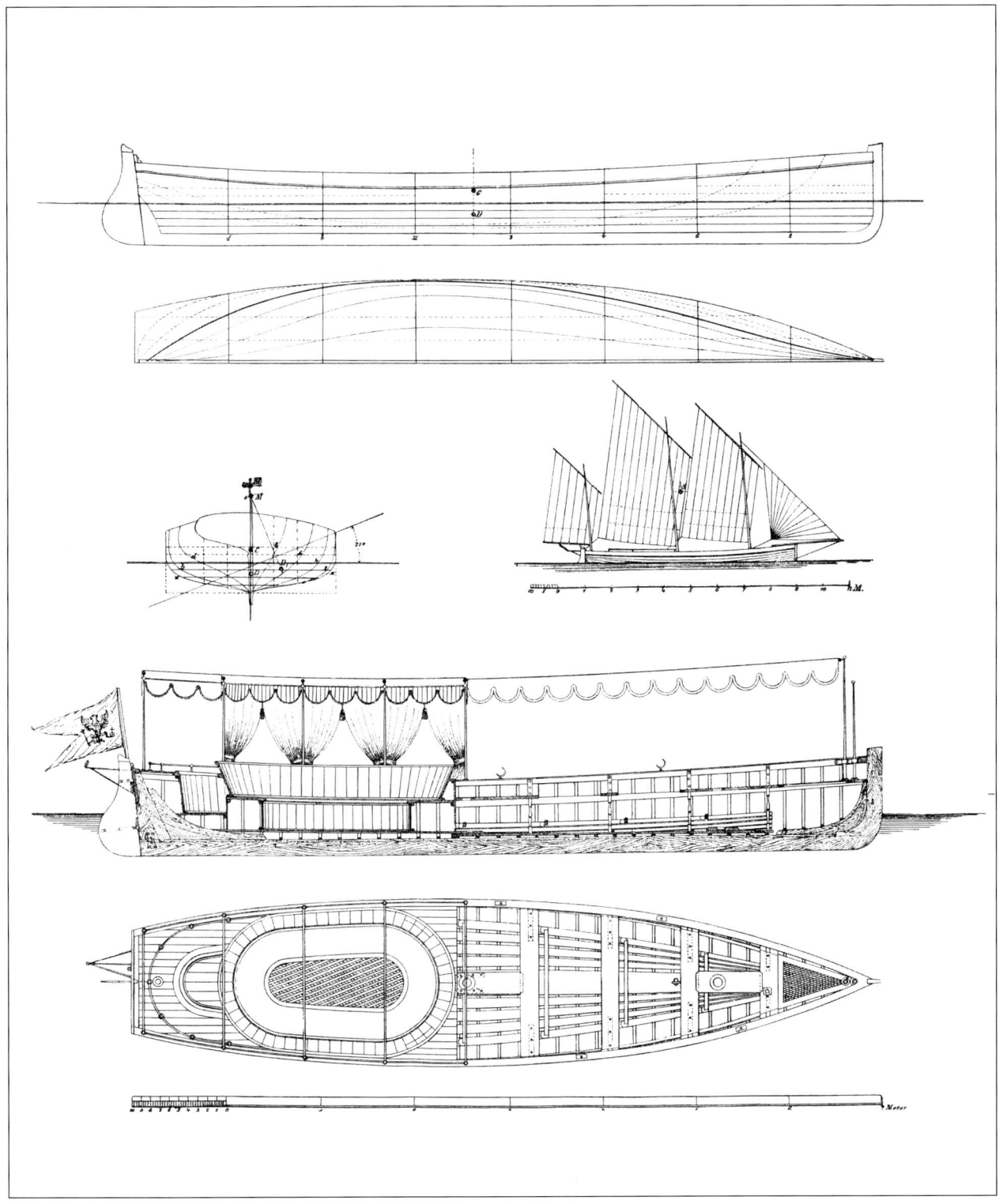

DIE BERUFSSCHIFFER UND DER SPORT

Schiffer und Fischer von Fach haben von Hause aus einen eigentümlichen Groll gegen alles, was auf dem Wasser umherwimmelt zum Zwecke des Vergnügens, mag es die elendeste Gondel oder das schmuckeste Segelfahrzeug sein. In ihren Augen sind alle Leute, welche der Wasserlust fröhnen, unnütze Wasserbummler, die ihnen verhasst und im Wege sind. Es erregt ihren Ingrimm, dass sie schwere Arbeit tun müssen, während ihre besser situierten Mitmenschen sich zu ihrer Lust auf der ihnen gehörenden Domäne umhertummeln. Kommt ihnen nun gar ein solches Fahrzeug in die Quere, so wird es ein freudiges Ereignis für sie sein, demselben möglichsten Schaden zuzufügen. Stellt man sich auf einen gerechten Standpunkt, so muss man allerdings eingestehen, dass es einen grelleren Kontrast kaum gibt, hier schwere Arbeit und kärglicher Lohn, dort das Vergnügen meist besser gestellter Leute. Während der Seemann ein hübsches Lustfahrzeug mit wohlgefälligen Augen betrachtet und sich darüber freut, wenn es nach seinem Geschmack ist, blickt der Flussschiffer meist nur mit Verachtung auf dergleichen Dinge.

Es kommt aber noch ein anderer Punkt in Frage bei dieser Gelegenheit und das ist folgender: Nicht nur unter den gewöhnlichen Sonntagswasserbummlern, sondern leider auch unter Leuten, die Wassersport treiben, gibt es manche, welche es für selbstverständlich halten, die Schiffer durch alberne Redensarten reizen zu müssen resp. bei irgendwelchen Gelegenheiten mit Grobheiten zu traktieren. Dass diese denn an anderen, Unschuldigen ihre Wut auslassen ist nur zu sehr in der menschlichen Natur begründet.

Die Flussschiffer*) zeichnen sich im Allgemeinen durch rohes Betragen aus und entbehren meist der dem Seemann eigentümlichen Gutmütigkeit. Schimpfen in allen Tonarten ist ihnen zweite Natur

*) Die Frachtschiffer zeichnen sich im Allgemeinen sehr vorteilhaft von den Stein- und Sandschiffern aus.

geworden und hört man ihre Wortgefechte, so glaubt man, mindestens handle es sich um Mord und Totschlag, aber in den seltensten Fällen kommt es zum Kampf. Dennoch werden mir viele beipflichten, dass man sich mit diesen Leuten durch ruhiges und höfliches Entgegenkommen besser stellt, als wenn man es versucht, ihnen brutal gegenüberzutreten, abgesehen davon, dass sie in der Regel den Vorteil der Übermacht für sich haben.

Anstand und Gerechtigkeit sollte jeden veranlassen, das Recht dieser Leute zu respektieren und jede spöttische Bemerkung oder alberne Redensart zu unterlassen. Jedes Lustfahrzeug hat die Verpflichtung, den Lastfahrzeugen aus dem Wege zu gehen und bei etwaigen Kollisionen mit den Schiffern möglichst anständig zu verhandeln, ihnen lieber einige Groschen für etwaige Hilfsleistungen zu geben als sich mit ihnen herumzuzanken, die Leute aufzureizen und schließlich doch den Kürzeren zu ziehen. Nach eigen gemachten Erfahrungen, welche gewiss auch andere bestätigen werden, kommt man auf diese Weise ganz gut mit den Leuten aus und man findet sogar nicht selten anständige Charaktere unter ihnen, die das ,noblesse oblige' instinktiv üben.

Andererseits ist es wiederum nicht in Abrede zu stellen, dass unter dem Schiffervolk recht brutale Gesellen zu finden sind, die zu jeder Rohheit aufgelegt sind und deren Bestrafung oft ebenso erwünscht wie gerechtfertigt wäre. Leider ist man in den meisten Fällen ohnmächtig, da man weder den Leuten folgen, noch konstatieren kann, auf welchem Fahrzeug sie fahren, denn die Nummern der Kähne sind so versteckt oder so klein angebracht, dass man sie mit Mühe und Not beim Suchen finden würde.

Während die Polizei in Berlin mit Fug und Recht verlangt, dass jedes Fuhrwerk mit einem Schilde versehen ist, auf welchem deutlich Name und Wohnort des Besitzers zu lesen ist, wird auf den Flussläufen in der Umgebung Berlins kein Wert darauf

Arbeit und Vergnügen. Englischer Holzstich um 1885

gelegt. Meiner Ansicht nach müsste jedes Fahrzeug äußerlich entweder eine große Nummer auf beiden Seiten führen oder Namen und Wohnort des Besitzers in großen, mindestens fußhohen Buchstaben. Dann wäre es ein Leichtes, bei streitigen Vorfällen den Betreffenden zur Rechenschaft zu ziehen, während die Schuldigen jetzt in den seltensten Fällen zu erlangen sind.

Ein anderer großer Übelstand ist, dass bei uns die Fahrzeuge nicht gehalten sind, bei Dunkelheit rotes und grünes Licht zu führen. Sowohl jedes Lust- als Lastfahrzeug hat z. B. auf der Oder bei Stettin sich dieser Anordnung zu fügen und es ist nur zu verwundern, dass bei uns diese ebenso nötige wie nützliche Einrichtung nicht vorgeschrieben ist. Wer es oft erlebt hat, welchen optischen Täuschungen der in der Dunkelheit auf dem Wasser Fahrende ausgesetzt ist, wird mir gewiss beistimmen. Es ist oft auch dem, der über die besten Augen verfügt, in der Dunkelheit nicht möglich zu entscheiden, ob er einem feststehenden Baum oder einem sich bewegenden Fahrzeug zusteuert.

Ja, die Täuschung ist so groß, dass man zuweilen in Fahrgewässern, die man hundertmal bei Tage besucht hat, sich schwer ausfindet. Dass Kollisionen mit anderen Fahrzeugen in der Dunkelheit doppelt unangenehm und bedenklich sind, liegt auf der Hand. Meines Wissens existiert auf den Wasserläufen der Spree nur das Gebot, dass die stillliegenden Fahrzeuge in der Dunkelheit ein weißes Licht führen: Doch wird

dieses Gebot wohl nur an Orten respektiert, wo die Leute eine Anzeige fürchten. Unter den Lesern des ‚Wassersport‘ befinden sich gewiss solche, die der maßgebenden Behörde diese gerechten Klagen unterbreiten können und jeder vernünftige Schiffer wird im eigenen Interesse sich diesem Gebote willig fügen; mit den unvernünftigen ist überhaupt nicht zu rechnen, sie müssen eben zur Vernunft gezwungen werden. Die Lustfahrzeuge sollten mit gutem Beispiel vorangehen und es wird niemand die kleine Ausgabe für die Equipierung seines Bootes scheuen; außerdem gewährt es einen hübschen Anblick, ein Fahrzeug mit bunten Lichtern durch die Dunkelheit dahinziehen zu sehen. *Dr. W.* *Wassersport, 1884*

Lotsenboot und Fahrtenyacht auf der Ostsee

Die englische Dampfyacht MINERVA, 1875

DAMPFSPORT

Mag es auch dem echten Segler lästerlich erscheinen, wenn man die Gefühle, welche ihn mit der Hand an der Pinne in einer aufregenden Phase einer Regatta durchschauern, vergleichen will mit den Empfindungen eines Mannes, der das Rad einer Dampfyacht dreht – die Tatsache, dass nicht wenige eifrige Freunde des Wassersports in England, Frankreich und Amerika für die Dampfyacht begeistert sind, steht fest, und es muss also auch wohl ‚am Rad', in dem Studium der Eigenheiten eines Boots unter dem Einfluss von Ruder und Schraube, ein manneswürdiger Sport zu erreichen sein; mehr jedenfalls als der höhnisch auf den Yachtsmail mit Kesseln und Heizern herabsehende Segler zu glauben geneigt ist. Und dann ist es ja nicht allein das Steuern. Man kann wohl sagen, unter 99 von 100 Fällen ist es die größere Sicherheit, den Hafen zu erreichen, welche dem Dampfsport Freunde zuführt, denn der Seemann sehnt sich immer nach dem Hafen: Kaum ist er hinaus in den weiten Ozean, so ist es sogleich wieder sein eifrigstes Bemühen, in einen

Hafen zu kommen; Windstille oder Beiliegen in schwerem Wetter ist sein größter Kummer. Nun ist eine Dampfyacht, wenn man nicht sehr große Touren macht, wohl selten zum Beiliegen genötigt, während einer Segelyacht das leicht passieren kann, selbst an den englischen Küsten, wo die Häfen noch keine 100 km auseinander liegen. Wie oft ist andererseits im heißen Sommer das Segelboot zu regungslosem Stillliegen verurteilt, während die Dampfyacht hinausgeht, ihren Besitzer und seine Gäste durch die frische Seeluft trägt und abends gestärkt heimbringt, wogegen die Freunde des Segelns in entnervender Hitze ausharren mussten. Oder die Dampfyacht geht bei dem schönen, stillen Wetter nach einem anderen Hafen ab, während die Segelyacht warten und vielleicht zufrieden sein muss, dieselbe Entfernung bei widrigem Wind und rauer See und zur Zeit der Dunkelheit beiliegend abzusegeln. So ging an einem stillen Sommerabend eine kleine Dampfyacht von 70 Tonnen, die nur neun Knoten machte, von Cowes nach den normannischen Inseln, landete ihre Insassen dort zu einem Spaziergange und brachte sie wieder heim – alles in 30 Stunden, während eine Segelyacht in derselben Zeit noch nicht um die Ostspitze der Insel Wight herumgekommen war. Da ist es denn begreiflich, dass von Damen meistens den Dampfyachten die Palme zuerkannt wird.

Mancher will vom Dampfen nichts wissen wegen des ‚Ölgeruchs'. Aber eine Privatyacht ist doch etwas anderes als ein schmieriger kleiner Personendampfer, alle Teile werden so peinlich sauber gehalten, dass auch bei hohem Dampfdruck kein übler Geruch entsteht und überdies brauchen Gäste bei der Maschine sich nicht aufzuhalten. Ebenso brauchen Gäste vom Einnehmen der Kohlen, das übrigens bei kleinen Yachten nur ein Stündchen dauert, nichts zu sehen. Erschütterungen durch die Maschine sind bei vierflügliger Schraube und guter Konstruktion heutzutage sehr gering. Eine wohlgeformte, nicht mit Deckhäusern beladene Dampfyacht ist so seetüchtig wie ein gleich großes Segelboot, vielleicht etwas länger und schmäler und etwas weniger geräumig, weil die Maschine viel Platz braucht, aber immer ein sehr gutes, schnelles Boot. Nur bei schwerer See von der Seite könnte unangenehmes Rollen eintreten und aus dem Kessel Wasser in die Zylinder übergehen, doch lässt sich mit etwas Längsbesegelung das Rollen genügend abschwächen, wenn die See nicht gerade ungewöhnlich hoch ist, und in diesem Falle würde auch die Segelyacht lieber beiliegen. Durch See von vorn wird eine Dampfyacht nicht leicht zum Beiliegen gezwungen, wenn die Dampfkraft vermindert wird, nur bei ganz kleinen Booten ist es gelegentlich nötig, sobald die Schraube oft aus dem Wasser kommt. Will man freilich einen flach gehenden Flussdampfer mit Salon und Kombüse auf dem Deck zu Seetouren an der Küste benutzen, so muss man sehr auf der Hut sein, aber es geht auch, und ein seetüchtig konstruiertes, flaches Boot hat den bedeutenden Vorzug, dass es sowohl Küstentouren machen als auch seichte Häfen aufsuchen und in interessante kleine Flüsse hinaufgehen kann. Vor mehreren Jahren besuchte eine solche kleine Yacht mit nur fünf Fuß Tiefgang, der BULLDOG (60 Tons), zweimal in einem Sommer von der Insel Wight aus Irland und den Clyde, hatte Sturm im St. Georgs-Kanal und überholte, bei halber Kraft nur fünf Knoten machend, mehrere gleichzeitig mit den Wellen kämpfende Segelyachten.

Die Kosten des Ankaufs und der Unterhaltung einer Dampfyacht übersteigen die einer Segelyacht kaum. Jene ist von 75 Tonnen, mit bester Compound-Maschinerie und neun Knoten Speed in England für 70.000 Mark, in gleicher Größe für etwa 60.000 Mark herzustellen. Der Preis wird verschieden ausfallen, je nachdem ob man Holz, Eisen, Stahl oder gemischte Bauart vorzieht. Bei Eisen oder Stahl, muss man auf Kupferbeschlag verzichten und büßt durch Bewachsen des Unterwasserschiffs etwa einen halben Knoten Speed in der Saison ein. Weitere Kosten in Höhe von 9.300 resp. 8.740 Mark ergeben sich, wenn man für 16-wöchentliche Indienststellung folgende Anschläge macht:

1) für die Dampfyacht: je 300 M für Maschinen- und für Schiffsbedürfnisse, 1.200 M für Kohlen (auf 40 Tage oder 8.000 Meilen unter Dampf), 3.000 M für Reparaturen (fünfjähriger Durchschnitt), 3.600 M Löhnung für 16 Wochen (Kapitän und Maschinist je 50 M, Heizer und Koch je 35 M, Steuermann 30 M, Matrose 25 M per Woche), 900 M für Bekleidung (für Kapitän, Maschinist und den Heizer jeweils 200 M

und für die übrigen kommen zusammen etwa 300 M dazu);

2) für die Segelyacht von 75 Tonnen: 2.800 M für Reparatur und Ersatz an Bootskörper, Segeln und Tauwerk (fünfjähriger Durchschnitt), 1.200 M für Schiffsbedürfnisse, Anstrich, Karten, Flaggen, Heizung und andere Unkosten, 3.840 M Löhnung für 16 Wochen (Kapitän 50 M, Koch 35 M, Steuermann 30 M, fünf Matrosen je 25 M per Woche), 900 M für Bekleidung. Dazu sind noch zu rechnen an Zinsen des Anlagekapitals, Abnutzung und Versicherung: 3.500, 7.000, 800 M für die Dampfyacht, 3.000, 6.000, 800 M für die Segelyacht, außerdem einige Lotsen-, Hafen-

und Dockgebühren. Natürlich sind alle diese Zahlen veränderlich und hängen z. B. auch davon ab, ob einer viel oder wenig zahlen will. Die Kohlenrechnung kann man erheblich vermindern, wenn man, statt immer mit voller Kraft zu dampfen, lieber länger unterwegs bleibt. Mit neun Knoten Speed macht man in 24 Stunden 216 Seemeilen, mit acht Knoten 192, verbrennt aber bei einer 75-Ton-Yacht im ersteren Falle 91 kg, im letzteren nur 59 kg Kohlen per Stunde, man kann demnach mit demselben Quantum 296 Meilen dampfen, wenn man bei nur acht Knoten Speed 37 Stunden aufwendet.

„Ahoi!", 1886

Eisernes Miniatur-Schraubendampfboot VESTA, 1860

DAS ERSTE DEUTSCHE ELEKTRISCHE FAHRZEUG

Von der Firma Siemens u. Halske ist ein elektrisches Schiff, die ELECTRA, hergestellt, wozu der Schiffskörper von dem Herrn R. Holtz in Harburg a. d. Elbe geliefert ist. Wir erhalten von der Firma folgende authentische Nachrichten über dieses erste deutsche elektrische Fahrzeug. –

Das Schiff ist aus verzinktem Stahlblech gebaut, 1 ½ Meter lang und ca. zwei Meter breit, und hat voll ausgerüstet einen Tiefgang von ca. 0,80 Meter.

Durch zwei wasserdichte Schotte ist das Schiff in drei Abteilungen geteilt; in der mittleren überdeckten Abteilung befinden sich die elektrischen Akkumulatoren, in welche die Elektrizität zur Bewegung des Elektromotors, welcher die Schiffsschraube treibt, aufgespeichert wird. – Der Elektromotor befindet sich in der hinteren Abteilung des Bootes und ist durch eine elastische Kuppelung direkt mit der Schraubenwelle verbunden.

Die dreiflügelige Schraube hat einen Durchmesser von ca. 400 mm. Der Elektromotor liegt im Unterteil des Schiffes versenkt; auf dem darüber befindlichen Schutzkasten steht vor dem Steuerrade der Steuermann, der zugleich durch einen Kurbeleinschalter die Schiffsschraube in verschiedenen Geschwindigkeiten in Tätigkeit setzen kann. Wird der Kurbeleinschalter nach der anderen Seite gedreht, so arbeitet die Schiffsschraube in gleicher Weise rückwärts.

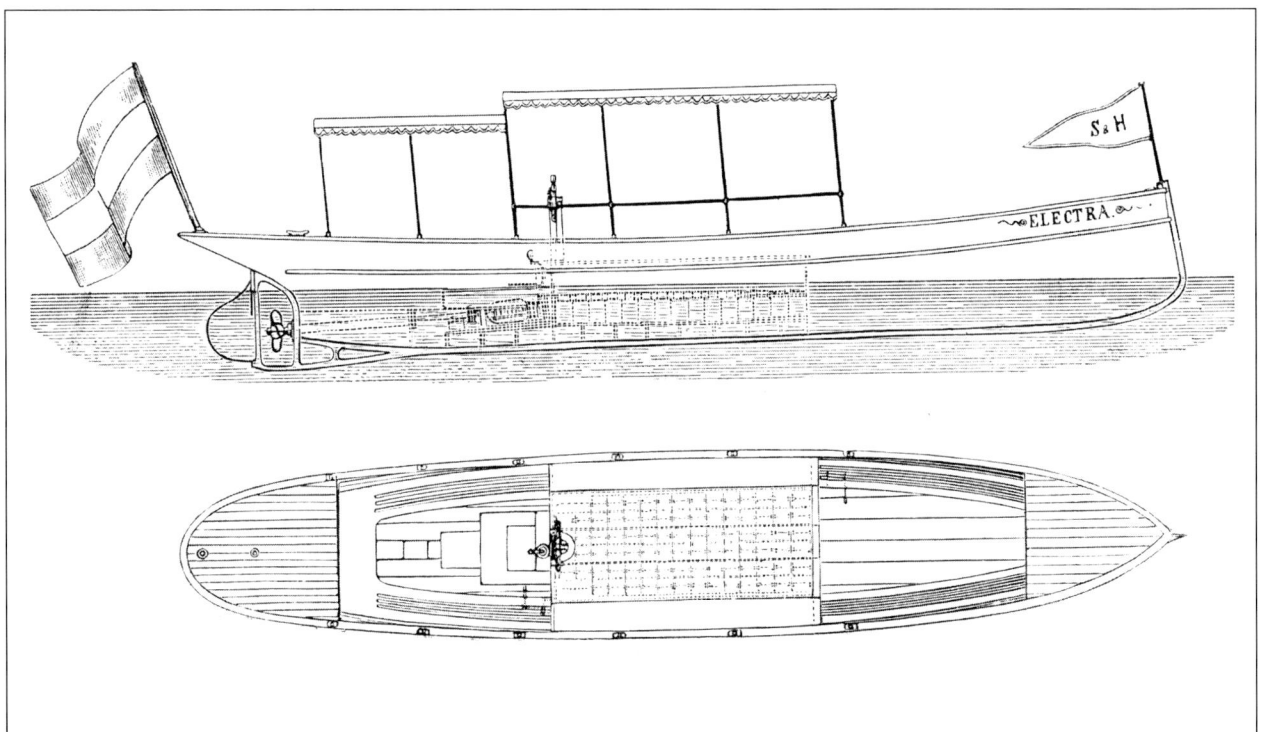

ELEKTRA, das erste Boot mit Elektroantrieb in Deutschland

Die in dem mittleren Raume untergebrachten 80 Akkumulatoren werden an passender Stelle durch eine mittels Dampfkraft bewegte elektrische Maschine mit Elektrizität geladen, indem man zwischen Letzterer und dem Schiffe zwei bewegliche elektrische Leitungen herstellt. Die Ladung der Akkumulatoren reicht für eine kontinuierliche Fahrt von drei bis vier Stunden aus, dann muss die Ladung mit Elektrizität von neuem geschehen. Indem mit Hilfe des Einschalters die sämtlichen Akkumulatoren, hintereinander oder zweifach oder vierfach nebeneinander geschaltet, ihren Strom dem Elektromotoren zuführen, ändert sich die Umdrehungszahl des Elektromotors und damit die der Schiffsschraube und die Fahrgeschwindigkeit.

Bei der höchsten Tourenzahl der Schraube von 800 bis 900 Touren pro Minute macht das Schiff eine Fahrt von ca. vier Metern pro Sekunde.

Die ELECTRA kann ca. 30 Personen fassen und hat einen absolut lautlosen, ruhigen Gang.

„Ahoi!", 1884

Eine Fahrt mit dem elektrischen Boot ELECTRA

… Hitze, Rauch, üble Gerüche und Erschütterungen aus der Maschine, jene Plagen der Dampfschiffe, sind hier ganz unbekannte Dinge. Absolut ohne Ruck erfolgt das Ansetzen der Schraube, wozu die angewendete elektrische Kupplung mit beiträgt, und die Fahrt selbst ist eine ebenso geräuschlose wie auf einer Segelyacht.

Was aber die Bedienung der Akkumulatoren und der Dynamomaschine während der Fahrt anbelangt, so ist dieselbe so einfach, dass auch der dümmste Mensch sie in wenigen Minuten erlernen muss, während die Bedienung von Dampfmaschine und Kessel ein geschultes Personal erfordert, und selbst dann die Gefahr keineswegs ausgeschlossen ist.

Vor dem Steuerrade befindet sich ein Kurbelumschalter und eine eiserne Platte mit sechs daraus hervorragenden Dornen. Steht nun der Umschalter in der Richtung der Kiellinie, so ist der Strom abgesperrt; je nachdem man ihn aber nach rechts dreht und an einem der Dorne festlegt, steigert sich die Geschwindigkeit bis zu dem Höchstbetrage von 900 Umdrehungen der Maschine und Schraube in der Minute. Dreht man hingegen den Umschalter nach links, so arbeitet die Schraube in gleicher Weise rückwärts.

Man sollte meinen, der Übergang von der beinahe unfassbaren Geschwindigkeit von 15 Umdrehungen in der Sekunde zum Stillstand müsse längere Zeit beanspruchen. Dies ist aber keineswegs der Fall. Die Maschine ist so klein, die in Bewegung versetzten Metallteile wiegen so wenig, dass dieser Übergang sich in wenigen Sekunden vollzieht, ebenso der Übergang zur Höchstgeschwindigkeit, bei welcher das Boot stromaufwärts fahrend etwa vier Meter in der Sekunde zurücklegt, also etwa 7 ½ Knoten.

Zu den belustigendsten Momenten der Fahrt mit der ELECTRA gehört das maßlose Staunen der Besatzung der begegnenden Spreekähne und Dampfer ob des ‚elektrischen Dampfschiffes ohne Schornstein'. Sie können es gar nicht fassen, dass ein Fahrzeug sich ohne Hilfe von Segeln, Staken oder Dampf fortbewegen kann, und sehen ihm mit den gleichen verwunderten Blicken nach wie die Neger am Kongo dem Dampfer STANLEY'S nachguckten. Nun, mit der Zeit werden sie sich hoffentlich daran gewöhnen.

„Ahoi!", 1886

AMONG THE YACHTS

The Yachts at Newport

BOOTE UND FRAUEN

Gnädige Frau! Es dürfte schwer sein, Ihnen meine freudige Überraschung auszumalen über den Empfang Ihres lieben Briefchens mit der zierlichsten aller Damenhandschriften, das ich, von einer Kreuztour eben zurückgekommen, vorfand. Sie werden begreifen, dass es nach einer Segelfahrt bei strammer NW-Brise kaum eine angenehmere Erholung geben kann, als behaglich in der Kajüte zu sitzen und ein Briefchen von lieber Hand zu studieren. Heute bläst der Nordwest schärfer denn je gegen Land, Regenböen sausen prasselnd auf das Deck der wohlvertrauten Yacht hernieder und die Wogen brechen sich an den schlanken Linien meiner ELFRIEDE. Die Strandpromenade hat den berückenden Zauber, den ihr sonst die elegante Damenwelt verleiht, verloren und liegt einsam und öde, die ‚beau monde' hat sich in die Hotels und Fischerhäuser geflüchtet. „Schreiben Sie mir doch etwas vom

Badeleben und Ihrer hübschen Yacht", so heißt es in Ihrem Schreiben. – Recht gern, meine Gnädige, ich darf wohl annehmen, dass Sie Ersteres aus eigner Anschauung kennen, und so gern ich Ihnen hierin gefällig wäre, will ich mich auf den zweiten Punkt Ihrer Bitte, meine Yacht, beschränken, und das umso lieber, weil ich überzeugt bin, dass Sie diesem Gegenstande großes Interesse zuwenden. Wie Sie wissen, führt mein Boot den dem schönen Geschlecht entnommenen, wohlklingenden Namen ELFRIEDE. Was liegt also näher, als einige Betrachtungen darüber anzustellen, wie man dazu kommt und mit welcher Berechtigung, einem schwimmenden Fahrzeug einen weiblichen Namen zu geben. Da ich das Vergnügen habe, zu einer so geistreichen Frau zu sprechen, so kann ich mein Thema gleich von vornherein beschränken und auf einen Vergleich zwischen Frauen und Booten oder Yachten, dem Ideal der Wasserfahrzeuge, näher eingehen. Welche Dame würde es sich auch gefallen lassen, mit einem Robbenfänger oder einer Heringsbuse und sonstigem Gelichter in Vergleich gezogen zu werden! Ich wenigstens würde das nicht wagen, aus Furcht, mich Ihrem reizenden, liebenswürdigen Zorn auszusetzen. Gewiss, es kann nur etwas ästhetisch Schönes und Vollkommenes sein, das einen Vergleich mit dem ewig Weiblichen auszuhalten im Stande ist.

Das Seevolk, par excellence England, gebraucht nicht umsonst das weibliche Geschlecht für die Begriffe Schiff, Boot usw. Da, wo seit Jahrhunderten die Liebe zum Wasser von eingewanderten Stämmen, den Angeln und Sachsen, herübergebracht wurde, konnte das Volk nur innig aufgehen in seinem Hauptgewerbe, der Schifffahrt, da musste es seine Neigung dem Wasser und den es bevölkernden Gegenständen zuwenden. Und da kann es sicherlich keinen schöneren Zug geben, als wenn man dem Gegenstand seiner Neigung Geschlecht und Namen des Wesens gibt, das einem auf Erden das teuerste ist, den der Geliebten. Auch unser Volk, das als seemächtige Nation dasteht und als Seevolk jahrhundertelang – ich meine die glorreichen Zeiten der Hansa – die Herrschaft auf dem Meere Albion sieghaft streitig gemacht hat, konnte sich nicht entziehen, dem Schifffahrtswesen ein weibliches Gepräge aufzudrücken. Indessen lässt sich nicht leugnen, dass davon nur schwache Spuren vorhanden

sind. Was der Brite vermöge seines einfachen weiblichen Artikels vielleicht unbewusst tat, das konnte der Deutsche mit seiner reich gegliederten, artikelreichen Sprache nicht so klar zum prägnanten Ausdruck bringen. – Doch wo gerate ich hin! Ich bin überzeugt, dass Sie diesen Passus überschlagen haben und komme auf meine ELFRIEDE zurück. Sie sehen also, dass man gern und stets der schönen Sitte huldigt, seiner Yacht einen weiblichen Namen zu geben, eine Sitte, die sich mit Ausbreitung der Schifffahrt und des Segelsports bei allen Völkern eingebürgert hat.

Zahlreich sind die Anknüpfungspunkte zu meiner Vergleichung, welche das Schiff und speziell unsere Yacht bietet. Die Yacht hat etwas Feines, Weibliches an sich, man spricht von ihren Launen, und jeder Segler weiß, dass er gut tut, sich in diese Launen zu fügen, wenn es ihm nicht gelingt, derselben Herr zu werden. Ebenso wenig zuverlässig wie oft eine schöne Dame, bringt sie ihn manchmal um den erhofften Preis. Glaubt er, sicher am Ziele zu sein, da wird er unverhofft – distanziert. Der Yachtsman hütet deshalb seine ELFRIEDE mit ängstlicher Sorgfalt, schützt ihren zarten Körper vor allem Unheil. Bei einem Kauffahrteimann oder plumpen Man-of-war der alten Zeit kommt es nicht darauf an, ob seine Nase mal mit den Pfählen des Hafendammes in allzu heftige Berührung kommt; aber ihrem Bug oder Busen wird der Segler nie solche Unbill zumuten. Das Bootchen wird wie das rohe Ei behandelt. Nicht jeder hat das Recht, seine profanen Füße auf ihre schneeweißen Deckplanken zu setzen. Der Besuch, wird er dieser Ehre gewürdigt, muss Galoschen überziehen oder hat sich vorher an Fußdecken zu säubern, um die Toilette der Yacht nicht zu derangieren, denn auf diesen Punkt hält der Herr des Bootes streng. Meine ELFRIEDE bekommt alle Frühjahr ein neues Kleid – der Laie nennt es in profanem Sinn Farbe – welches im Lauf des Sommers sorgsam in Stand gehalten wird und der Yacht einen guten Anstrich gibt. Die Wäsche (Segel) erglänzt in schneeigem Weiß, wie es der Lady gebührt, und goldener Zierrat schmückt ihren Busen (Bug). Das Zeug gleitet nun an Ringen, mit denen es überaus reich geschmückt ist, auf und nieder und selbst den Mast ziert, wo er aus dem Deck emporsteigt, ein sauberer Kragen. Hübsche Zähne (Yachtkanonen), stets gut

An der Pinne. Englischer Holzstich, 1871

geputzt, blitzen unter seinen roten Wangen und sauber gesplisste Augen gucken aus dem Takelwerk hervor. Dass ein Boot für seine Toilette auch des Spiegels bedarf, wird Ihnen selbstverständlich erscheinen. Gewiss aber wird es Sie, meine Gnädige, überraschen zu erfahren, dass unsere Dame auch der Dienste einer Jungfer nicht entbehrt, und nicht nur eine, sondern mehrere sind bereit zur Hilfsleistung der Gnädigen, um derselben ein schmuckes Aussehen zu geben. Und ihre Taljen (nicht mit Taille zu verwechseln), wie zart

sind sie im Vergleich zu der Stärke der Wanten. Hierbei kann ich mich nicht enthalten, einer Anekdote Erwähnung zu tun, die kürzlich an Bord des SPOTTVOGELs geleistet wurde. Selbstredend konnte das Malheur und die Blamage nur einem Laien passieren, und das kam so: Kürzlich wollten wir unter Segel gehen. Ich war zu Freund K., der mit Kind und Kegel auf jenem Boot an der pommerschen Küste kreuzte, eingeladen. Die Takelage war noch nicht fertig, d. h. die Wanten mussten noch ‚gesetzt' werden. Hierbei stellte es sich nun heraus, dass eine der Jungfern unbrauchbar geworden war, ihre Löcher hatten sich zu sehr ausgeweitet. Schulamtskandidat R., der mit geladen war, ruft der Kapitän zu: „Holen Sie doch die neue Jungfer; in der Kajüte werden Sie sie finden." Alle Hände waren eifrig mit Splissen und Takeln beschäftigt, und der Kapitän wartete mit Ungeduld auf den verlangten Gegenstand. Endlich kommt die Jungfer, und stellen Sie sich vor, in leibhaftiger Gestalt. Der arme Kandidat hatte Lisbeth, die Kammerjungfer der gnädigen Frau, gerufen! Tableau! Sie können sich denken, wie sehr wir alle auf Kosten des armen R., des Laien, gelacht haben. Die gnädige Frau, die gerade bei der Toilette war, hat sich noch oft dieser Mystifikation mit Vergnügen erinnert, obwohl ihr damals die Abberufung Lisbeths recht ungelegen kam, und der Kandidat musste oft von ihr hören, ob es ihm wirklich Ernst damit gewesen sei, um Lisbeths Hals das furchtbar dicke Wanttau zu legen, die Folter sei doch heutzutage abgeschafft, und was dergleichen Neckereien mehr waren.

Also, ELFRIEDE hat immer ihren noblen Anstrich, ihre Taue werden geschoren, d. h. nur durch Blöcke. Auch hat sie, wie jenes holde Wesen, dem sie den Namen entlehnt hat, viel Ähnlichkeit mit einer Amazone. Wie diese Damen, welche bekanntlich im Altertum streitbar waren und hoch zu Ross keinen ‚lustigen Krieg' mit der Männerwelt führten, hat sie ihr Schwert, mit dem sie in See sticht, hat auch die noblen Passionen der Amazone, indem sie reitet, wenn auch nur vor Anker. Natürlich benötigt sie, abgesehen von jenen Jungfern, zahlreicher Bedienung, wozu die Bemannung an Bord ist, ist stets hübsch aufgetakelt, was man auch von den lebenden Elfrieden sagt, und kostet schließlich, wie alle Frauen, die Männerwelt ein hübsches Stück Geld, solange man sich mit ihr sehen lässt. Eine merkwürdige Erscheinung ist noch die, dass die Boote stets jungfräulich bleiben, trotz des innigen Zusammenlebens und -haltens von Bootseigner und

Yacht. Der Segler nennt sie seine Braut, und er ist es auch, der ihr eine seinen Mitteln entsprechende Ausstattung mitgibt. Geraten sie zum ersten Male mit Rivalinnen zum Kampf zusammen – auch hierin gleichen sie besagten streitbaren Amazonen –, so spricht man von ihrem Jungfernrennen. Werden sie alt und nähern sich jener undefinierbaren Grenze, über die sich die älteren Fräuleins gern hinwegtäuschen, so spricht man von alten Kasten, der Laie sagt ‚Schachteln', doch der ist nicht maßgebend, wie die erwähnte Anekdote zur Genüge lehrt. Sie kommen dann ins alte Register. Als stärksten Beweis für die Jungfernschaft der Boote könnte ich schließlich noch den anführen, dass die meisten oder wohl alle einmal sitzen bleiben, notabene wenn sie sich in ihrem Fahrwasser nicht ordentlich vorsehen.

Wie Sie sehen, meine Gnädige, macht so ein Boot einen allerliebsten Eindruck. Mit seinen flatternden Seidenbändern (Wimpel), seinem schlanken Busen – üppige Formen sind nicht beliebt – segelt das leichtfüßige Wesen über die Wogen hin, die neckisch seinen Busen küssen. Und wenn die Zeit der Reife gekommen, dann ist es der Segler, welcher seine Geliebte treulos sitzen lässt oder elend verschachert als seine Sklavin, die in ihrer Jugendschönheit ihn wohl gereizt, im Alter aber nicht mehr zu fesseln vermochte. Dann ergeht es der armen Verlassenen wie dem edlen Renner, der einst auf dem Turf glänzende Triumphe erlebte und mit den Jahren von Stufe zu Stufe zum armen Karrengaul herabsinkt, bis ihn endlich eines Tages der Schinderkarren, abholt – das ist das Los des Schönen auf der Erde.

Ich bin gespannt zu erfahren, wie Sie meine Ausführungen aufnehmen werden, und verbleibe in der tröstlichen Gewissheit, dass Ihnen, gnädige Frau, das traurige Schicksal solch einer hölzernen ELFRIEDE erspart geblieben ist, mit devotem Handkuss Ihr ergebenster Filncius – *Ch. Voigt*

„Ahoi!", 1886

Die internationale Segelregatta zu Swinemünde am 19. Juli 1886

Eine Anzahl deutscher und besonders Berliner Segelboote hatte bereits in den ersten Julitagen am Bollwerk des freundlichen Hafenstädtchens an der Swinemündung Anker geworfen und die Vorbereitungen für den friedlichen Wettstreit auf den Wogen der Ostsee getroffen, der am 19. Juli in einer Race auf offener See, am folgenden Tage in einem Binnensegeln auf dem Haff im sportlichen Kampfe um die zahlreichen Ehrengaben ihre Seetüchtigkeit erweisen sollte. Der 18. Juli, den das Regattakomitee einem Wettsegeln von Fischerbooten gewidmet hatte, wurde von den Jachten zu einem Geschwadersegeln nach Heringsdorf benutzt. Der Morgen des 19. aber rief bereits um neun Uhr zum Start am Kurhaus; eine ganz leichte Nordostbrise füllte kaum die Segel, und erst gegen zwölf Uhr, als es draußen etwas frischer zu wehen begann, rief der Starter 19 Konkurrenten, die mit gehissten Segeln vor Anker lagen, von der kleinsten angefangen einzeln auf und entließ sie. Nach dem Passieren der Westermole, wo sie gezeitet wurden, konnten die meisten Boote mehr Leinwand setzen und liefen nun in mäßiger Fahrt durch die spiegelglatte See, die kleinsten voraus, die größeren bei dem schwachen Winde mit flappenden Segeln und Tauwerk in größerer Entfernung dahinter. Länger und länger dehnte sich die Flottille, und als nach fast vierstündiger Fahrt der VICTOR des Herrn Baumeister Rinke aus Glienicke die Reise beendet und als Erster die Ziellinie passiert hatte, war ein Teil der großen Kutter noch weit draußen in See, im zweiten Drittteil der Bahn. Während endlich auch die letzten der Jachten dem Ziel zustrebten, dampfte Aviso BLITZ, das Divisionsschiff einer Torpedobootsabteilung unserer Marine, zum Hafen hinaus, und in rasender Fahrt, den wei-

ßen Gischt vor dem Bug hoch aufspritzend, schossen bald darauf vier kleine schwarze Ungeheuer, Torpedoboote, eins nach dem andern ihm nach, um mit ihm vereint hinaus auf die hohe See zu manövrieren.

Für die Binnenregatta des zweiten Tages erschienen zwölf von 29 gemeldeten Booten um neun Uhr morgens am Start, der bei einer Windstärke drei nach Beaufort'scher Skala um elf Uhr begann, und neun von den zwölf Bewerbern gingen durchs Ziel. Der Kurs von 19 Seemeilen Länge führte von der Teilung der Swine und Kaiserfahrt durch die Swine zu einem Flaggboot bei Lebbien, um dieses und dann um die Deviationsboje an der Swiner Einfahrt herum und den ganzen Weg zurück. Wieder begünstigte die weiche Brise die Boote, welche hohe Segel zu führen vermochten, und um ein Uhr 22 Min. rundete der Kutter VIELLIEBCHEN der Herren Gebr. Schultze aus Berlin die Deviationsboje, acht Min. später gefolgt von der Sloop VICTOR, und beide liefen nun, allen übrigen weit voran, in heißem Ringen platt vor dem Winde mit vollen Segeln nach Lebbien zurück. Langsam kam VICTOR der Führenden auf, bei der Einfahrt hatte er sie bereits eingeholt und sich selbst an die Tête gesetzt: Etwa fünf Minuten nach drei Uhr passierte er unter Kanonendonner das Ziel als Erster, zwei Minuten nur vor VIELLIEBCHEN. Da änderte sich mit einem Schlage die Situation. Gleich als wollte Neptun den Fremden aus dem Binnenlande noch im letzten Augenblick zeigen, dass er ihre Erstlingsversuche auf seinem Gebiete bisher geduldig angesehen habe, weil sie unbewusst mit der Gefahr gespielt, dass er sie jedoch warnen und ihnen ein Zeichen seiner Macht geben wolle, so schäumten plötzlich die Wasser von einer schweren Bö gepeitscht. Von See her, der bisherigen Windrichtung gerade entgegengesetzt, brauste es plötzlich durch die Lüfte und bog die Bäume am Lande fast zu Boden, mit riesiger Gewalt drohte die Windsbraut alles mit sich fortzureißen, und, dem wütenden Toben wehrlos preisgegeben, liefen draußen auf dem Haff die kleinen Jachten mit vollen Segeln vor dem Winde. Aber ein glücklicher Stern waltete über der Regatta. Zwar waren im Zeitraum einer Sekunde drei der konkurrierenden Boote außer Gefecht gesetzt, der MENNE JETA des Herrn von Glasenapp aber, der Nächsten am Ziel, gelang es, noch rechtzeitig die Schoten (Taue) dichter zu holen und mit gepressten Segeln durchs Ziel zu stürmen, während FIDELIO und TONI bei ihrer großen Segelfläche dem Anprall des Sturmes nicht zu widerstehen vermochten. Die Takelage des ersteren brach, und hilflos trieb er auf den Sand, der zweite füllte sich halb voll mit Wasser und musste gleichfalls auf den Strand gesetzt werden. BRUNHILDE strandete an der Krickser Schaar und konnte erst dort die Segel herunternehmen, während es den übrigen Booten glückte, noch rechtzeitig ihre Segel zu bergen und weiterer Havarie zu entgehen.

Aber das Meer ließ es bei der Warnung bewenden, und die Segler der Berliner Gewässer, welche fast durchweg Regattapreise nach Hause führten, werden die gute Lehre daraus entnehmen, fernerhin die Geduld des Meergottes nur mit ganz seetüchtigem Material auf die Probe zu stellen; von so mancher der schmucken Jachten würden die Trümmer in der Brandung von Misdroy getrieben haben, wenn die unheilvolle Bö 24 Stunden früher, während der Seeregatta, sich eingestellt hätte.

Illustrierte Zeitung, 1886

Ausmerzung entbehrlicher Fremdwörter im Segelsport

Über diesen Gegenstand hielt Herr Schiffbauingenieur O. Riess vom Segelclub ‚Tegel-See' einen mit vielem Beifall aufgenommenen Vortrag im großen Saale des Brandenburger Hauses. Angesichts der Wichtigkeit der Frage, vorhergehender Einzeleinladung der Berliner Seglervereine und Hinweises in den Sportblättern muss der Besuch von ungefähr 100 Personen als ein schwacher bezeichnet werden. Mit Ausnahme eines Vereins waren zwar sämtliche Berliner Seglervereine, aber leider in wenigen Vertretern erschienen, nur der Akademische Seglerverein rückte vollzählig an. Vielleicht herrschte in einigen Kreisen die Ansicht, der Vortrag würde streng wissenschaftlich, für viele schwer verständlich und daher langweilig sein; der Vortragende vermied aber in jeder Beziehung diesen Missgriff, drückte sich, soweit es die Eigenart des Stoffes zuließ, allgemein verständlich aus und suchte durch Einstreuen scherzhafter Bemerkungen die Aufmerksamkeit der Zuhörer nach Kräften zu beleben.

Die Gründe, welche die Einführung der Fremdwörter im Gefolge hatte, und die teils geschichtliche, teils aus den Charaktereigenschaften der Deutschen hervorgehende Ursachen haben, streifte der Vortragende nur flüchtig und trat sofort in die Erledigung der Hauptfrage, wie den ‚fremden Herren aus England' am wirksamsten ein Ausweisungsbefehl zugestellt werden könnte. Die Anzahl der gefährlichsten Missetäter ist zwar nicht sehr groß, der häufige Gebrauch macht aber den Mindervorrat mehr als wett. Der Versammlung wurde eine Liste von etwa hundert entbehrlichen Fremdwörtern, welche nach flüchtiger Durchsicht aus der Fachpresse und aus Drucksachen verschiedener Art gesammelt war, vorgelegt, aber aus Rücksicht auf die Reichhaltigkeit des Stoffes nur durch einige Beispiele wiedergegeben. Die Schwierigkeit der Aussprache wurde in der Folge dadurch umgangen, dass für jedes Wort sowohl die englische als auch die deutsche angeführt wurde. Das Vorkommen der deutschen Aussprache englischer Wörter, welche in vielen Fällen ungeheuerlich klingt, ist eine Tatsache, die niemand, der mit allen Seglerkreisen Fühlung gehabt, bestreiten wird, und es liegt immerhin eine Berechtigung des Redners in der Behauptung, dass bei ausgesprochener Absicht darin eine gewisse Methode und ein Anflug von Nationalstolz liegt. Andere Nationen kümmern sich in dem sehr seltenen Fall einer Fremdwortaufnahme auch nicht um die Aussprache, sondern formen sich das Wort je nach Geschmack um. Gewiss soll sich jedermann freuen, wenn ihm eine fremde Sprache geläufig ist, es ist das eine hohe Befriedigung für den in jedem strebenden Menschen schlummernden Wissensdrang; aber die Kenntnisse gleichsam als Spielerei an der Uhrkette tragen erinnert doch zu sehr an den etwas veränderten Ausspruch des Reichskanzlers: „So'n bisken Englisch für Segler ist doch zu schön."

Aus den angeführten Beispielen greifen wir die folgenden heraus und fügen hinzu, dass die gegebenen Übersetzungen nicht mustergültig, sondern nur als Vorschläge zu betrachten sind. Leider lässt sich das Lächerliche der deutschen Aussprache im Druck schwer wiedergeben, aber auch der Wissende mag sich jedes Wort in dieser Weise laut wiederholen, um einen Begriff von der Wirkung und dem Klange zu bekommen.

1. Race, oder wie man häufig hört, Rasse wäre mit Rennen, Wettsegeln, Preissegeln zu übersetzen
2. Racing rules: Segelordnung, Wettfahrtbestimmungen
3. Design: Entwurf
4. Yacht-Fashion: Seglerbrauch, Yachtgebrauch, Sitte usw. Die deutsche Sprache ist so reich an Ausdrücken, dass für jeden einzelnen Fall ein besonderer vorhanden ist
5. Tack: Schlag
6. Record: Leistung
7. Rigging: Takelung

8. Leehelm: Pinne in Lee

9. Crew: Mannschaft, Bemannung, Besatzung. Das Wort erscheint in zwei Geschlechtern, als das ‚crew' und die ‚crew', die dritte Geschlechtsmöglichkeit würde die Familie vollzählig machen

10. Timen: Zeiten

11. Watermen: Wasserfreunde. Der Ausdruck bedeutet im Englischen diejenigen, welche der Beruf als Verkäufer, Fährleute, Bootvermieter auf das Wasser führt. Diese Leute sind aber eher Spiritus- als Wasserfreunde

12. Sportinglike: segelrecht, sportmäßig

13. Becalmt liegen: in einer Flaute oder Windstille liegen

14. Handicap: Vergütigung oder Belastung, je nach Erfordernis

15. Proposition: Ausschreibung

16. Cockpit: Sitzraum. Der Ausdruck ist genau genug. Ist eine Kajüte vorhanden, so gehört diese zwar nicht zum ‚cockpit', obwohl man darin sitzen kann, man wird aber in einem solchen Fall sehr wohl Kajüts- und eigentlichen Sitzraum trennen können, so dass ein Zweifel bei folgerechter Anwendung ausgeschlossen erscheint. Um die babylonische Verwirrung in der Rechtschreibung des englischen Ausdrucks zu zeigen, seien die folgenden erwähnt: cockpit, cockpitt, kockpit, kockpitt und sämtliche vier Schreibweisen auch ohne c. Die gewöhnliche deutsche Aussprache scheint ‚Kockpieht' zu sein

17. Slippen: schlippen

18. Play or pay: segeln oder zahlen

19. Cours: Kurs

20. Collapsible boat: Klappboot

21. Dinghy, dingy: Jolle, Beiboot

22. Centreboard: Mittelschwert

23. Ausboomen: ausbaumen

24. Professional: Berufssegler

25. Cruising : Kreuzen, Fahrtensegeln und viele andere Übersetzungen, welche dem Zweck angepasst sind. Statt des ‚fashionablen' ‚a cruise round the coast' sagt man ‚Segelpartie längs der Küste' oder gemütlicher ‚Segelbummel längs der Wasserkant'

26. Slider: Gleiter, Schuh

27. Fair: billig, gerecht, zweckentsprechend

28. Shifting ballast: loser oder beweglicher Ballast

29. Speed: Geschwindigkeit, Fahrt

30. Timetables: Fahrplan, Abfahrtzeiten

31. Event: Sportereignis

32. Cottonsegel: Baumwollsegel

33. Rules of the road: Straßenrecht auf der See

Wir wollen in unserem Bericht die Liste der Beispiele nicht weiter ausdehnen als es vom Vortragenden, welcher zu fast jedem Wort eine sachliche Bemerkung hinzufügte, geschah.

Den Schluss bildete das Wort ‚Yacht'. In längerer, durch viele Nachweise unterstützter Ausführung wurde das deutsche Wort ‚Jacht' in allein berechtigter deutscher Schreibung wärmstens zur Annahme empfohlen.

Das Muster eines recht schneidigen Sportartikels der Neuzeit überließ uns Herr O. Riess zur gefälligen Benutzung und wir geben den Wortlaut unverkürzt:

„Mit ‚ausgeboomten Gros', die ‚Raceflagge' dreimal ‚dippend' lief die ‚Yawl', nachdem sie der ‚Starter' richtig ‚getimt' hatte, mit einem ‚fairen' Wind einen ‚immensen speed' und machte bis zur ersten Marke ohne ‚tack' einen ‚brillanten record'. Der ‚sit' der Segel verriet die ‚seamanship' der im ‚cockpit' sitzenden ‚crew', welche in den blauen ‚Jerseys' recht ‚sportinglike' aussah. Als ‚Centreboarder' hatte die ‚Yawl' im ersten ‚heat' des ‚handicap' mit dem handigen ‚rig' und neuen ‚Cottonsegeln' ‚easy play' mit den ‚Concurrenten'. Die ‚race' wäre bei der günstigen ‚Proposition' für die ‚Yacht' gewonnen gewesen, hätte sie nicht eine Zeit lang ‚becalmt' gelegen und beim ‚Start' den Anker ‚slippen' lassen. Dies letztere ‚event' im ‚Yachting' beweist, dass ‚cruising-amateurs' sehr vorsichtig beim ‚racen' sein müssen. Nach Schluss der ‚race' vereinigte die ‚watermen' ein ‚solennes' ‚Diner' bei dem die ‚Honneurs' von einem unserer beliebtesten ‚yachtsmen' nach den Regeln der ‚Yacht-fashion' gemacht wurden."

Es ist beklagenswert, dass derartige Dinge nicht allein möglich sind, sondern noch beklatscht werden können. Alsdann wurde die Schwierigkeit der Konjugation und Deklination der Fremdwörter beleuchtet. Soll man ‚getimt' oder ‚getimet', des ‚speed' oder des ‚speeds' etc. schreiben?

Die Rechtschreibung deutscher Seeausdrücke wurde durch mehrere Beispiele flüchtig gestreift und als vorläufige Richtschnur das ,Wörterbuch der Kaiserlichen Marine' empfohlen.

Auch zu Gunsten berechtigter Fremdwörter wurde eine Lanze gebrochen und der Grundsatz aufgestellt, dass, wenn ein gutes deutsches Wort für das betreffende Fremdwort nicht vorhanden ist, man lieber auf die unklare und schwerfällige Übersetzung verzichten solle.

Die technisch-wissenschaftlichen Wörter des Segelsports sollen vorläufig nicht mit in den Rahmen einbegriffen werden, obwohl auch da viele Unklarheiten zu beseitigen sind. Überhaupt durchwehte den Vortrag die Absicht, nur gegen besonders lächerliche Auswüchse und überflüssige Bezeichnungen zu Felde zu ziehen und nicht den aussichtslosen Kampf mit der ganzen Heerschar der Fremdwörter zu eröffnen.

Der weitere Verfolg des Gegenstandes war den Mitteln und Wegen zur Abhilfe gewidmet. Entweder sollen für den Zweck vorläufig Vertreter sämtlicher Berliner Seglervereine zur Ausarbeitung eines Entwurfes gewählt werden, oder die Herren, welche zur Beratung der allgemeinen Wettfahrtbestimmungen für die Berliner Gewässer zusammentreten, sollen im Anschluss an ihren eigentlichen Auftrag die allerschreiendsten Missstände durch Aufstellen einer kurzen Liste von Todeskandidaten beseitigen helfen. Den Sportblättern und sämtlichen Seglervereinen Deutschlands sollen einige Abzüge des Entwurfs zugehen mit der Bitte, die Berliner Sportfreunde in der praktischen und nationalen Sache zu unterstützen. Weiter wurde nachgewiesen, dass viele deutsche Bezeichnungen älter als die englischen sind, und dass selbst in jüngeren Sportzweigen wie Rudern und Radfahren, welche viel abhängiger vom Ausland in Bezug auf fachliche Ausdrücke waren, gute Erfolge in der Verdeutschung errungen wurden; der urdeutscheste Sport, der Segelsport, müsse umso mehr an die Abschüttlung der Fremdlinge gehen. Nachdem er die Hörer noch einmal in zündenden Worten für die gemeinsame Arbeit aufgerufen, schließt der Vortragende mit den Worten:

„Die letzten 20 Jahre und besonders ein Mann, den wir jüngst in den Mauern der Hauptstadt zur letzten Ruhe geleiteten, haben den deutschen Segelsport (Anm.: Gemeint ist Herrmann Saefkow, gest. 17. Februar 1887) selbständig an die Pinne gestellt. Möge sein noch kleines und schmuckloses Schiff ohne fremden Tand sicher durch die Fluten steuern.

Dafür ‚Gode Wind'."

Wir begrüßen unsererseits den ersten Schritt auf dem Wege auf das Wärmste und hoffen, wenn mit Sach- und Menschenkenntnis vorgegangen wird, dass sich Ersprießliches leicht erreichen lässt. Es ist an den Seglervereinen, die Vorschläge des Herrn O. Riess zu prüfen und die Ausführung in die Hand zu nehmen. Wir unsererseits wollen unser Teil gern dazu beitragen. Ahoi! *Wassersport, o. D.*

DIE SEGELREGATTA
DER KRIEGSMARINE ZU KIEL

Der diesjährigen Segelregatta der Kriegsmarine zu Kiel war dadurch eine größere Ausdehnung und ein vermehrtes Interesse gegeben worden, dass auch den Kieler Fischern und Fährleuten die Beteiligung an dem Wettstreite gestattet worden war. Dadurch und dank der regen Teilnahme, welche dem Unternehmen aus allen Kreisen des Wassersports entgegengebracht worden war, zeigten der Start und das Segelfeld ein so fesselndes, das Auge des Zuschauers so anziehendes Bild auf, wie dies wohl selten bei ähnlicher Gelegenheit der Fall gewesen. Achtzig Boote, unter denselben besonders durch Bau und elegante Ausstattung hervortretend die schlanken, weißen Gigs der Kriegsschiffe, dann die Kutter, die Barkassen und Pinassen der Liebhaber des Segelsports, die Kiel- und Schwertboote der Amateure, endlich die einfachen, roh gezimmerten Jollen der Schiffsführer, sammelten sich, als die Stunde herannahte, an der zum Ablauf bestimmten Stelle, um auf den Signalschuss das Rennen zu beginnen. Es war ein stetig wechselndes, dem Auge keinen Ruhepunkt gewährendes Gemälde, das die kleinen Segler auf der weiten blauen Wasserfläche boten. Einem Schwarm Seemöwen gleich durchkreuzten sie mit ihren weißen Velarien die Wogen, aufmerksam nach dem Winde spähend und sich dann die günstigste

Kieler Segelregatta. Nach einer Zeichnung von Ferdinand Lindner

Position zum Starten aussuchend. Doch was dem Bilde einen noch höheren Reiz verlieh, das war die umgebende landschaftliche Szenerie mit ihren malerischen und farbenreichen Effekten: In beiden Seiten, die breite Wasserfläche einschließend, die laubumkränzten Gestade der Kieler Förde mit ihren tiefdunklen Wäldern und dem hellgrün leuchtenden, mit Billen, Dörfern und Fruchtgärten besetzten Gelände, und hoch über dem Wasserspiegel auf sanft aufsteigender Höhe die Wälle der Forts Stosch, Falkenstein und Korügen mit ihren Geschützständen, endlich mehr im Hintergrunde die lang gestreckten Fronten der Kasernements von Friedrichsort. Hinter den unruhig umherschwärmenden, den Beginn des Wettkampfes erwartenden Segelfahrzeugen lag in majestätischer Ruhe das Manövergeschwader, an der Spitze, zunächst dem kurz vorher vor Anker gegangenen russischen Kreuzer STRELOCK, die Korvetten STEIN und MOLTKE, an deren Bord eine Musikkapelle lustige Weisen erklingen ließ. An diese in Kiellinie anschließend HANSA und PRINZ ADALBERT, dann die wehrhaften Panzerkorvetten HANSA, SACHSEN, BADEN (das Flaggschiff des Admirals) und WÜRTEMBERG nebst den Avisos ZIETEN, BLITZ und dem Panzerkanonenboot BRUMMER. Auf allen Schiffen sah man die dienstfreie Mannschaft an den Bordwänden oder auch in den Rahen, um dem beginnenden Schauspiel zuzusehen.

Da fällt endlich der erwartete Signalschuss, welcher der ersten Abteilung, den großen und kleinen Gigs, das Zeichen zur Abfahrt gibt. In Zwischenräumen von einigen Minuten erfolgen auch die Signale für die übrigen Boote, und bald sind die einzelnen Klassen der Segler nicht mehr voneinander zu unter-

scheiden. Jedes Boot sucht möglichst günstigen Wind zu gewinnen und strebt danach, einen Vorsprung vor dem Nachbarn zu erhalten. Immer weiter ziehen sich die Reihen auseinander, und die langsam steigende Brise von Nord ist der Vorwärtsbewegung günstig für den, der Steuer und Segel richtig zu handhaben weiß. Jetzt nähern sich schon die vordersten Fahrzeuge der von zwei beflaggten Jachten markierten Grenzlinien der Segelbahn; diese letztere muss umfahren werden, dann geht es zum Startdampfer zurück; die ganze zu durchsegelnde Strecke misst etwa 3.000 m. Das Schauspiel beginnt in dem Maße immer aufregender zu werden als die ersten Boote sich dem Ziele nähern. Die mit Zuschauern besetzten kleinen Dampfer beginnen nunmehr einen wahren Wettlauf unter sich, um zum Start zu gelangen und die Sieger zu begrüßen. Nach zweieinhalbstündigem heftigem Wettkampf gehen die vordersten Boote durch die Startlinie und werden mit Salutschüssen und einem Tusch der Musik empfangen.

Unter den ihnen zunächst folgenden erscheint auch halb die von dem Prinzen Heinrich gesteuerte Gig NELLY am Ziel, dann schwirren die kleinen, leicht beweglichen Kiel- und Schwertboote heran, immer aufmerksam verfolgt von den Kampfrichtern. Nur drei Fahrzeuge hatten teils wegen Havarie, teils weil sie den richtigen Kurs verloren, die Flagge streichen müssen.

Ein blauer Himmel mit goldenem Sonnenschein verlieh dem farbenreichen, bewegten Schauspiel auf der glitzernden Wasserfläche ein hell leuchtendes Kolorit und gab demselben den Glanz und das Leben, ohne welche das Treiben auf der See leicht etwas Düsteres und Eintöniges hat.

Illustrierte Zeitung, 1886

Yacht HOI-TO-HOI

Die kleine Yacht HOI-TO-HOI bildet eine Zierde des Starnberger Sees. Sie ist im Jahre 1884 vom Bootsbauer Rambeck in Starnberg erbaut, und sind die Maße folgende: Länge in W.L. = 5,20 m, Breite in W.L. = 2,00 m, Tiefgang 0,50 m. Sie hat genügend Freibord, um auch in bewegtem Wasser segeln zu können und ist vorn besonders oben voller gehalten, hat aber hinten einen desto schärferen Verlauf. Als kleiner ‚Cruiser' hat sie sich sehr gut bewährt und dürfte mit mehr Tuch auch einen guten ‚Racer' abgeben. Sie führt jetzt 28 qm Tuch, soll aber noch diesen Sommer eine größere Takelage und Spinnaker bekommen. Die Yacht sieht mit ihrer zierlichen Huari-Takelage allerliebst aus. Im Besitz des Maler Braun in München wird sie auch sehr schneidig gesegelt. Der Ankerplatz ist in der Tutzinger Bucht bei Tutzing am Starnberger See. Ballast führt sie 300 kg nebst Eisenschwert. *Cecil Bertie*

Wassersport, 1887

Der neue Salondampfer der königlichen Familie in Potsdam. Nach einer Fotografie gezeichnet von H. Penner

Der neue Salondampfer ALEXANDRIA

Der für die Gewässer der Havel um Potsdam bestimmte neue Salondampfer der königlichen Familie, ALEXANDRIA, der auf der Werft der Firma Aron und Gollnow zu Grabow bei Stettin erbaut wurde, ist 30 m lang und für 30 Personen berechnet, kann aber im Notfalle nahezu 200 Personen aufnehmen. Das Schiff ist, wie die Potsdamer Zeitung mitteilt, nach den Angaben des Prinzen Wilhelm in der kaiserlichen Admiralität entworfen. Hauptgrundsatz für den Bau war: Die hohen Herrschaften sollten nicht nötig haben, irgendeine Treppe zu steigen. Somit mussten die Kajüten wegfallen. Man errichtete an ihrer Stelle auf dem Verdeck einen Pavillon mit großen Fenstern. Die Füllungen zwischen den Seitenpfeilern lassen sich schnell entfernen, so dass zu beiden Seiten ein luftiges Zelt mit wasserdichter Decke entsteht. Die Möbel und Teppiche im Salon sind von der Kronprinzessin ausgewählt; es ist Potsdamer Fabrikat. Die Beleuchtung geschieht durch Gas. Die Wände sind weiß lackiert und mit zarten Goldlinien versehen. Unter jedem Fenster ist der Stern zum Schwarzen Adlerorden angebracht, an den Pfeilerkapitälen abwechseln der deutsche und preußische Adler und das Hohenzollern'sche Hauswappen. Die sonstige Ausstattung des behaglichen und vornehm-eleganten Raumes besteht aus leichten Korbstühlen, einfachen, glänzenden Tischen, Sesseln mit heiterem Farbenmuster und stumpffarbigen Teppichen. Hinter dem Salon befinden sich die mit Wasserleitung versehenen Toilettenräume. Eine Bank vor dem Salon an der Spitze des Bootes gewährt den Herrschaften bei ruhigem Wetter einen Ausblick über die Landschaft. Die Jugend mag auch das Verdeck des Pavillons besteigen, das mit einem leichten Gitter umfriedigt ist. Ganz getrennt von dem Salon liegen im hinteren Teile des Schiffes die Küche und der Raum für den Kapitän. Die Küche ist in der praktischsten Weise mit Dampfapparat, Anrichtetisch, Schränken, Abwaschtisch und Wasserleitung versehen. Da die Kronprinzessin es liebt, den Kaffee selbst zuzubereiten, so ist für diesen Zweck noch ein besonderer Kupfertopf vorhanden, welcher leicht herausgenommen werden kann. In der Mitte des Bootes befinden sich die beiden Dampfmaschinen, welche zwei Schrauben treiben und so zierlich gebaut sind als wären sie für eine Industrieausstellung in Aussicht genommen. Unter dem Salon liegen wasserdichte Kammern und Kohlebehälter.

Während seines letzten Aufenthalts in Babelsberg nahm der Kaiser auf der Matrosenstation unweit Glienicke den neuen Dampfer in Augenschein, besichtigte den Decksalon und den Maschinenraum eingehend und sprach sich über den Bau des Schiffes mit großer Befriedigung aus.

Illustrierte Zeitung, 1887

DAS KOMTESSENBOOT VON ABBAZIA

. . . Mit demselben Rechte wie das malerisch-roman-
tische Mittelgebirge an der Elbe die Sächsische Schweiz
genannt wird, führt Abbazia den Kosenamen ‚öster-
reichisches Nizza'. In Wirklichkeit verhält es sich, was
seine räumliche Ausdehnung und Fremdenfrequenz
betrifft, zu dem großartigen Nizza wie das liebliche
Elbsandsteingebirge zu den gewaltigen Zentralalpen.
An landschaftlicher Schönheit mit ausgesprochen
südlichem Gepräge dagegen hat es den Vergleich mit
Nizza und der genuesischen Riviera nicht zu scheuen.
Von Wien aus ist Abbazia in vierzehnstündiger Bahn-
fahrt zu erreichen; man kann in der Kaiserstadt früh-
stücken und am selben Abend in Abbazia sein Souper
mit dem Dufte der Lorbeerbäume und dem Hauche
der Brandung des tiefblauen Quarnero würzen. Wer
des Morgens in Wien im dicken Winterpelz den ge-
heizten Waggon besteigt, kann in später Abendstunde
im leichten Sommerrock am Strande von Abbazia
lustwandeln. Dank seiner Schönheit, seinem subtro-
pischen Klima, seiner leichten Erreichbarkeit und der
behaglichen Unterkunft, die es seinen Gästen bietet,
lockt Abbazia im Winter, der an diesem begünstigten
Gestade in Gestalt des Frühlings auftritt, immer größere Mengen von Besuchern an, die hier dauernden
Aufenthalt nehmen. Es beginnt unter den oberen
Zehntausend Österreich-Ungarns schon Mode zu
werden, einen Teil der rauen Jahreszeit im ‚österreichischen Nizza' zu verbringen. Außer den Brust-
kranken, Nervenschwachen und Rekonvaleszenten,
die hier Erleichterung suchen, finden sich immer
zahlreicher jene Gesunden und vermeintlichen Kranken ein, welche dem nordischen Winter aus dem
Wege gehen wollen und vor der Entdeckung des
angestammten Nizza am Quanero gewohnheitsmäßig
nach der ferneren Riviera pilgerten. Zum Aufblühen
Abbazias trägt auch viel der Umstand bei, dass es
häufig von Mitgliedern des Kaiserhauses besucht wird,
die sich von ihrem dortigen Aufenthalt entzückt erklären. Eine besondere Vorliebe für Abbazia hegt die

Das Komtessenboot NAJADE von Abbazia

Kronprinzessin Stephanie, welche zur Pflege ihrer
angegriffenen Gesundheit zu Anfang dieses Jahres
mehrere Monate in der Villa Angiolina residierte und
durch ihre Liebenswürdigkeit und Leutseligkeit alle
bezauberte, mit denen sie in Berührung trat. Was der
Prinzessin, wie überhaupt den Gästen Abbazias, abgesehen von der Schönheit der Landschaft und des
Meeres wie den Annehmlichkeiten des Klimas, den
Aufenthalt zu einem besonders angenehmen gestaltet, ist die Abwesenheit rauschender Vergnügungen
und jenes lärmenden Welttreibens, wie es in den

ganz einförmig, umso mehr, da sie jede Veranstaltung zu ihren Ehren dankend ablehnte. Außer der Serenade und dem Fackelzuge des Wiener Männergesangvereins und des Touristenclubs nahm sie nur die originelle Huldigung an, welche ihr die jugendliche weibliche Aristokratie darbrachte, die ein Boot ‚bemannte', das durch seine Evolutionen der erlauchten Frau viel Unterhaltung bereitete. Die Riemen der NAJADE, eines eleganten, 30 Fuß langen Klinkerbootes, führten sechs reizende Damen, die Komtessen Marianna Thurn, Marietta und Livia Zichy, Agathe Breuner, Julia Nadasdy und Hilda Breuner. Diese ausgesuchte ‚Bemannung' war eingeübt und befehligt von dem Linienschiffskapitän Heinrich von Littrow, dem rühmlichst bekannten Marinepoeten, an dessen reizendem Heim im nahen Fiume, wo er einst als königlich ungarischer Zentral-Seeinspektor amtierte, kein literarischer oder wissenschaftlicher Adriafahrer vorübergeht, ohne einzutreten. Sie manövrierte mit bewundernswürdiger Präzision und leistete den Riemen-Salut mit matrosenhafter Exaktheit. Der alte Kommandant hielt, wie er es seit je gewohnt war, strenge Disziplin an Bord; aber trotz seiner viel berühmten Liebenswürdigkeit sah er sich eines Tages genötigt, „wegen eigenmächtigen Alleinfahrens, Überschreitung des Urlaubs und Verlust eines eleganten Bootshakens" das Standrecht zu publizieren. Zu standrechtlichen Exekutionen sollte es jedoch glücklicherweise nicht kommen, da die Kronprinzessin einen Generalpardon erließ und ihrem Vertrauen in die Disziplin und Seetüchtigkeit der Komtessen-Equipage dadurch Ausdruck gab, dass sie wiederholt selbst zum Steuer griff und sich von ihr herausrudern ließ in die bewegte See. Das Wappenzeichen von Paris ist ein Schiff mit der Aufschrift: Fluctuat, non mergitur (es schwankt wohl, aber es geht nicht unter). Wenn es sich eimal um die Wahl eines Wappens für das zu einer Stadt herangewachsenen österreichischen Nizzas handelt, dann möge man sich für das Komtessenboot entscheiden. Ein passenderes ‚sprechendes' Wappen ließe sich für Abbazia kaum finden.

Illustrierte Zeitung, 1887

fashionablen Winterkurorten herrscht. Man unterhält sich anspruchslos und ungespreizt in engeren Kreisen mit Promenaden, Ausflügen, Bootfahrten; die Jugend tanzt, wenn ihr jemand beim Klavier aufspielt; zuweilen produzieren sich durchreisende Künstler oder gefällige Dilettanten. Kurorchester, Virtuosenseuche, Halbwelt und Toiletteluxus sind im Paradiese am Quarnero noch unbekannt. Seine behagliche Ruhe wird höchstens durch das rasch vorüberrauschende Erscheinen von Massenausflüglern gestört. So verfloss auch der Aufenthalt der Kronprinzessin äußerlich

UNSER CLUBWESEN

Im Akademischen Seglerverein hielt am Neunten des Monats Herr Leutnant zur See d. R. Muchall-Viebrook einen eingehenden Vortrag über das Vereinswesen unserer Segler.

Der Redner begrüßte mit großer Freude die frische Brise, die seit einigen Jahren in unserem Segelsport weht, die aber immer noch nicht im Stande war, diesen Zweig des Sports auf den Platz zu erheben, den derselbe in England, Amerika und Frankreich einnimmt und den er auch in unserem Vaterlande einzunehmen voll berechtigt ist. Redner verglich in treffender Weise unser ganzes sich in den Segelsport interessierendes Publikum mit der Takelage einer Jacht, die Segler selbst mit dem Rumpfe, die Seglervereine nannte er das Wichtigste an einem Boot: den Ballast.

Den Segelvereinen teilte Herr Leutnant Viebrook bei der Hebung des Segelsport die vorzüglichste Stelle zu. Seglervereine zu gründen sei bei der Vereinsleidenschaft der Deutschen nicht schwer. Träfen sich drei Deutsche, vom Sturm verschlagen, auf einer öden Insel, so würden sie sich sofort zu einem Verein zusammentun. Leider, fuhr Redner fort, ist aber die Hebung des Segelsports nicht immer die einzige Veranlassung zur Gründung von Vereinen, oftmals sprechen hierbei persönliche Interessen mit. Da kommt eines Tages ein reicher Bootsbesitzer auf den Gedanken, wie schön es sein müsste, vor seiner Villa einen bunten Clubstand erheißen zu können, er setzt alle Hebel in Bewegung, scheut keine Geldausgaben, begeistert eine ganze Reihe von Freunden für sein Unternehmen, und ein Verein wird gegründet. Bei der Konstituierung gehen die Wogen der Begeisterung natürlich hoch und es wird fleißig auf das Wohl des jungen Vereins getrunken. Sehr oft aber hat der junge Verein an seinem Gründungstage schon einen Kulminationspunkt erreicht. Eine Zeit lang geht alles gut, es wird regelmäßig in der Woche eine Versammlung abgehalten, natürlich im Wirtshause, und dabei weniger von Vereinsangelegenheiten und vom Segeln gesprochen als vielmehr Bier getrunken. Eines Tages jedoch fühlt sich der Hauptmacher durch irgendetwas gekränkt, er erklärt seinen Austritt, bewegt all seine Freunde, dasselbe zu tun und zieht seine Gelder aus dem Verein, der nun plötzlich in ungeahnte Schwierigkeiten gerät. Ein Mitglied nach dem anderen fällt ab, der Club wird immer kleiner, schließlich wird er zirkumpolar-unsichtbar, er verschwindet.

Herr Muchall hält es, von dem englischen Grundsatze ausgehend, my house is my castle, in erster Linie für ein gedeihliches Bestehen eines Segelclubs nötig, ein eigenes Clubhaus zu besitzen, die Versammlungen von der Bierbank weg in ein eigenes Heim zu bringen. Da die Kosten eines eigenen Hauses aber für viele Clubkassen zu hoch sind, so machte Redner den Vorschlag, in Stettin oder sonstwo einen alten 800-Tonner billig zu kaufen, denselben abzutakeln und nach Berlin schleppen zu lassen, vielleicht nach Grünau oder nach der Müggel.

Dort würden dann die Untermasten wieder gesetzt, aus den Segeln würden Sonnenzelte gemacht, im Zwischendeck würde mittschiffs das Clublokal abgeschottet, achtern würde die Bibliothek und die Wohnung des Clubdieners kommen, vorn, meinte Redner, würde dann noch Raum genug bleiben für ein halbes Dutzend kleiner Sommerwohnungen, die an Clubmitglieder vermietet werden könnten.

Weiter malte Herr Viebrook dann aus, wie schön es sein müsste, im Sommer auf dem Decke im Schatten der Segel seinen kühlen Sherry-Cobbler zu schlürfen und wie wohltuend im kalten Winter im Zwischendeck ein steifer Grog oder auch mehrere schmecken müssten. Dazu noch das wunderbare Gefühl, auf einem Boote sich zu befinden, das öfter das Kap Hoorn umsegelt als die Bammelecke. Im Winter könnte ja dies schwimmende Clubhaus an der Weidendammer Brücke vertaut werden und im Sommer gäbe es bei allen Regatten einen vorzüglichen Beobachtungspunkt ab!

Dann kam Redner auf die Zusammensetzung und Leitung der Vereine zu sprechen. Ein jedes Mitglied soll mit dem Streben des Vereins vollkommen vertraut sein und zur Erreichung dieses Zieles alle und jegliche Sonderinteressen hintansetzen. Trifft dies bei einem Gliede des Vereins nicht zu, dann, sagte der Vortragende: „Heraus mit dem Messer und weg mit dem Gliede, ehe der ganze Körper von dem einzelnen kranken Teile angesteckt ist."

Bei Aufnahme von neuen Mitgliedern verlangte Herr Viebrook die strengste Prüfung des Kandidaten. „Strenge bis zur Lächerlichkeit." Das waren die Worte des Redners: „Lieber zehn Unschuldigen die schwarze Kugel als einen Rowdy aufnehmen." Um

ganz sicher zu gehen, schlug Herr Leutnant Muchall eine Probezeit von einem halben Jahre vor, wie es Sitte bei dem Königsberger Rhe ist.

Dann sprach sich der Vortragende noch gegen zu hohes Eintrittsgeld und zu hohe Umlagen aus, die gar manches tüchtige Element den Seglervereinen fernhalten.

Mit einer vorzüglichen Erklärung des Wortes Gentleman und der Bitte, gerade die Hochhaltung dieses Begriffes auf alle Flaggen zu schreiben, schloss Herr Leutnant zur See Muchall-Viebrook seinen von Zuhörern aus allen Segelkreisen besuchten, überaus anregenden Vortrag.

„Ahoi!", 1887

Kaiser Wilhelms Nordlandfahrt

Mit lebhaftem Interesse hat ganz Deutschland die soeben beendete Seefahrt Kaiser Wilhelms nach dem Nordkap und den interessantesten Punkten der norwegischen Küste verfolgt. Die Abfahrt der Yacht HOHENZOLLERN, auf welcher die Reise unternommen wurde, erfolgte am 1. Juli abends vom Kieler Hafen aus. Im Gefolge des Kaisers befanden sich unter anderem der Generalstabschef General der Kavallerie Graf v. Waldersee, Hofmarschall Freiherr von Lyncker, Generalarzt Dr. Leuthold, der Afrikareisende Dr. Güßfeld, Marinemaler Salzmann. Um die dringenden Staatsgeschäfte während der Reise erledigen zu können, war zur Beförderung der Depeschen noch der Aviso GREIF kommandiert worden. Die Fahrt ging zunächst in nordöstlicher Richtung um die dänische Insel Seeland, dann durch das Kattegat nach dem norwegischen Hafen Stavanger, wo beide Schiffe am 3. Juli anlangten. Nach kurzem Aufenthalt wurde die Fahrt durch den Karmsund und den Hardangerfjord nach Sandven im Noreimsund fortgesetzt. Hier begab sich Kaiser Wilhelm mit seinem Gefolge unter Führung des Dr. Güßfeld nach dem eine dreiviertel Stunde entfernten Wasserfall im Steinsdal, welcher in einer Höhe von 35 m in ansehnlicher Breite über schräg gelagertes Gestein zu Tal stürzt; alsdann kehrten die Reisenden in Karjols nach dem Landungsplatze zurück. Karjols heißen in Norwegen die kleinen Wagen, bei welchen auf zwei hohen Rädern in leichten Federn ein Sitz hängt, auf dem der Fahrende rittlings Platz nimmt, während er die Füße in eine Art Steigbügel steckt, die vor ihm unmittelbar hinter der Gabeldeichsel angebracht sind. Hinter diesem Sitz befindet sich noch ein zweiter, kleiner für den Begleiter des Fuhrwerks.

Von Sandven erfolgte die Weiterfahrt nach Odda am Sörfjord, woselbst sich die gesamte Reisegesellschaft am 5. Juli ans Land begab, um den in der Nähe gelegenen großen Gletscher von Buar (Buarbrä) zu besichtigen. Denselben erreicht man von Odda, wenn man über den hinter dem Ort liegenden Sandvensee setzt; alsdann zieht sich der Weg an dem vom Gletscher kommenden Gebirgsbach entlang, der bald brausend über Geröll dahinschießt, bald in gewaltigen Kaskaden über Felsblöcke stürzt, bald tosend sich zwischen den Steinmassen hindurchzwängt. Rechts und links erheben sich hohe Felsberge mit Birken und Erlen, zuweilen mit Ulmen bestanden. Zwischen diesen liegt das breite Schneefeld des Buarbrä, oben am Horizont in zinnenähnliche Spitzen ausgezackt. Die vorderste Spitze bildet ein hochgewölbtes und zerklüftetes Eistor, aus welchem der Gebirgsbach mit betäubendem Getöse hervorschießt. Man kann bis zum Gletscher herangehen, muss aber dabei vorsichtig sein, weil oft große Eisstücke herabfallen. Der Gletscher rückte im Jahre 1870 mehr als 80 m vor, 1871 sogar 4 m in einer Woche. Kaiser Wilhelm betrachtete diese großartige Naturszenerie längere Zeit und ließ von dem Maler Salzmann und Dr. Güßfeld verschiedene photographische Aufnahmen machen. Plötzlich erfolgte ein gewaltiges Krachen, und vor den Augen des erstaunt aufspringenden Kaisers stürzte mit einem donnerähnlichen Schlage das Eistor des Gletschers zusammen. Die schweren Eismassen, die den Bogen des Tores gebildet, hatten sich losgelöst und waren dumpf dröhnend in den Bach gestürzt. Viele Zentner schwere Eisblöcke sprangen wie Bälle über Felsen und Geröll hinab oder wälzten sich in wuchtiger Schwere durch das strudelnde und hoch aufschäumende Wasser. Alle Anwesenden standen wie gebannt vor diesem überwältigenden Schauspiel und schauten schweigend auf diesen mächtigen Ausbruch der elementaren Naturkräfte. Es ist aber solch ein Gletscherzusammensturz auch ein Bild wie es nur

Das Kaiserschiff HOHENZOLLERN I, von dem Depeschenschiff GREIF gefolgt, auf seiner Fahrt an der norwegischen Küste. Nach einem Gemälde von A. Kirchner

wenig Sterblichen zu sehen vergönnt ist. Dem ersten folgte bald ein zweiter Sturz von geringerer Bedeutung. Kurz nach zwölf Uhr wurde der Rückmarsch angetreten, auf dem eine Zeit lang noch die rollenden Eisblöcke die Wanderer begleiteten, bis die Blöcke einer nach dem anderen an den Felsen zerschellten oder an den großen Steinen sich festlagerten; kleine Eisstücke schwammen mit bis hinab zum See.

Von Odda fuhr die HOHENZOLLERN durch den Eidfjord nach Ytresamlen, His- und Geldefjord an Varaldsö vorbei nach Bergen. Hier bot sich dem Kaiser ein überaus lebendiges Bild. Im Kriegshafen lagen ein aus vier großen Panzerschiffen und einem Aviso bestehendes englisches Geschwader sowie eine Anzahl englischer Privatyachten und Vergnügungsdampfer vor Anker. Kaiser Wilhelm ließ sein Gefolge ans Land gehen, er selbst aber machte mit der Dampfpinasse eine Rundfahrt um den Hafen, während die HOHEN-ZOLLERN Kohlen einnahm. Von Bergen ging die Fahrt durch den Sognefjord nach Kudvangen, wo der Kaiser an Land ging und das Närödal sowie den Stalheimskleven besuchte und alsdann über Molde nach Trondheim (norwegisch Trondhjem), welchen Ort die HOHENZOLLERN am 14. Juli erreichte. Gegen Abend begab sich der Kaiser in die Stadt, von der Bevölkerung sympathisch begrüßt. Er besichtigte zunächst den Dom, einen uralten Bau, welcher größtenteils abgebrannt ist, jetzt aber nach dem alten Muster wieder neu aufgebaut wird, und die hinter Trondheim liegende Gegend, worauf er dem dortigen deutschen Konsul Jenssen einen Besuch abstattete. Von Trondheim fuhr die HOHENZOLLERN über Bodö durch die Lofoten. Die Lofoten sind die größte Inselgruppe bei Norwegen, welche gegen Westen den breiten Vestfjord begrenzt, die inneren Landschaften gegen das Rasen des großen Eismeeres schützt und sich durch ihre bizarren Gebirgsbildungen auszeichnet. Im Innern der Inseln erheben sich viele Gipfel in gezackten Alpenformationen bis zur Region des ewigen Schnees. Ackerbau ist nur an einigen Stellen möglich, dagegen ist der Boden für die Viehzucht günstiger, zumal die Inseln gute Weiden besitzen und in dem verhältnismäßig milden Winter wenig Schnee fällt. Es sind im Ganzen vier Inseln, die nur durch enge Sunde voneinander geschieden werden, Ostvaagö, Vestvaagö, Flakstadö und Moskenäfö. Durch den Malstrom, eine Meeresströmung, welche die Schiffe befahren, wird Moskenäfö von den beiden äußersten dieser Gruppe, Bärö und Röst, geschieden. Bei den Lofoten wird alljährlich von Februar bis April die Kabeljaufischerei betrieben, die einen bedeutenden Ertrag liefert. Auch diese Gegend nahm das lebhafte Interesse des Kaisers in Anspruch.

Am 16. Juli morgens passierte die HOHEN-ZOLLERN bei spiegelglatter See und schönem Wetter den Polarkreis; darauf wurde die Fahrt über Tromsö nach Hammerfest, der nördlichsten Stadt der Erde, fortgesetzt und von da die Strecke nach dem Nordkap bei klarem Wetter und bewegter See zurückgelegt. In früher Morgenstunde des 18. Juli wurde das Nordkap umschifft und danach die Heimreise angetreten. Nachdem der Kaiser noch in Tromsö einen kurzen Aufenthalt genommen und die Rückfahrt um die Nordspitze von Andö durch die Lofoten hindurch über Bodö und Bergen erfolgt war, traf der Kaiser mit der HOHEN-ZOLLERN am 27. Juli in Wilhelmshaven wohlbehalten ein.

Illustrierte Zeitung, 1889

YACHT SR. K. HOHEIT DES PRINZEN LUDWIG VON BAYERN

Wir bringen heute das wohlgelungene Porträt eines kleinen Huaribootes Seiner Königlichen Hoheit des Prinzen Ludwig von Bayern. Seine königliche Hoheit ist ein passionierter Segler und Besitzer zweier Yachten, einer Yacht am Bodensee und der Huariyacht am Starnberger See, deren Abbildung wir heute bringen. Oft sieht man den Prinzen in Gesellschaft seines Matrosen, eines alten Seemanns, welcher früher in der Marine diente, auf dem Starnberger See sein Bootchen steuern; besonders bei steifen Brisen segelt Seine Hoheit gern. Sein Schloss Leutstetten ist mit dem Starnberger See durch die Würm verbunden. Auf unserem Bilde segelt die Yacht gerade aus der Würm in den See, um den weiter südlich blasenden leichten Wind aufzusuchen. Die zerrissenen Wolken deuten an, dass der Wind bald auffrischen dürfte, um später den jetzt so ruhigen See mit kleinen, schaumbedeckten Wellen zu überziehen. Fern im Süden sehen wir verschwimmend die bayrischen und Tiroler Berge.

Das Boot ist 5 m in der W. L. lang, offen und wurde von Heidtmann kraweel gebaut. Das Boot trägt eine tüchtige Menge Tuch und dürfte mit Seiner Königlichen Hoheit am Ruder eines der schnellsten Boote seiner Größe am See sein. Seinem Typ nach gehört es unter die Alsterjollen. *Cecil Bertie*

Wassersport, 1887

DER KAISER UND DER SEGELSPORT

An der Spitze der heutigen Nummer (*der Zeitschrift Wassersport*) befindet sich eine Bekanntmachung des Kaiserlichen Yachtclubs, welche mitteilt, dass Seine Majestät der Kaiser sich zum Kommodore erklärt und Seine Königliche Hoheit Prinz Heinrich die Stellung eines Vizekommodore des Yachtclubs übernommen hat.

Damit bricht für den deutschen Segelsport ein neues Zeitalter an. Wohl hatte er sich schon seit längerer Zeit der allerhöchsten Begünstigung und Huld zu erfreuen, wohl kämpften schon seit Jahren deutsche Yachten und Boote um Wanderpreise aus des Kaisers Hand und es war wohl bekannt, dass der hohe Herr in den kargen Mußestunden seines schweren Berufes gern selbst die Pinne führt oder seine sommerliche Freizeit auf wogender See zu verleben sucht; aber von der Stunde an, wo Kaiser Wilhelm und sein hoher Bruder selbst an die Spitze des ersten Clubs des Landes treten, der sich der Pflege des edelsten, manneswürdigsten Sports zur Aufgabe gemacht hat, von dieser Stunde an ist unser schöner Sport mit einem kaiserlichen Freibrief geadelt und jeder Segler darf stolz sein, einer Genossenschaft anzugehören, der die Edelsten des Reiches leitend und schützend vorstehen.

Was seit vielen Jahren jedes wahren Seglers stiller, unausgesprochener Wunsch war, ist nun überraschend schön in Erfüllung gegangen und hoffnungsfreudig können die deutschen Segler heute in die Zukunft blicken. Wissen sie doch, dass man an allerhöchster Stelle alles zu tun bereit ist, was der Entwicklung des deutschen Segelsports von Nutzen sein, was ihm in den Augen des gesamten Volkes zu gesteigertem Ansehen verhelfen kann.

Von welcher Tragweite die Neuordnung der Dinge für die Ausgestaltung unseres Segelsports sein wird, lässt sich heute noch gar nicht ermessen, wir sind aber überzeugt, dass sich von jetzt ab das Interesse des gesamten Volkes mehr als bisher dem Segeln und damit auch dem Seewesen im Allgemeinen zuwenden wird. Wäre das der Fall, so dürften Deutschlands Sportsleute ihren schönsten Lohn für ihr Streben finden in dem Gedanken, dass sie der Nation mittelbar Nutzen bringen.

Wird der Segelsport bei uns erst zu einer nationalen Sache, so wird auch das Verständnis für die Erfordernisse und Aufgaben unserer Flotte, für unsere Wehrhaftigkeit zur See in erweitertem Maße sich einstellen. Ist doch heute noch vielen gleichgültig, ob die deutsche Flagge auch im fernsten Winkel der Erde mit Hochachtung von fremden Nationen betrachtet wird oder nicht, weil ihnen das Verständnis für alle Dinge mangelt, welche auf das Seewesen Bezug haben. Des Kaisers Absicht aber ist es offenbar, die Deutschen auch als seefahrendes Volk an die Spitze aller Nationen zu stellen und ein Mittel zum Zweck dünkt ihm, wenn er eine der edelsten Abarten des Seewesens, den Yachtsport, dadurch bei uns zu heben und einzubürgern sucht, dass er selbst eine stolze Yacht erworben hat und er selbst an die Spitze der Segelsport treibenden Männer des Landes tritt.

In diesem Sinne begrüßen wir des Kaisers Vorgehen mit freudigsten Gefühlen des Dankes und wir sind überzeugt, dass alle deutschen Segler von gleichen Gefühlen beseelt sind. Eins ist gewiss: Die deutsche Seglerwelt wird sich des kaiserlichen Wohlwollens würdig zeigen!

Wassersport, 1891

Kaiser Wilhelm II. auf der Kommandobrücke der
HOHENZOLLERN. Nach einem Gemälde von H. Prell

THISTLE WIRD KAISERYACHT

Dass THISTLE, die berühmte, von G. L. Watson konstruierte stählerne Rennyacht, durch eine Londoner Firma an unseren Kaiser Wilhelm verkauft worden ist, beschäftigt natürlich täglich die englischen Zeitungen, die einander mit Einzelheiten über die interessante Tatsache zu überbieten suchen. Dass dabei mancherlei merkwürdige und unwahrscheinliche Dinge mit unterlaufen, ist begreiflich. Oft ist der Wunsch der Vater des Gedankens, und die Gewohnheit der Engländer, alles vom rein englischen Standpunkte aus zu beurteilen, hat offenbar manche Nachrichten von angeblichen Absichten des Kaisers veranlasst, welche schon dadurch, dass sie den Engländern wünschenswert erscheinen, für tatsächlich feststehend hingenommen werden. Dahin gehört zum Beispiel die Kunde, dass der neue Besitzer der THISTLE den New York Yacht-Club zum Kampfe um den AMERICA-Pokal herausfordern wolle. Dass die THISTLE, nachdem sie nunmehr Eigentum des deutschen Kaisers geworden, von einem englischen Club zum Kampfe um die amerikanische Trophäe gemeldet werden könnte, ist wenig wahrscheinlich, und dass ein deutscher Club eine solche Meldung erließe, verbieten die bestehenden Bestimmungen, denen zufolge die zu meldende Yacht in dem Lande erbaut sein muss, dem der meldende Club angehört. Wie die Engländer sich die Entschließung Sr. Majestät zurechtzulegen suchen, zeigt folgende Auslassung: „Es scheint", schreibt die Zeitschrift Fair-play, „dass der Kaiser dem Royal Yacht Squadron, dem er angehört, dadurch ein Kompliment machen will, dass er bei der Jahresregatta des Clubs mit einer Yacht allererster Güte unter dem Club-Geschwader erscheint. Leider kann die THISTLE an der Wettfahrt selbst nicht teilnehmen, da sie nicht schon im Januar gemeldet ist. Ich glaube, beim Royal Yacht Squadron muss in der Regel jedes neue Mitglied eine Yacht von einer gewissen Größe besitzen. Früher hatte man in Cowes einen alten Kutter liegen, der zu billigem Preise von Hand zu Hand ging, indem er an neu aufzunehmende Herren abgegeben wurde, die zwar vom Segeln nichts verstanden, aber doch der vornehmen Vereinigung gern angehören mochten. Ich habe den Namen des alten Kahns vergessen, aber wer in Cowes bekannt ist, wird sich seiner erinnern. Zu dieser Sorte gehört nun THISTLE nicht, sie braucht keinen Gegner zu scheuen und kann bei jedem Wetter hinausgehen."

Als Kaufpreis wird jetzt die Summe von 4.500 Pfund (90.000 Mark) genannt. Kurz vor Ostern begab sich ein Teilhaber der Londoner Firma mit einem Vertreter des Kaisers nach der Gourock-Bai behufs Besichtigung der Yacht, welche darauf unter der Bedingung angekauft wurde, dass ein Lloyd-Vermesser sie zu untersuchen habe. Nachdem dieses geschehen, war der Kauf endgültig vollendet. Als Vertreter des Kaisers wird englischerseits ‚Baron von Senden' genannt, womit wohl Herr Kapitän zur See von Senden-Bibran gemeint ist. THISTLE ist alsbald im Dock einer gründlichen Bodenreinigung unterzogen worden, hat einen neuen Anstrich des Unterwasserschiffes erhalten und wird seit dem 6. April in der Gourock-Bai fertig ausgerüstet.

Der Kaiser hat sich die Dienste des bisherigen Führers der Yacht, Kapitän Duncan, gesichert, welcher von Herrn Coates verpflichtet wurde. Die Mannschaft wird jetzt ausgewählt. Zu seiner persönlichen Bedienung wird der Kaiser wohl Deutsche an Bord nehmen. Kapitän Duncan wird die meisten seiner vorjährigen Yachtmatrosen wieder zur Verfügung haben, an Stelle seines tüchtigen Gehilfen Neil Mathie, der ihm schon an Bord der MARJORIE zur Seite stand, wird er aber diesmal Hugh MacCrane, den früheren Führer der Schoneryacht SELENE, bekom-

„The New Racing-Yacht THISTLE, built on the Clyde."
Englischer Holzschnitt von 1887 zum Erscheinen der
AMERICA's Cup-Rennyacht THISTLE, später METEOR I

men. THISTLE wird jedenfalls zunächst in deutschen Gewässern sich zeigen (die Binnenregatta des Marine-Regattavereins in Kiel ist auf den 27. Juni angesetzt) und dann im Sommer bei Cowes mit ihren vorjährigen Gegnern IVERNA und VALKYRIE sich messen. Es wäre recht hübsch, wenn durch einen Sieg der THISTLE ein internationaler Wanderpreis nach Deutschland käme und britische Yachten dadurch veranlasst würden, mit der nun deutschen Yacht in deutschen Gewässern in den Wettkampf zu treten.

Dieselbe Londoner Firma, welche den Ankauf der THISTLE vermittelt hat, lässt für 3.500 Pfund (70.000 M) bei Inglis am Clyde nach Plänen von Herrn Watson einen Rennkutter IRENE für den Prinzen Heinrich von Preußen bauen, und der Prinz will selbst zur Übernahme der Yacht nach Glasgow kommen, um sie von dort um the Mull of Kintyre herum, durch den Kaledonischen Kanal und über die Nordsee nach Deutschland zu bringen. Der Kutter hat in der Wasserlinie eine Länge von 59' (18 m) und eine Breite

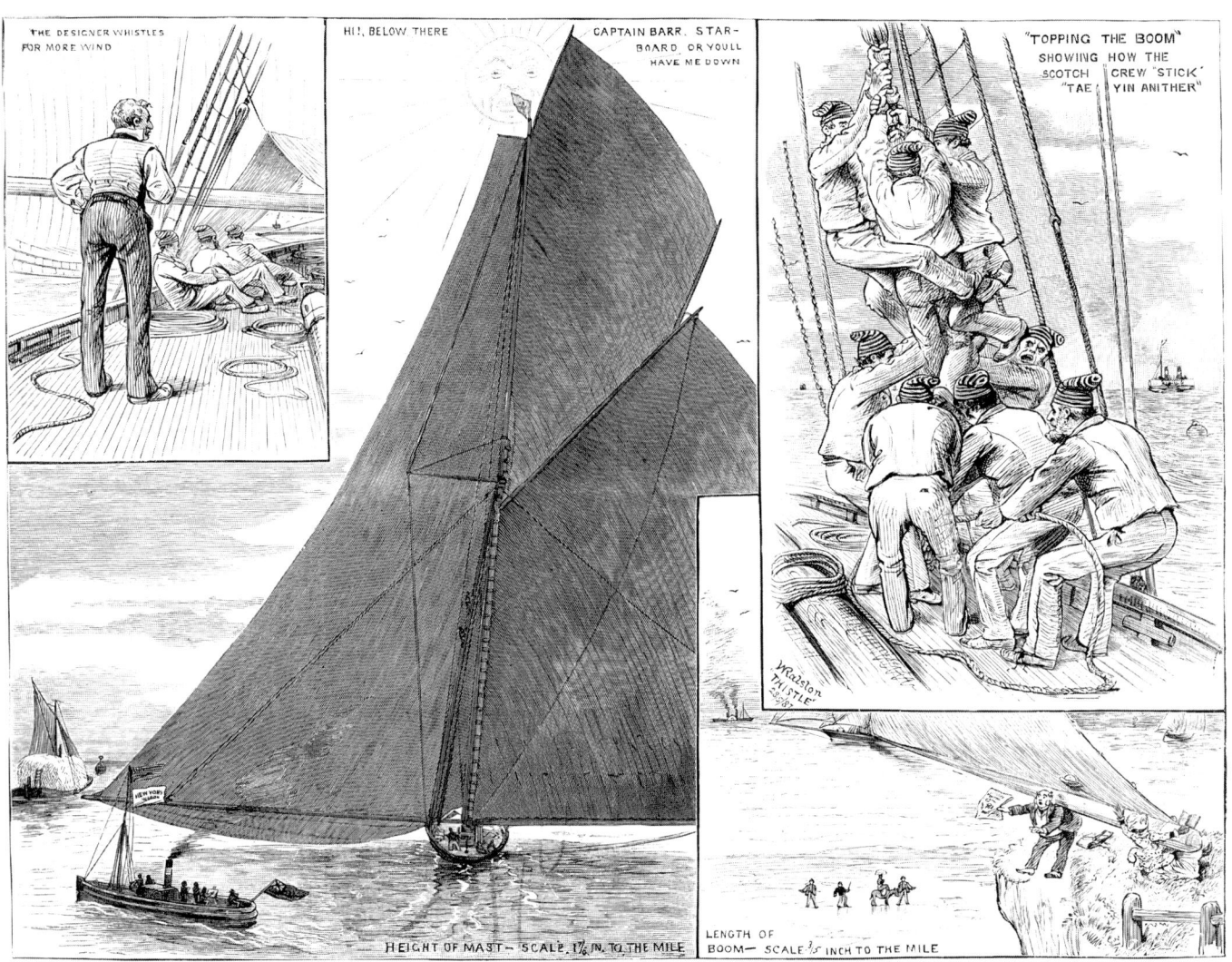

„A Land-Lubber's Notions of the new Vessel." Britische Karrikatur auf die ungewohnten Ausmaße der neuen schottischen AMERICA's Cup Herausforderin von 1887

von 13' 6" (4,11 m), die Segelfläche misst 4.070 Quadratfuß (378 qm); nach dem Messverfahren der Yacht Racing Association (Länge × Segelfläche dividiert durch 6.000) misst IRENE also 40 Segeleinheiten. Da Prinz Heinrich wie sein kaiserlicher Bruder Mitglied des Royal Yacht Squadron ist, so wird er sich jedenfalls mit IRENE an englischen Regatten beteiligen. Dass der Kutter später eine deutsche Bemannung erhalten soll, veranlasste ein englisches Blatt zu der üblichen hochmütigen Deklamation, dass das Geschick zum Segeln großer Yachten ein angeborenes (!) Talent der Bewohner gewisser englischer Gegenden und nicht lehrbar oder lernbar, auch nicht mit gewöhnlicher Seemannschaft zu verwechseln sei. Die Führung der prinzlichen Yacht übernimmt James Maskell, der frühere Skipper der rühmlich bekannten Rennyacht LORNA, welche soeben in den Besitz von Lord Brassey übergegangen ist. Die Gegner der IRENE werden in den englischen Regatten wahrscheinlich DEERHOUND, CREOLE, WHITE SLAVE und BLUE ROCK sein, welcher Letztere kürzlich an der Riviera sich ausgezeichnet hat.

Die Tatsachen, dass Prinz Heinrich, der hohe Protektor des Marine-Regattavereins, sich eine große Rennyacht nach Plänen des erfolgreichsten europäischen Yachtkonstrukteurs hat bauen lassen, und dass Kaiser Wilhelm den von demselben Meister stammenden größten heutigen Rennkutter für sich erworben hat, müssen die deutsche Seglerwelt mit hoher Freude erfüllen, denn die Vermehrung der deutschen Yachtflotte um so stolze Fahrzeuge ist von unberechenbarer Bedeutung für die zukünftige Entwicklung des deutschen Segelsports. Die großen Opfer, welche Kaiser Wilhelm und Prinz Heinrich mit ihren Erwerbungen dem Segelsport bringen, sind wohl erwogen und beanspruchen unseren wärmsten Dank. Bisher waren es nur ältere, nach englischer Anschauung ausgediente Fahrzeuge, welche von deutschen Seg-

lern in England erworben und auf unsere aquatischen Rennplätze gebracht wurden, aber selbst gegen diese Yachten konnte unser bestes inländisches Material nicht aufkommen. Nun haben zwei sportbegeisterte Mitglieder unseres Hohenzollern-Hauses die bedeutenden Opfer gebracht, welche die Erwerbung einer THISTLE und einer IRENE erfordern, und damit ist unvermutet der deutschen Seglerwelt eine Gelegenheit zum Beobachten und Lernen gegeben, die ihnen bisher fehlte und die nun bald gute Früchte zum Vorteile unseres Sports zeitigen muss. Wir können von nun an in deutschen Gewässern, also ganz in der Nähe, studieren, wie das allerbeste europäische Yachtmaterial aussieht und was es zu leisten vermag. THISTLE ist nach dem Urteile aller, die sie je gesehen, ein unübertroffenes Meisterstück an Schönheit der Linien, glücklich gewählten Verhältnissen allen Zubehörs und höchster Sorgfalt in der Ausführung; ihre Schnelligkeit erschien bei ihrem ersten Auftreten, das sich zu einem Siegeslaufe von einer englischen Regatta zur ändern gestaltete, als ein wahres Wunder und dürfte noch jetzt kaum von einer anderen Yacht als dem amerikanischen VOLUNTEER wirklich übertroffen werden. Nicht minder dürfte IRENE, das Werk desselben Yachtarchitekten, für ihre Größe ein Meisterwerk sein, denn in derselben Größenklasse hat G. L. Watson im vorigen Jahre mit CREOLE sehr schöne Erfolge erzielt.

Der Eintritt von zwei solchen Kuttern in die deutsche Yachtflotte und die eigene Beteiligung ihrer Besitzer am großen Rennsegelsport muss sowohl für die deutschen Segler wie für den deutschen Yachtbau eine Fülle der Anregung bieten und Fortschritt und Aufschwung mit sich bringen. Darum gebührt unserem kaiserlichen Herrn und seinem hohen Bruder der wärmste Dank der deutschen Seglerwelt für ihr bahnbrechendes opferwilliges Vorgehen auf dem Gebiete des manneswürdigen Segelsports.

Wassersport, 1891

DIE KAISERJACHT METEOR IN KIEL

Der 1. Juni des Jahres, an welchem Tage die kaiserliche Jacht METEOR in den Hafen von Kiel einsegelte, war für die deutsche Sportwelt nicht allein, sondern auch für weitere Kreise ein Tag höchsten Interesses – für die Sportwelt ganz selbstverständlich, für uns Deutsche aber noch um deswillen, als mit dem Erwerb dieser berühmten Jacht durch den Kaiser wieder ein Glied der Kette von Aktionen mehr zugefügt wird, durch welche Kaiser Wilhelm den Blick unseres Volkes immer wieder der See und dem Weltmeere zu lenkt, wo sich dereinst die Geschicke der Nationen ausschließlich entscheiden dürften.

An dem Tage, an welchem die Jacht in Kiel erwartet wurde, wehte von früh an eine herrliche Nordostbrise, die allerdings im Laufe des Tages so an Stärke zunahm, dass am Nachmittag draußen eine ganz bedeutende See stand und die Jachten, die kaiserliche inbegriffen, keine Toppsegel setzen konnten.

Frühmorgens traf der Kaiser in Kiel ein, und um elf Uhr ordneten sich sämtliche Jachten des kaiserlichen Jachtclubs zur Parade längs des Düsternbrooker Strandes. Gegen ein Uhr ging der Kaiser auf dem Aviso GREIF in See, und das Bild, das bei hellstem Sonnenschein die in großer Zahl im Hafen versammelten Kriegsschiffe mit paradierender Mannschaft und Salut feuernd, die bunt beflaggte Reihe der Jachten und die von Fahrzeugen jeder Art belebte Fläche der Förde bot, war ein außerordentlich schönes.

Sowie der GREIF mit dem Kaiser und der Kaiserin an Bord an den Jachten vorübergedampft war, lichteten diese die Anker, um den METEOR zwischen Laboe und dem Friedrichsorter Leuchtturm zu erwarten. Der Kaiser und die Kaiserin hatten sich in See an Bord der METEOR begeben. In der vierten Stunde tauchte am Horizont ein Segel auf, das seiner

Ankunft der Kaiseryacht im Kieler Hafen am Nachmittag des 1. Juni. Nach einer Zeichnung von Ferdinand Lindner

Dimension nach kein anderes als das der erwarteten Jacht sein konnte, und hätte noch ein Zweifel bestanden, so musste er angesichts der außerordentlichen Schnelligkeit, mit welcher das Fahrzeug aufkam, schwinden. Die Jachten hatten kaum Zeit, sich auf den Empfang vorzubereiten, da war die stolze Kaiserjacht schon da. Trotzdem es ziemlich hart wehte, ging sie steif und kaum geneigt durch die See, während alle anderen Fahrzeuge wie zum Kentern lagen. Bald verkündete der Donner der Geschütze – die Jacht führte die Kaiserstandarte am Topp –, dass sie im Hafen angelangt sei, wo sie von dem zahlreich versammelten Publikum am Ufer mit Spannung erwartet wurde und gegen vier Uhr vor Anker ging.

Die beiden folgenden Tage wehte eine Brise, wie sie schöner nicht zu denken war, dazu ein blauer, ungetrübter Himmel, und so konnte der kaiserliche Besitzer sich ganz dem unvergleichlichen Hochgenuss des Segelns in See hingeben.

Die Jacht weist wunderbar schöne, elegante Linien auf; wenn man sich aber einen Begriff von den riesigen Dimensionen der Takelung machen will, so betrachte man die kleine Menschenfigur, welche in unserem Bilde oben auf dem Topp (dem oberen Ende des Mastes, wo die Stenge ansetzt) steht, sowie die im Vordergrund ansegelnde Jacht, die zu den größten des Jachtclubs gehört. Die Angabe der Verhältnisse mag das erläutern. Der Baum (das Rundholz, an dem das Großsegel unten befestigt ist) hat eine Gesamtlänge von 27 m, das stehende Liek eine solche von 30 m und die Segelfläche einen Inhalt von 1.245 qm Die Verhältnisse des aus Stahl gebauten Schiffes sind: Länge

30 m, Breite 6,1 m, Tiefgang 4,27 m, Raumgehalt 170 britische Registertonnen.

Die Geschichte dieser Jacht ist kurz folgende: Sie wurde von dem berühmten Meister auf diesem Gebiet, G. L. Watson in Glasgow, 1887 auf Bestellung mehrerer reicher Schotten speziell zu dem Zwecke gebaut, damit den AMERICA-Pokal zu erringen. Von ihrem ersten Erscheinen unter dem Namen THISTLE im Jahre 1888 an begann sie einen glänzenden Siegeslauf durch alle Regatten an der englischen Küste und segelte dann nach Amerika, um sich mit den besten Seglern des New York Yachtclubs zu messen. Die Amerikaner, welche ahnten, dass sie gegen diesen Konkurrenten nicht aufkommen würden, setzten alles daran, um in unglaublich kurzer Zeit eine Jacht zu schaffen, welche an Segelareal der englischen Jacht überlegen war, und die schließlich den Sieg davontrug. Die gemeinsamen Besitzer hatten mit der Niederlage die Lust an dem Fahrzeug verloren, und erst 1890 wurde dasselbe von einem Privatmann angekauft und gewann wiederum auf den englischen Regatten Sieg um Sieg, bis sie in diesem Jahre in den Besitz des Kaisers Wilhelm überging.

Mit dem METEOR sollte eigentlich die von demselben Meister gebaute Jacht IRENE des Prinzen Heinrich unter Führung des Prinzen selbst in Kiel einsegeln; dieselbe traf in der Nordsee aber so schlimmes Wetter, dass sie nach zweitägigem vergeblichen Aufkreuzen wieder in den schottischen Hafen zurückkehrte und erst am Nachmittag des 8. Juni in Kiel eingelaufen ist.

Illustrierte Zeitung, 1891

An der Glockenboje

Die Glockenboje, eine der Umsegelungstonnen des Kieler Hafens, bildet in den großen Seeregatten, welche alljährlich in Kiel abgehalten werden, einen der kritischen Punkte auf dem vorgeschriebenen Wege zum Ziele, wo beim Runden der Boje sowohl die Geschicklichkeit in der Ausnutzung aller Vorteile wie auch ganz besonders schon die Aussicht auf Erfolg bei der einen oder anderen Yacht hervortritt. Hart heran laufen die schlanken Fahrzeuge – auf unserem Bilde die Marinejacht LUST als die Erste an der Boje –, so nahe, dass der Mann am Ruder fast den Sog des hin- und herschwankenden riesigen Kieles der Tonne empfindet – nun heißt es schnell und gewandt über Stag gehen und dann vorwärts der nächsten Segelmarke zu!

Ein Blick auf umstehendes Bild muss auch dem interesselosen Binnenländer den Gedanken nahe legen, dass es sich bei dieser Gattung Sport um Schauspiele handelt, denen vor allem der Zug der Großartigkeit eigen ist, welcher alle mit der See im Zusammenhang stehenden Erscheinungen charakterisiert.

Der deutsche Segelsport hat im letzten Jahrzehnt an mehreren, durch ihre natürlich Lage begünstigten Orten fast gleichzeitig einen verheißungsvollen Aufschwung genommen, denn die große Mehrzahl der gegenwärtig den Segelsport pflegenden Vereine und Clubs ist zu Beginn des letzten Jahrzehnts entstanden. Die hervorragenden Vereine schlossen sich 1888 zu dem Deutschen Seglerverband zusammen, welcher das Ziel bestmöglicher sportlicher Ausbildung, einheitlicher Zusammenfassung der nach diesem Ziele strebenden Kräfte, Vereinheitlichung der Wettfahrtbestimmungen, welche von wesentlichem Einflusse auf den Bau und die Beschaffenheit der Sportfahrzeuge sind, kurz, alles dasjenige anstrebt, was zur fachgemäßen Ausübung und Hebung eines ernsteren Sportbetriebes erforderlich ist. Sodann hat sich der Marine-Regattaverein in Kiel zu dem neuen Kaiserlichen Jachtclub umgebildet, zu dessen Kommodore sich

Kaiser Wilhelm erklärt hat. Bekanntlich nimmt derselbe regen Anteil am Segelsport, zu welchem Zweck er sich kürzlich in England die berühmte Rennjacht THISTLE gekauft hat, die nunmehr den Namen METEOR führt. Auch Prinz Heinrich ist seit diesem Frühjahr Besitzer einer eigenen, neu gebauten Jacht, IRENE, die ein hervorragend guter Segler ist.

Was ist, was bezweckt nun der Segelsport? Diese Frage wird mancher binnenländische Leser aufwerfen, dem Wesen und Bordbedingungen der Schifffahrt sowie des Seelebens fremd sind, namentlich aber dann, wenn er durch die Erscheinungen des sonn- und festtäglichen Vergnügungssegelns in seinem Urteil beeinflusst ist. Letzteres, das Segeln zum Zeitvertreib, hat mit dem Sport nicht allein nichts zu tun, sondern es ist der direkteste Gegensatz desselben. Der sportliche Betrieb des Segelns bezweckt die höchstmögliche Ausbildung der Mannschaft eines Bootes oder einer Jacht und die Vervollkommnung des Materials, das heißt der Sportfahrzeuge, bis zur höchsten Stufe der Leistungsfähigkeit von Fahrzeug und Mannschaft, beides zu dem Ziele, um unter allen Witterungsverhältnissen die Herrschaft über diese Letzteren zu behaupten. Sportliche Leistungen gelangen daher in der größtmöglichen Geschwindigkeit der Fahrzeuge verbunden mit der höchsten, dem Standpunkt der nautischen Wissenschaft entsprechenden Sicherheit derselben zum Ausdruck.

Trotzdem Deutschland infolge der früheren jammervollen politischen Zustände noch ein Neuling unter den Sport treibenden Nationen zur See ist, repräsentiert das im Segelsport beschäftigte Personal sowohl wie das Material schon einen nicht zu unterschätzenden Faktor im nautischen Leben. Die deutsche, noch nicht einmal vollständig registrierte Jachtflotte umfasste schon Ende 1888 etwa 300 Fahrzeuge von insgesamt rund 3.800 Tonnen Gehalt und mit einer Mannschaft von etwa 3.000 Köpfen, jedoch ist diese Aufzählung noch keineswegs vollständig, und

ein weiterer, sichtbarer Aufschwung findet ohne Unterbrechung statt. Alljährlich veranstalten die zahlreichen, über die Küste und das Binnenland verstreuten deutschen Segelvereine offene Wettfahrten, Regatten, welche den Zweck haben, Boote und Mannschaften in ihrem Können gegeneinander zu messen und dieselben zu den höchsten Leistungen anzuspornen. Nun sollte man meinen, dass dort, wo bei dem Wettkampfe auf dem unsicheren, gefährlichen Elemente des Wassers, oft weit draußen auf offener See, die waghalsigsten Anstrengungen gemacht werden, um den Sieg zu erringen, auch die Gefahren am größten und die Unglücksfälle am zahlreichsten wären; aber dies ist keineswegs der Fall, vielmehr ist gerade das Gegenteil Tatsache.

Diese scheinbar auffällige Erscheinung ist durchaus natürlich, sie wird erklärt durch den Umstand, dass es sich bei sportlichen Wettfahrten um beste Boote und beste Mannschaft handelt. Die Wissenschaft der Jachtkonstruktion ist so weit vorgeschritten, dass der Bau von Booten und Jachten, die tatsächlich „unkenterbar" sind, das heißt die von keinem noch so heftigen Windstoße umgeworfen werden können, sondern sich unfehlbar immer wieder aufrichten, gar keine Schwierigkeiten mehr macht und nachgerade als etwas Selbstverständliches angesehen wird. Ebenso ist die Unsinkbarkeit eines Bootes durch Einbauen von Luftkasten, Korkfüllung und dergleichen ohne weiteres zu erreichen, so dass selbst ein voll bemanntes, vom Wasser dazu noch ganz voll geschlagenes Boot nicht untergeht, sondern wie eine einzige große, die ganze Mannschaft schwimmend über Wasser haltende Rettungsboje wirkt.

Die Unkenterbarkeit der Boote und Jachten wird dadurch erreicht, dass man bei denselben den Ballast möglichst tief lagert. Wir sehen daher die Sportfahrzeuge, deren verhältnismäßig kleiner Schiffsrumpf mit dem tief gelagerten Ballast immer wieder der aufrechten Lage zustrebt, mit riesigen Segelflächen, die das Staunen der Laien hervorrufen, bedeckt, für deren Bewegung fast nur der Umstand maßgebend ist, dass die Segel von Bord aus von Menschenhand bedient werden müssen. Diese mit scharfem Bug die Wellen zerteilenden Fahrzeuge geben bei

Segelregatta in Kiel: Um die Glockenboje. Nach einer Zeichnung von Ferdinand Lindner

mittlerer Brise den Dampfschiffen kaum etwas an Geschwindigkeit nach, sie sind unter allen Wetterverhältnissen sicher, und ihre Leistung gewährt dem Sportsmann den höchsten Genuss, ihre Bedienung erheischt eine ausgezeichnete Ausbildung aller Mannschaften. Sportliches Segeln steigert die Leistungsfähigkeit aller dabei Tätigen, stählt den Charakter, hebt Mut und Entschlossenheit in schwierigen Lagen, kurz, es fördert alle diejenigen Eigenschaften, welche einen tüchtigen Seemann beiwohnen sollen.

Wie sehr man die Bedeutung des Segelsports für die Seeschifffahrt an maßgebender Stelle zu schätzen weiß, davon legt der Umstand Zeugnis ab, dass selbst seitens unserer Kriegsmarine in dem verflossenen Jahrzehnt mehrere vorzügliche, ausschließlich Sportzwecken gewidmete Segeljachten erbaut sind, die alljährlich als kaiserli-

che Jachten an den Seeregatten in Kiel, Wilhelmshaven, Lübeck und im vorigen Jahre auch in Kopenhagen teilgenommen haben. Es sind dies die Jachten LUST, LIEBE, WUNSCH und WILLE, Fahrzeuge von 40 bis 80 Kubikmeter Größe, etwa 16 m Länge bei nahezu 3 m Tiefgang, die vermöge ihrer Bauart und Solidität jedem Sturm zu trotzen vemögen. Die private Jachtflotte unserer Sportsmen weist schon eine erhebliche Anzahl solcher und auch größerer Fahrzeuge auf, Kapitalien von 40- bis 100.000 M und mehr sind oft in einem dieser Fahrzeuge angelegt. Der Kaiser, Prinz Heinrich sowie die Angehörigen fürstlicher Häuser und die höchsten Gesellschaftskreise beteiligen sich aktiv an dem sich zu prächtiger Blüte entfaltenden Segelsport, und Deutschland nimmt auch auf diesem Felde schon einen Achtung gebietenden Rang ein. *Beseke*

Illustrierte Zeitung, 1891

IRENE – Kutteryacht Sr. Kgl. Hoheit des Prinzen Heinrich von Preussen

Als im Frühling des verflossenen Jahres die beiden Watson-Kutter mit geschwellten Segeln und wehenden Flaggen ihren Einzug hielten auf der blauen Kieler Förde, da musste sich auch dem ganz nüchtern überlegenden und abwägenden Zuschauer unwillkürlich die Überzeugung aufdrängen, dass der Segelsport in Deutschland am Beginn einer neuen Epoche steht. Und die Tatsachen haben bewiesen, dass die an das Auftreten jener beiden stolzen Kunstwerke des englischen Yachtbaus geknüpften Hoffnungen sich verwirklichen. Es geht ein frischer, schaffensfröhlicher Zug durch den deutschen Sport, und wenn nicht alles trügt, so werden die Regatten dieses Sommers alle Vorgänge in den Schatten stellen.

Dass wir diese günstige Wendung der Dinge dem tatkräftigen Eintreten unseres Herrscherhauses zu danken haben, muss jeden Deutschen mit besonderer Genugtuung und freudigem Stolze erfüllen. Noch mehr der Umstand, dass die jüngere der beiden Yachten von Sr. Kgl. Hoheit dem Prinzen Heinrich höchsteigenhändig geführt wurde, verleiht den Siegen des stolzen Kutters noch einen besonderen Wert und unvergesslich werden allen Hörern die Worte des hohen Gönners des Segelsports sein, mit denen er am Abend des zweiten Kieler Wettfahrttages die Hoffnung aussprach, dass der IRENE recht bald starke und ebenbürtige Gegner erwachsen möchten.

Mit besonderer Freude unterbreiten wir heute unseren Lesern die Risse des jüngeren Watson-Kutters, der IRENE.

IRENE ist in jeder Beziehung als ein Musterstück des englischen Yachtbaus zu bezeichnen. Entworfen von dem hervorragendsten und an Erfolgen reichsten Konstrukteur G. L. Watson, und erbaut auf einer der renommiertesten Werften des britischen Reiches, stellt sie wohl das Beste dar, was die Meister auf diesem Gebiete, die Engländer, zurzeit zu schaffen vermochten.

Die Erfolge der Yacht auf der Regattabahn sind bekanntlich ausgezeichnete gewesen. IRENE schlug alle Mitbewerber in überlegenster Weise und namentlich ihre Fähigkeiten im Aufkreuzen dürfen so leicht wohl nicht übertroffen werden können.

Der Kutter sollte in erster Linie natürlich als Rennboot dienen, doch war von vornherein beabsichtigt, die Yacht auch zum Tourensegeln zu benutzen, weshalb sie mit zwei verschiedenen großen Stellsegeln ausgerüstet wurde. Dass der Kutter wohl im Stande ist, allen billigen Anforderungen in dieser Hinsicht zu genügen, geht wohl am besten aus der im Jahrbuche des Kaiserlichen Yachtclubs abgedruckten Reisebeschreibung hervor. Eine Rennyacht kann begreiflicherweise nicht denselben Komfort wie eine für Hochseesegeln gebaute Kreuzeryacht gleicher Größe haben, namentlich an Deck nicht; dennoch hat sich die Yacht offenbar in jeder sturmbewegten Nordseefahrt als tadellos gutes Seeboot bewährt und damit eine gute Probe auf ihre Leistungsfähigkeit bestanden.

Als Bauweise wurde das Komposit-System – Spanten, Decksbalken und sonstige Verbände aus Stahl, Kiel, Außenhaut und Deck aus Holz – gewählt, weil dieses große Festigkeit mit Leichtigkeit und Raumgewinn unter Deck gewährt.

Schanzkleid und Schanzdeckel bestehen aus Teakholz, die Reling aus Ulmenholz, alle Decksaufbauten, Niedergangskappen usw. aus Teakholz. Die Yacht ist selbstverständlich kupferfest gebaut und gekupfert.

Mast, Baum und Klüverbaum bestehen aus Oregonfichte, alle anderen Rundhölzer aus Schwarzfichte (spruce). Die Segelausrüstung stammt von Lapthorn & Ratsey in Cowes und umfasst – gemeint ist hier nur die Renntakelage – Großsegel, Stagsegel, fünf Klüver, Ballontoppsegel, Vierkant- und Dreikant-Toppsegel, großen und kleinen Flieger, großen Spinnaker, Bugspriet-Spinnaker und Trysegel. Das laufen-

Der Rennkutter IRENE Prinz Heinrichs von Preußen. Zeichnung von Lüder Ahrenhold

de und stehende Gut der Yacht entspricht der für erstklassige englische Rennyachten üblichen besten Ausrüstung. Zur Yacht gehören zwei Beiboote, nämlich ein Dingi von 3,60 m und ein Kutter von ca. 5,80 m Länge aus Yellow Pine. Letzteres Boot ist mit Schwert und Segel versehen.

Die Räumlichkeiten unter Deck sind verhältnismäßig groß und gewähren guten Komfort an Bord. Der bis zum Mast reichende Vorraum enthält die Schlafstätten für die Mannschaften; außerdem hat in diesem Raum der Kochofen Aufstellung gefunden, der allerdings in so kleinen Abmessungen gehalten werden musste, dass nur abwechslungsweise für die

Herrschaft und die Bemannung gekocht werden kann. Auf Backbord nach achtern schließt sich an diesen Raum die Anrichte, während dicht hinter dem Mast ein WC Platz gefunden hat. Auf der gegenüberliegenden Steuerbordseite befindet sich die Kabine für den Kapitän. Von der Anrichte aus gelangt man in die Hauptkajüte, deren Wände mit hellem, gemustertem Cretonne bekleidet sind. An Steuerbord befindet sich ein Sofa mit Tisch, während an der Backbordwand zwei Lehnsessel Platz gefunden haben. In der unteren Bekleidung der vorderen Wand ist in höchst sinnreicher Weise eine Art Kartenspind derart angebracht, dass man bloß die Täfelung herunterzuklappen braucht, um sämtliche Karten gleich zur Hand zu haben. Die Ecken sind in passender Weise durch Schränke ausgefüllt. An die Hauptkajüte schließt sich nach achtern an der Niedergangstreppe vorbei auf Backbord der Verbindungsgang nach der Damenkajüte an. Der Platz zwischen Gang und Bordwand ist an Backbord mit Schränken, WC usw. ausgefüllt, während sich an Steuerbord die Kabine des Eigners befindet. Einen besonders behaglichen Raum bildet die am weitesten nach achtern gelegene, die ganze Breite des Fahrzeuges einnehmende Damenkajüte, in welcher sich zwei Betten befinden. Unter dem Boden der Kabine ist eine Badewanne angebracht, deren Füllung durch ein unter der Wasserlinie liegendes Zuleitungsrohr bewirkt wird, während die Entleerung der Wanne durch ein anderes in den Bilgeraum geleitetes Rohr erfolgt. Den am weitesten nach achtern gelegenen Teil des Fahrzeuges nimmt ein Toilettenraum in Anspruch, der von der Damenkajüte aus durch eine mit Kristallspiegel verkleidete Tür zugänglich ist. Alle Wände der drei Kajüten sind mit Täfelungen aus verschiedenfarbigem Holz und Bekleidungen aus lichtem fein gemustertem Cretonne versehen. Von letzterem Stoff befinden sich noch Reservebezüge an Bord, so dass die ersten Bezüge

zu Reinigungszwecken entfernt werden können. Die Decken sind ebenfalls in lichten Farben gehalten, der Boden ist mit Teppichen belegt, die mittelst besonderer Patentstifte leicht und doch unverrückbar befestigt werden können. Der Gesamteindruck der Räume unter Deck lässt sich mit den Worten „hell, freundlich, behaglich, geschmackvoll und prunklos" zusammenfassen. Alles in allem ist IRENE ein Meisterstück moderner englischer Yachtbaukunst, ein Musterboot, an dem unsere deutschen Konstrukteure, Bootbauer und Segler lernen können, was der hoch entwickelte neuzeitliche Yachtbau des Inselreiches zu leisten im Stande ist. Möge die ausgesprochene Absicht des hohen Eigners, der deutschen Sportwelt das Beste vor Augen zu führen, was Menschenhände und Menschengeist auf diesem Gebiete schaffen konnten, recht bald ihre reichen Früchte tragen.

Hauptabmessungen:

Länge über Deck	23,45 m
Länge in der Wasserlinie	18,15 m
Größte Breite	4,08 m
Größter Tiefgang	3,62 m
Rennbesegelung	314,10 qm
Tourenbesegelung	250,20 qm

Wassersport, 1892

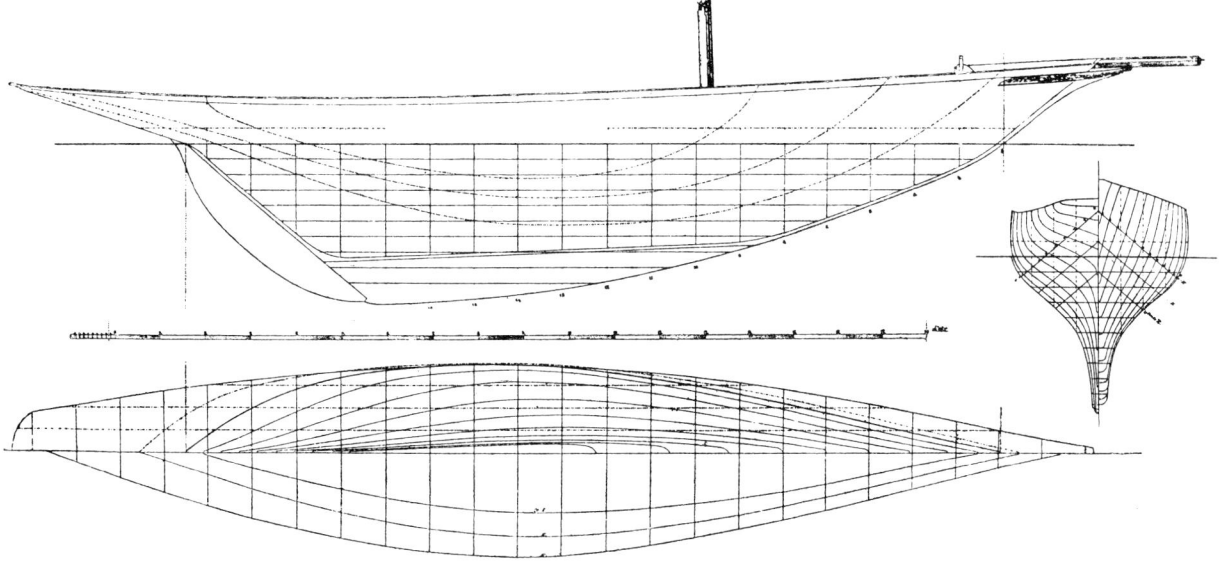

Riss des Rennkutters IRENE

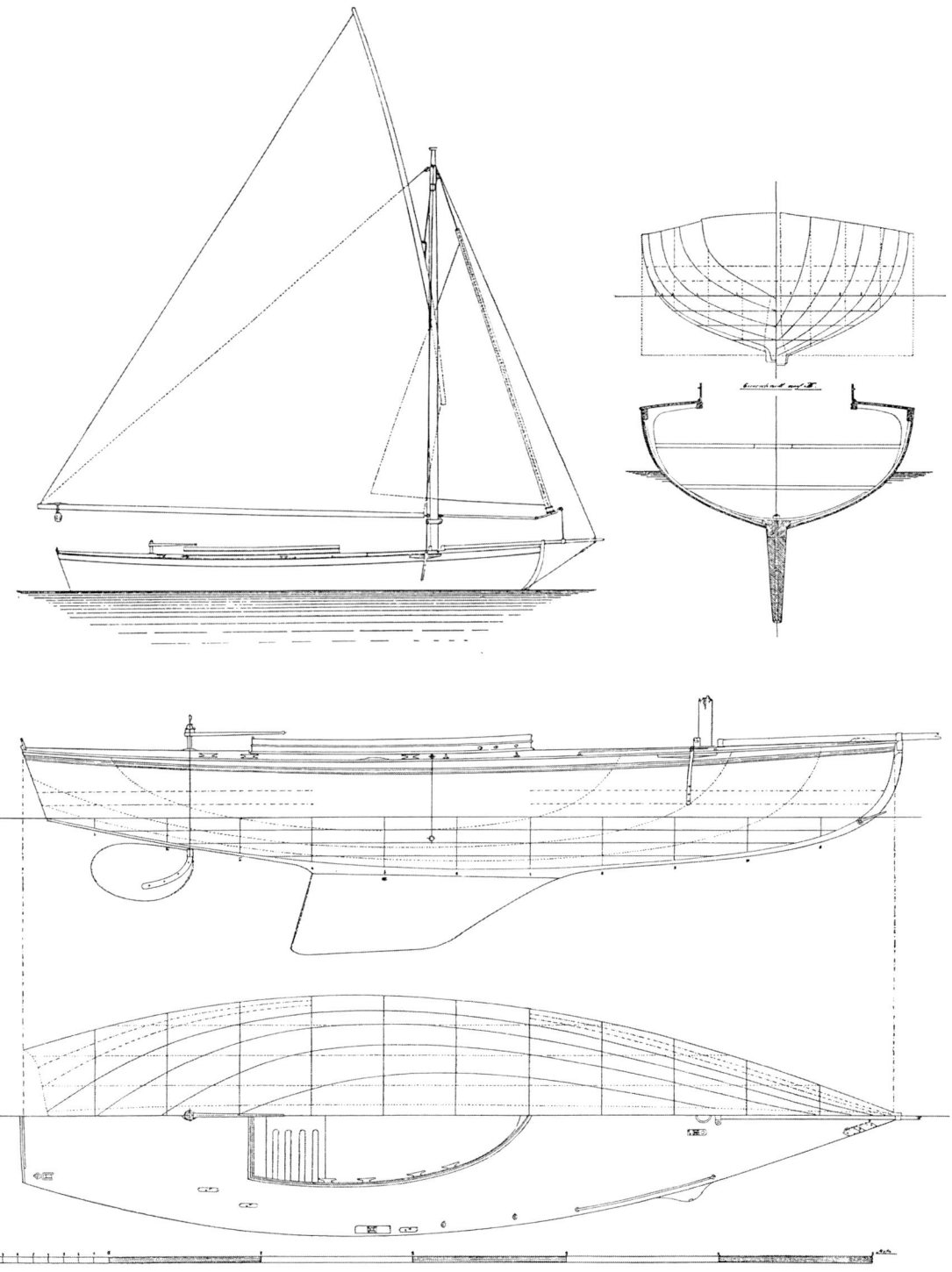

Der Lugger NINY Prinz Heinrichs von Preußen

DER LUGGER NINY SEINER KÖNIGLICHEN HOHEIT PRINZ HEINRICH

Bei der Besprechung des neu erschienenen Jahrbuchs des Kaiserlichen Yachtclubs hatten wir unseren Lesern in Aussicht gestellt, einige Auszüge aus dem reichen Inhalte des Buches zu geben. Heute zeigen wir die Risse des kleinen Luggers NINY, welcher sich im Besitz Sr. Kgl. Hoheit des Prinzen Heinrich befindet.

Während der letzten drei Jahre hat sich in englischen Segelkreisen das Bestreben ganz besonders stark bemerkbar gemacht, das Amateursegeln in ganz kleinen Booten zu begünstigen. Mag auch viel die wechselvolle Mode dazu beigetragen haben, dass man der neuen Richtung in hellen Scharen folgte, so muss doch zugegeben werden, dass der ganzen Sache eine sehr gesunde Idee zu Grunde lag, denn gerade der Umstand, dass die Kleinheit der Boote es gestattete, die ganze, nur wenige Köpfe zählende Mannschaft lediglich aus Amateuren zusammenzusetzen, übte einen besonderen Reiz aus. Das jetzt gültige englische Messverfahren war außerdem den ganz kleinen und kleinsten Klassen günstig, denn die für kleine Boote unerlässliche Breite konnte in genügendem Maße ausgenutzt werden. So kam es denn, dass das Segeln im kleinen Boot – wohlgemerkt als reiner Herrensport – sich in ungeahnter Weise entwickelt hat und im letzten Jahre genügten vier Regatten wöchentlich auf dem Solent kaum, um alle Liebhaber dieser Bootgattungen in ihren sportlustigen Anforderungen zu befriedigen.

Es würde zu weit führen, wenn hier der ganze Entwicklungsgang beschrieben werden sollte, den die Miniaturyachten durchzumachen hatten, ehe sie zu der jetzigen durch NINY verkörperten Form gelangten; kurz erwähnt sei nur, dass der in Form einer ‚Bauchflosse' konzentrierte Bleikiel durch allmähliches Fortschneiden des Todholzes vorn und achtern entstanden ist. Man hat dadurch tiefe Lagerung des Außenballastes und möglichst ökonomische Anordnung des Lateralplans bei geringer Reibungsoberfläche vereinigt.

NINY wurde Anfang vorigen Jahres mit neun anderen Schwesterbooten auf der Werft von Summers & Payne in Southampton nach Rissen des bekannten Yachtarchitekten Arthur E. Payne erbaut. Der Rumpf besteht aus Mahagoni, das Deck aus Zedernholz. Der ganze Ballast ist in Form des Bleikiels außenbords angebracht, Innenballast wird nicht gefahren. Das kleine Cockpit bietet für zwei Personen Raum, zur Bedienung des Bootes ist aber der Mann am Ruder allein völlig ausreichend. Die Besegelung besteht aus einem Luggersegel mit sehr steil gestellter Rah und einem Klüver. Letzterer kann ohne Anwendung von Reffbändseln gerefft werden, indem man mittels einer dünnen Leine den Klüver im Vorliek aufrollt. Die ganze Vorrichtung ähnelt sehr der allgemein üblichen und bekannten Roll- und Zugeinrichtung der Fenster-Rollos. Durch eine sehr sinnreiche Vorrichtung kann auch der Klüver querab ausgebaumt werden und dient dann als Spinnaker.

Seine Königliche Hoheit Prinz Heinrich von Preußen erwarb das Boot bei einem Aufenthalt in Cowes und benutzte es daselbst täglich. Auch nach der Überführung mittelst Dampfer nach Deutschland entfaltete es auf dem Kieler Hafen oft seine Schwingen und durchkreuzte unter der meisterlichen Führung seines hohen Eigners die blauen Fluten der Förde.

Für das Kieler Revier eignen sich Boote dieser Art zu kleinen Ausflügen und gelegentlichen Wettfahrten ganz ausgezeichnet und es wäre zu wünschen, dass recht bald mehr Größen- und Artgenossen der kleinen Yacht in Kiel heimisch würden, zumal die Anschaffungs- und Unterhaltungskosten nur mäßige und leicht zu bestreitende sind.

Die Hauptabmessungen:

Länge ü. Deck	5,70 m
Breite	1,37 m
Tiefgang	0,91 m
Segelfläche	17,37 qm

Wassersport, 1892

Die Segelregatta des Kaiserlichen Jachtclubs zu Kiel am 29. Juni 1892

Der 29. Juni war der ereignisreichste Tag im deutschen Segelsport. Zum ersten Mal nahm der Deutsche Kaiser persönlich an einer für jedermann offenen Regatta teil, zum ersten Mal führte sein Bruder, der Prinz Heinrich, eigenhändig sein Fahrzeug, um sich mit den Besten des Volkes zu messen.

Lange führte diese erste aller Sportarten in Deutschland ein verhältnismäßig kümmerliches Dasein, bis sie durch die Initiative des Kaisers Wilhelm und des Prinzen Heinrich zu großartiger Entfaltung gelangte. Nun geht es unaufhaltsam vorwärts, und bald werden wir auch auf diesem Gebiete in die Reihe der konkurrenzfähigen Völker eingetreten sein. Dem Laien, der die Bedeutung des Segelsports gewöhnlich zu unterschätzen pflegt, möge nur gesagt sein, dass die gesamten Errungenschaften im modernen Schiffbau auf die Erfolge englischer und amerikanischer Sportfahrzeuge zurückzuführen sind. Engländer und lange Zeit auch Amerikaner sind, gestützt auf die im Wettsegeln gesammelten Erfahrungen, die führenden Völker im Schiffbau. Eine gewaltige Industrie hat viele, viele Milliarden diesen Ländern eingebracht.

Doch nicht allein der volkswirtschaftliche Wert ist es, der die Seglerei zu Ehren bringt, es ist auch ein Sport, der die besten männlichen Tugenden entfaltet: körperliche und geistige Stärke, Mut im Wagen, Kaltblütigkeit im Augenblick der Gefahr, Gewährung an Befehl und Gehorsam.

Die Segelsportsleute haben sich zu Clubs zusammengetan, deren vornehmster in Deutschland, der Kaiserliche Jachtclub zu Kiel mit dem Kaiser als Kommodore und dem Prinzen Heinrich als Vizekommodore, alljährlich die Mitglieder sämtlicher in- und ausländischer Vereine zu seinen großen Regatten einlädt. Die Schranken zwischen den höchsten Würdenträgern des Reiches und dem einfachen Bürger fallen; hier gilt nur der Mann, der Wind und Wellen zum Trotz sein Fahrzeug siegend oder besiegt zum Ziele führt. Alle einigt ein Band, die Liebe zum edlen Sport. Und sie folgen dem Rufe, sie kommen von

allen Plätzen, wo Wasser fließt. Da tummeln sich neben den Kieler Fahrzeugen schwedische, norwegische, dänische, hamburgische, Stettiner und last but not least Berliner Jachten auf den blau-grünen Wogen der Ostsee, um den Siegespreis ringend.

Die Segelregatta am 29. Juni war aber nicht nur durch die Ehre der Teilnahme des Deutschen Kaisers und seines Bruders ausgezeichnet, sie war auch der Witterungsverhältnisse wegen die ereignisreichste, die jemals in Deutschland gesegelt wurde.

Schon am frühen Morgen jagten blau-schwarze Brisen über die Kieler Bucht und ließen auf den grünen Wogen die weißen Katzenpfoten springen, ein Zeichen, dass der Tanz da draußen auf der See ein recht luftiger sein werde. Um zehn Uhr fiel vom Startdampfer der erste Vorbereitungsschuss. Beim zweiten rauschte die stolze Jacht IRENE mit dem Kaiser, dem Prinzen Heinrich und dem Großherzog von Mecklenburg-Schwerin an Bord durch die Startlinie, dicht gefolgt von dem Hamburger Kutter ATALANTA. Im zweiten Verlaufe von zehn Minuten waren sämtliche 32 Fahrzeuge entlassen. Die Förde füllte sich mit Segeln, mit Dampfern und Booten aller Gattungen. Die straffe, böige Brise nahm zu. Unter einem Neigungswinkel von oft über 40 Grad strebten die schlanken Renner dem Meere zu. Bald wurde hier und da schon ein Segel geborgen, um dem Winde nicht allzu viel Fläche darzubieten. Der Begleitdampfer ROTUS mit den Schiedsrichtern, einem Teil der Clubmitglieder und deren Damen an Bord hatte Mühe, mit den dahineilenden Jachten gleichen Schritt zu halten. Draußen hinter Laboe ging der Tanz erst recht los. Die östliche Brise setzte mit voller Gewalt ein, eine hohe, steile See ließ die Fahrzeuge schwer stampfen und sandte Spritzer auf Spritzer über Deck, so dass die Segel oft bis zur halben Höhe total durchnässt wurden.

Die IRENE hatte sofort die Führung übernommen. Mit allen ‚Beim-Wind-Segeln' eilte die stolze Jacht dahin, ihre Gegner weit hinter sich lassend. Zu

VIELLIEBCHEN bricht die Takelage

Luv auf dem von Seen überschwemmten Deck saßen, sich des herrlichen Sports erfreuend, der Kaiser und der Großherzog von Mecklenburg, beide mit Ölröcken versehen, während Prinz Heinrich in Hemdärmeln, die Ruderpinne in der Faust, mit jugendlicher Kraft und Mannesmut sein schlankes Fahrzeug durch die grünen Wogen jagte. Die kleinen Jachten fanden sich mit dem schweren Seegange so gut ab wie es eben ging. Oft mehr unter wie über Wasser segelnd, tauchten sie tief hinab in die Wellentäler, um im nächsten Augenblick, den weißen, sprühenden Schaum wie nasse Pudel abschüttelnd, bergan zu klimmen. Nur der kleinen ARGO war die Sache zu viel, sie segelte sich voll und sank, indes die Mannschaft gerettet wurde. Zwei große Jachten, LUST und WUNSCH, fanden bei der Heulboje gleich wütenden Duellanten, dass eine von ihnen zu viel auf der Welt sei, und kollidierten so

heftig, dass LUST dem sich für einen Augenblick eine Blöße gebenden WUNSCH mit aller ihr innewohnenden Energie ihren Vorsteven in die Seite bohrte. WUNSCH sank sofort. Das durch einen unseligen Zufall herbeigeführte Unglück sollte jedoch auf den glänzenden Verlauf der Regatta keinen Schatten werfen. Sämtliche Insassen der gesunkenen Jacht wurden gerettet und kamen mit dem in dieser Jahreszeit nicht unangenehmen Bade davon. Der kleine Kutter KRABBE sehnte sich nach dem Lande. Sein Führer konnte diesem gerechtfertigten Verlangen nicht widerstehen und ließ diese KRABBE platt auf den Strand laufen. Die Berliner Jacht VIELLIEBCHEN vermochte eine einsetzende Bö nicht rechtzeitig zu parieren und brach den Mast, hilflos als Wrack treibend. Dem TROLL des Herzogs von Mecklenburg brach das Bugspriet, so dass der Kutter ebenfalls auf Hilfe angewiesen war. Der

„Hol an Großschot!" Nach einer Zeichnung von Ferdinand Lindner

Leser wird aus der Zahl der angeführten Unfälle leicht entnehmen können, dass es der ganzen Aufmerksamkeit und Energie der Segler bedurfte, um die Fahrzeuge sicher durch den Wogenschwall zu führen. Bei den Kursen mit raumem Winde stiegen die Beisegel an den Masten empor, ungeheuere Flächen Leinwand, von der Spitze der Stengen bis zum Wasser reichend, wurden dem Winde dargeboten und ließen die Jachten mit vermehrter Schnelligkeit dahinrasen. Keine Minute, keine Sekunde durfte verloren gehen, da die geringste Zeitdifferenz Sieg oder Niederlage bedeutet.

Es würde zu weit führen, an dieser Stelle den langen Weg der einzelnen Fahrzeuge zu verfolgen. Die letzte Seemarke war gerundet, und nun strebten die Segler, ihre vollen Schwingen entfaltend, dem Ziele

zu. Die unbesiegbare IRENE langte zuerst, mit tausendstimmigen Hurras empfangen, am Ziele an. Drei viertel Stunden später erst passierte ATALANTA die Linie, ihr schlossen sich in langer Reihe die übrigen Jachten an, denen eine schwere Gewitterböe mit prasselndem Regen und darauf folgender Windstille manchen Strich durch die Rechnung gemacht, manche sichere Hoffnung auf den Preis vernichtet hatte. Es war ein Stückchen Geduldprobe für die Herren Zielrichter, stundenlang auf dem kleinen Dampfer am Ziele auszuharren und die einzeln einlaufenden Jachten, die zuletzt nur noch in Windstille trieben, zu ‚zeiten'. Endlich fiel der Schuss, der die Beendigung der Regatta ankündigte. Unterdes hatte sich der Kaiser an Bord der jetzt als KAISERADLER umgetauften HOHENZOLLERN begeben und dampfte in Begleitung des Panzerfahrzeugs SIEGFRIED unter dem Donner der Kanonen und dem tausendfachen Zuruf der Menge zum Hafen hinaus, um sich auf die jährlich von ihm unternommene Nordlandsreise zu begeben. Die letzten einkommenden Segler dippten ehrfurchtsvoll ihre Flaggen, welcher Gruß von dem KAISERADLER korrekt erwidert wurde.

Abends vereinigte ein feierliches Diner unter dem Vorsitz des Prinzen Heinrich die Segler ohne Unterschied nach Rang und Stand in der Marineakademie. Die Preise wurden verteilt, und während des Essens brachte der Prinz nach begeisterter Rede ein donnerndes Hoch auf den gelungenen Sport und auf die anwesenden Segler aus. Toast folgte auf Toast, so dass die Versammlung sich in der gehobensten Stimmung befand. Erst spät trennten sich die Teilnehmer, die schöne Erinnerung an den herrlichen Segeltag mit nach Hause nehmend.

Es ist noch nicht lange her, dass der zu so großer Bedeutung gelangte Pferdesport in Deutschland weniger Anhänger zählte. Jetzt hat man seinen Wert für unsere Pferdezucht auch in weiteren Kreisen begriffen. Dem Segelsport wird es ebenso ergehen. Noch sind wir in diesem Fache den Engländern und Amerikanern nicht ebenbürtig, noch herrschen in unserem Volke die laienhaften Vorstellungen über diesen edlen Wettbewerb. Doch der Anfang ist gemacht, und zwar in so nachdrücklicher Weise, dass auch dem deutschen Segelsport eine große Zukunft bevorsteht. Durch das Beispiel des kaiserlichen Hauses geht eine Mahnung an diejenigen, denen der Himmel der Güter Fülle verliehen hat, sich und dem Vaterlande durch Begünstigung des Segelsports und Anschaffung von konkurrenzfähigen Fahrzeugen zu nützen. Der Kaiser hat seine eigene Jacht METEOR nach England geschickt, um dort in Wettbewerb mit dem besten englischen Material zu treten. Bald werden andere Fahrzeuge folgen, und hoffentlich wird die Zukunft es bringen, dass die deutsche Jachtflagge auch im Auslande mit Ehren aus den internationalen Wettkämpfen hervorgeht.   *Illustrierte Zeitung, 1892*

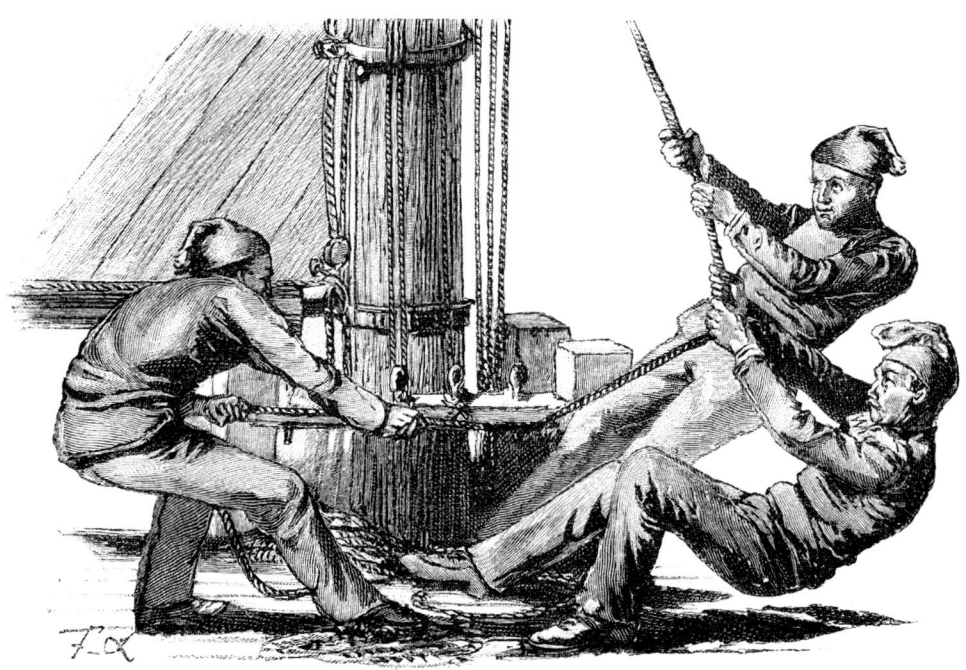

„Hol an Großschot!" Nach einer Zeichnung von Ferdinand Lindner

Die norddeutsche Jacht GRILLE im Kampf mit Panzerschiffen der französischen Flotte. Nach einer Zeichnung von M. Bischoff

Von der GRILLE zur HOHENZOLLERN

Unsere Marine befand sich noch in den Kinderschuhen oder hatte sie wenigstens noch nicht lange ausgetreten. Aus einer preußischen war sie eine norddeutsche geworden und stand vor der Verwandlung in eine allgemeine deutsche, an der das ganze Vaterland dies- und jenseits des Mains mit seinem Geldbeutel und mehr noch mit seinem Herzen teilnehmen sollte.

Zu jener Zeit erweckte uns grünen Seebeflissenen eins unserer Fahrzeuge ein besonderes Interesse. Ein schlankes, in Frankreich gebautes Schiffchen war es, mit drei schrägen Masten, einem langen Schornstein und mit niederem, durch einen Goldstreifen gezierten Rumpf, das mit unerhörter Geschwindigkeit die Kieler Förde durchschnitt. Auf seinem Deck schritt ein sehr hoher, älterer Herr, dem die Marine mehr Dank schuldete als wir damals begriffen, das zusammengeschobene Fernrohr unter dem Arme, langsam auf und ab. Auge, Haltung verrieten den Seemann, und die goldverbrämte, große Schirmmütze trug er ein wenig ‚aufgetoppt' nach dem Hinterkopf geschoben.

Dieser hohe Herr war der ‚Prinz-Admiral', Prinz Adalbert von Preußen; das schlanke Schiff hieß S. M. Yacht GRILLE.

Der Prinz-Admiral ist nun leider längst dahingeschieden; die GRILLE aber genießt den Vorzug jener liebenswürdigen Frauen, die nicht zu altern scheinen und sich durch Schönheit und Lebenskraft siegreich neben einer jüngeren Generation behaupten. Bei Hofe lebt sie nicht mehr, steht aber dafür im bescheideneren Wirkungskreise ihrem Platze mit Anmut und Tüchtigkeit vor. Aus der königlichen Yacht wurde lediglich ein Aviso GRILLE, d. h. ein Fahrzeug, das vermöge seiner Bauart und Geschwindigkeit für den wichtigen Späh- und Nachrichtendienst benutzt wird.

Allein nicht nur äußere Verdienste haften ihr an. Als sie sich von ihrer Glanzstellung zurückziehen musste, weil sie zu klein war, um dem Oberhaupt eines großen und seemächtigen Kaiserreiches genügen zu können, geschah dies mit dem wohlerworbenen Anspruch auf einen ‚historischen Ruf'. Sie hatte die Feuertaufe erhalten, die kleine GRILLE, und zumal 1864 unter Führung des Prinz-Admirals im Gefecht gegen die beiden dänischen Schiffe, Linienschiff SKIOLD und Fregatte SJAELLAND – zwei Geschütze gegen zehn! –, dann 1870 im Ferngefecht mit fünf französischen Schiffen, vier Panzern und einer Holzkorvette, bewiesen, dass kecker Wagemut auch ohne grobes Geschütz und Panzer mit Gott für König und Vaterland draufzugehen versteht.

Ihre Nachfolgerin sah, bildlich und rein äußerlich genommen, recht vornehm auf sie herab.

Man bedenke sich statt eines niederen Schraubendampfers von 350 Tonnen mit 650 indizierten Pferdekräften von 59 m Länge und 8 m Breite, auf dem eine Besatzung von ungefähr 70 Köpfen hauste, einen stolzen, 1.700 Tonnen großen Raddampfer, 82 m lang, 10,4 m breit, mit einer Maschine von 3.000 indizierten Pferdestärken und einem Etat von 150 Köpfen. Das war die erste HOHENZOLLERN, ein 1875 bis 1878 auf der Germania-Werft am Kieler Hafen erbautes Schiff.

Als Kaiser Wilhelm II. sie später auf seinen Nordlandreisen erprobte, genügte aber auch sie für einen Monarchen mit größerem Gefolge nicht. Zunächst erfolgte dann ein innerer, wesentliche Verbesserungen erzielender Umbau, der u. a. elektrische Beleuchtung verschaffte.

Die Teilnehmer an der zweiten norwegischen Reise im Jahre 1890 merkten den Unterschied gewaltig, indessen die stattliche HOHENZOLLERN sollte sich dennoch als unzulänglich erweisen.

Der Kaiser ist bekanntlich von höchstem Interesse für das Seewesen erfüllt; wenn er nicht just von der Vorsehung auf den ersten Posten im Staate berufen worden wäre, so würde er wohl Seemann geworden sein. Diese tiefe Neigung ist für die Flotte und damit das Vaterland von schwerwiegender Bedeutung, denn sie begnügt sich nicht mit Dilettantismus, sondern erzeugt ein fachmännisches Streben, das überall unterrichtet sein und sich von Schäden und notwendigen Fortschritten selbst überzeugen will. Solchem Bedürfnis vermochte aber ein Schiff, das keineswegs mehr auf der Höhe der Zeit stand, nicht Rechnung zu tragen, und die HOHENZOLLERN I teilte eben das Schicksal so mancher Bauten der in technischen Fortschritten sich überbietenden Epoche: Für ihren eigentlichen Zweck veraltete sie, ehe sie noch alt war. Ganz abgesehen davon, dass sie sich mit den Jachten anderer Souveräne, die ihr Fahrzeug selten und fast nur zu nichtmilitärischem Gebrauche benutzen, gar nicht messen konnte, ganz abgesehen davon, dass sie für Repräsentation im großen Stil noch immer nicht ausreichte, so besaß sie auch noch sonstige, in obigen Bemerkungen angedeutete Mängel, vornehmlich den Fehler, nicht das Maß von Geschwindigkeit zu besitzen, das bei den heutigen, hurtigen Schlachtschiffen für ein Fahrzeug, von dem aus die Evolution überschaut oder gar geleitet werden soll, durchaus erforderlich erscheint.

Die kleine, mit Verbesserungen versehene GRILLE läuft bei voller Kraft ihre vierzehn Seemeilen die Stunde und vielleicht etwas darüber, die bisherige HOHENZOLLERN I nur etwa einen Knoten mehr. Dazu ist diese ein Raddampfer, also im Ernstfall sehr verwundbar. Nun aber kam es ferner darauf an, Zahl und Art unserer für den Kriegszweck brauchbaren Avisos zu heben, und so beschloss man, die beiden wichtigen Ziele zu verbinden und ein Fahrzeug zu konstruieren, das gleichzeitig als Repräsentations- und als Kriegsschiff die höchsten Forderungen erfüllt. Als ein solches lief dann, nachdem der Reichstag 4 1/2 Millionen Mark zum Bau bewilligt hatte, die nach den Plänen des Geh. Admiralitätsrates Dietrich, des Chefkonstrukteurs der kaiserlichen Marine, vom Vulkan gebaute, neue HOHENZOLLERN II im vorigen Jahre in Krabow bei Stettin vom Stapel.

Die alte HOHENZOLLERN aber ward in KAISERADLER umgetauft und gleich der GRILLE als Aviso im Flottenbestande weiter geführt, wo sie immerhin ein zu mancherlei Zwecken ganz verwendbares Schiff bleibt.

Die neue, also die jetzige einzige HOHENZOLLERN II besitzt 121 m größte Länge zu 14 m Breite, bei einer Raumtiefe von 10,8 m und einer Wasserverdrängung, d. i. einer Größe von 4.187 Tonnen. Sie ist also noch ein wenig länger als das riesige Panzerschiff KÖNIG WILHELM und besitzt die Größe unserer geschützten Kreuzer von der PRINZESS WILHELM- und IRENE-Klasse. Mit Ausnahme des neuen Drei-Schraubenschiffes mit 12.000 Pferdestärken, der KAISERIN AUGUSTA, hat sie eine stärkere Maschine als unsere sämtlichen Panzerschiffe, nämlich von 9.000 Pferdestärken, die durch acht Kessel derartig auf ihre Doppelschraube wirken, dass die Jacht mit 20 Seemeilen Fahrt durchs Wasser getrieben werden kann. Ihr Besatzungsetat beträgt ungefähr 270 Köpfe. Die Bewehrung besteht in drei 10,5 cm und zwölf 5 cm Schnellladegeschützen.

Man vergegenwärtige sich diese Zahlen gegen die bei der GRILLE angegebenen und man erhält durch Verallgemeinerung ein ganz anschauliches Bild von dem Wachstum unserer Marine im letzten Vierteljahrhundert.

Die HOHENZOLLERN II wird allseitig als ein Meisterwerk moderner Schiffsbaukunst betrachtet. Die schlanken Linien ihres gewaltigen, blendend weiß gestrichenen und bis 10 m den Wasserspiegel überragenden Rumpfes verwandeln den Eindruck des Gigantischen in den der Anmut. Über dem scharfen, kühnen Bug prangt die Kaiserkrone, hinten am Heck das von Lorbeerzweigen umfasste, in Schwarz und Silber gehaltene Hohenzollernwappen. Die viereckigen Fenster im Hauptdeck gehören meist den Salons des in erster Linie zu Wohnzwecken bestimmten Schiffsinnern an. Die kleinen, runden Öffnungen sind die Fensterchen für die anderen, besonders tiefer liegenden Räumlichkeiten. Man merkt gleich, dass man sich auf einem vornehmen Schiff befindet, sobald man das elegante Deck betritt. Über Letzteres erhe-

Der Speisesaal auf S. M. Jacht HOHENZOLLERN

ben sich zwei hell gestrichene Schornsteine und drei Stahlmasten, an deren mittlerem die Kaiser-Standarte gesetzt wird, wenn Majestät sich an Bord befindet. Der Bug, seitwärts mit zwei Leuchttürmchen für das grüne und rote Positionslicht, ist gut gegen überkommende Seen geschützt; ein hohes Sturmdeck gewährt nebst der noch höheren Kommandobrücke sicheren Promenadenraum und umfassende Rundsicht. Von den Enden der Brücke aus können elektrische Scheinwerfer ihre forschenden grellen Strahlenbündel entsenden. Hier oben, bei schlechter Witterung im Wetterhäuschen, weilt der Kaiser gern.

An Bord der alten HOHENZOLLERN waren noch, nach seiner eigenen Angabe, an den beiden Brückenenden mit Fenstern versehene Schutzhäuschen, ähnlich dem Dach einer Halbchaise, ange-

bracht, in welchen er mit Vorliebe zu sitzen und zu arbeiten pflegte.

Der Aufbau auf dem Oberdeck, dessen Dach das Sturm- oder Promenadendeck bildet, enthält die gemeinschaftlichen Salons. Von hier aus geht es eine Treppe tiefer in das die Haupträumlichkeiten enthaltende erste Zwischendeck. Hier befinden sich, ziemlich weit von der Schraube fort, nach mittschiffs verlegt, rechts an Steuerbord die Gemächer Seiner Majestät des Kaisers, links an Backbord die der Kaiserin. Ein breiter Korridor trennt sie. Vor den kaiserlichen Gemächern liegen die der Prinzen, vor diesen die Räume und Messen des Kommandanten und der Offiziere, dann ein Mannschaftsraum und ganz im Bug das Lazarett und die Apotheke. Natürlich sind die kaiserlichen Gemächer, aufs Praktischste und Schön-

Der Rauchsalon auf S. M. Jacht HOHENZOLLERN

ste mit Räumen zum Arbeiten, Ankleiden, Schlafen, Baden etc. ausgestattet. Hinter diesen Räumen erstrecken sich die Kajüten für das Gefolge, so beispielsweise hinter denen der Kaiserin die für die Oberhofmeisterin und den Leibarzt. Noch weiter hinter diesen folgen die Büros.

Tiefer, im zweiten Zwischendeck, sind die Lokalitäten für die Dienerschaft, die kaiserliche Garderobe und das Gepäck, ferner die kaiserliche Kombüse (Küche) und die Offizierskombüse, Wohnräume für Deckoffiziere und Mannschaften. Auch die Eismaschine nebst dem großen Destillierapparat, der stets frisches Trinkwasser liefert, findet man hier. Bedeutende maschinelle Vorrichtungen, außer der eigentlichen Schiffsmaschine 30 Hilfsmaschinen, bedienen diesen Apparat, dann das umfangreiche Pumpsystem,

die elektrische Beleuchtung, die Scheinwerfer etc. Dem entspricht das starke Maschinenpersonal.

Die Salons und Kajüten sind selbstverständlich prachtvoll und dabei vornehm ausgestattet; ihre innere Einrichtung lieferte die Berliner Kunsttischlerei von D. Völker. Von dem überladenen Geschmack moderner Passagierdampfer halten sie sich frei. Täfelung, Schränke, Tische und sonstige Möbel bestehen in den kaiserlichen Räumlichkeiten aus weißem Ahorn mit Rosenholzeinlage; ein buntfarbiger Cretonne überzieht die Wände. Von den in zartem Weiß und Gold gehaltenen Plafonds hängen zierliche Glühlampen. Aus Nickel im Rokokostil gefertigte Kamine erhöhen den behaglichen Eindruck, während die eigentliche Heizung durch Dampf besorgt wird. Überall herrscht eine Fülle von Luft und Licht; der 16 m lange Speisesaal beispielsweise zeigt nicht weniger als zwölf Fenster. Die Treppe von den Kaisersalons nach dem Speisesaal ist aus weißem Ahorn mit schön angebrachter Vergoldung. Hinten auf dem Promenadendeck befindet sich der gemütliche Rauchsalon. Die Räumlichkeiten des Gefolges und der Offiziere sind etwas einfacher, in hellem Eichenholz mit minder prachtvollen Cretonne-Bezügen, aber noch immer hervorragend elegant ausgestattet.

Schließlich sei noch mitgeteilt, dass sich sogar ein Kuhstall an Bord befindet. Dass man hier überhaupt nicht schlecht lebt, ist leicht einzusehen, wenn auch wiederum auf einem Hamburger oder Bremer Schnelldampfer ein verhältnismäßig größerer Luxus getrieben werden mag. Der Koch Seiner Majestät ist ein ehemaliger Marinekoch. Der Kommandant, Kapitän zur See von Arnim, der bereits die frühere HOHENZOLLERN führte, muss, wie sonst üblich, seinen eigenen Koch haben, obschon er, wenn der Kaiser an Bord ist, stets mit an der kaiserlichen Tafel speist. Täglich wird außerdem noch der eine oder andere der übrigen Offiziere zur Tafel gezogen. Bei Partien an Land schließen sich ein- für allemal sämtliche dienstfreien Offiziere dem Kaiser an.

Um den eigentlichen Schiffsdienst kann sich der Kaiser natürlich nicht kümmern, dazu hat er selbst zu viel zu tun, aber er interessiert sich für alles und fragt scharf, so dass jeder Offizier mit seiner Antwort gut beschlagen sein muss. Auch das Mannschaftsessen, von dem mittags dem wachthabenden Offizier eine Probe gebracht werden muss, prüft der Monarch gelegentlich und hat dann schon öfter durch guten Appetit bewiesen, dass die Leute alle Ursache besitzen, mit ihrer Verpflegung zufrieden zu sein.

Während seiner Reisen pflegt der Kaiser ganz enorm zu arbeiten; diese Arbeitszähigkeit und Arbeitsfreudigkeit erregt oft die Ver- und Bewunderung seiner Umgebung. Freilich bringen die in den angelaufenen Häfen eintreffenden Kuriere auch Stoff genug, der dann mit Hilfe der mitgenommenen Chefs und Räte erledigt werden muss. Die kaiserlichen Reisen sind also, ganz abgesehen von repräsentativen Zwecken, nichts weniger als bloße Vergnügungsreisen, und neben der Erholung durch anregenden Wechsel und gesunde Luft geht das ‚Regieren‘ ruhig seinen Gang

fort. Der bürgerliche Geschäftsmann, der während seiner Reisen zwischen sich und seine Geschäfte einen dicken Trennungsstrich zieht, hat es bequemer.

An Sonn- und Feiertagen pflegt der Kaiser gern selbst den Gottesdienst abzuhalten; das ist dann für die Besatzung doppelt feierlich und eindrucksvoll. In den Mußestunden aber liebt der Herrscher heitere Gesellschaft. Die Teilnehmer an den Nordlandreisen auf dem jetzigen KAISERADLER wissen davon zu erzählen. Mancher lustige Abend wurde durch die fröhliche Laune des hohen Herrn und den Geist und Witz so mancher aus dem bevorzugten Kreise reizvoll gestaltet. Namentlich wenn die verschiedenen Geburtstage der Offiziere und ‚Badegäste‘ gefeiert wurden, worauf der Kaiser genau hielt, und Herr Georg von Hülsen als Zauberkünstler oder der zweite Kaisergast, der Maler Salzmann, an Bord unter dem Namen ‚Onkel Hermann‘ bekannt, als Konzertmaler auftrat, oder wenn der Diplomat und Poet Graf Philipp Eulenburg etwas zum Besten gab, entstand eine behagliche, von steifem Zeremoniell weit entfernte und doch niemals die durch das feinste Taktgefühl gezogenen Grenzen verletzende Fröhlichkeit.

Und so mag unserem kaiserlichen Herrn auch auf der neuen HOHENZOLLERN die Erholungszeit auf Reisen von dem deutschen Volke, zu dessen Frommen er die leibliche und geistige Stärkung sucht, herzlich gegönnt sein. Ihm, der, wie ein anderer seiner Reisebegleiter, Dr. Güßfeldt, erzählt, kein Wort des Unmuts, nicht der leisesten Verstimmung hatte, als es ihm durch höhere Gewalt versagt blieb, seinen Herzenswunsch erfüllen und das ersehnte Reiseziel, das Nordkap, betreten zu dürfen ihm, der die goldenen, den Menschen wie den Fürsten ehrenden und echt seemännischen Geist atmenden Worte schrieb:

„Wer jemals einsam auf hoher See, auf der Schiffsbrücke stehend, nur Gottes Sternenhimmel über sich, Einkehr in sich selbst gehalten hat, der wird den Wert einer solchen Fahrt nicht verkennen. Manchem von meinen Landsleuten möchte ich wünschen, solche Stunden zu erleben, in denen der Mensch sich Rechenschaft ablegen kann über das, was er erstrebt und was er geleistet hat. Da kann man geheilt werden von Selbstüberschätzungen, und das tut uns allen Not." *Johannes Wilda*   *Illustrierte Zeitung, 1898*

DIE KAISERJACHT HOHENZOLLERN II

Auf seiner Mittelmeerfahrt hat Kaiser Wilhelm zuerst den ihm vom Norddeutschen Lloyd zur Verfügung gestellten Dampfer KÖNIG ALBERT benutzt. Erst am Tage seiner Ankunft in Neapel, am 24. März, ist der Monarch an Bord seiner Jacht HOHENZOL-LERN II gegangen, um mit derselben während fünf Wochen in den Gewässern Italiens zu kreuzen. Bei dem großen Interesse des deutschen Volkes für das Seewesen überhaupt darf die Vorführung eines so schönen Schiffes wie es die HOHENZOLLERN ist, schon an und für sich bei den Lesern der ‚Illustrierten Zeitung' auf eine beifällige Aufnahme rechnen; in unserem Falle wird dieses Interesse umso reger sein, als es sich um den Aufenthaltsort Kaiser Wilhelms während des ganzen Monats April handelt.

Die stolze Jacht mit ihrer in den Strahlen der Sonne weithin leuchtenden weißen Farbe, den hochragenden drei Pfahlmasten, dem Besanmast (9), dem Großmast (23) und dem Fockmast (47) und den beiden mächtigen, gelb angestrichenen Schornsteinen (26) wurde auf der Werft der Aktiengesellschaft Vulkan zu Bredow bei Stettin am 27. Juli 1891 auf Stapel gelegt; am 27. Juni 1892 lief sie vom Stapel und machte im April 1893 ihre ersten Probefahrten. Die Länge des Schiffes beträgt 116,8 m, die Breite 14 m, der Tiefgang 5,8 m, die Wasserverdrängung 4.180 t (zu je 1.000 kg). Der ganze Schiffskörper ist in vierzehn wasserdichte Abteilungen zerlegt und besitzt unterhalb der Maschinen- und Kesselräume einen nach beiden Seiten des Mittelkiels reichenden Doppelboden. An Armierung trägt das Schiff in Friedenszeiten acht 5 cm-Schnellladegeschütze (10).

Da gerade Besuchszeit ist, legen wir mit dem von uns gemieteten Boote an der Fallreepstreppe der HOHENZOLLERN an, besteigen das Schiff und folgen nun der Führung des uns bereitwillig zur Verfügung gestellten Unteroffiziers. Wir begeben uns zunächst auf die untere Kommandobrücke (45), auf der sich das Kommandohaus (43) und das Kartenhaus

(46) befinden, und gehen von hier aus nach der oberen Kommandobrücke (44), um einen Blick über das ganze Schiff zu werfen. Wenden wir uns nach vorn, so sehen wir an jeder Seite auf der Back (64) einen Buganker von 2.500 kg Gewicht (62) und mittschiffs den ebenso schweren Reserveanker liegen. Unmittelbar davor steht der große, niederlegbare Drehkran (63), der zum Aufholen der Anker dient. Hinter den Ankern ist der quer über die Back laufende Wellenbrecher (61) zur Ableitung der überkommenden Seen. Auf dem hinter dem Wellenbrecher liegenden Teil der Back befindet sich ein zum Verholen bestimmtes Gangspill. Auf dem sichtbaren Teil des Oberdecks sind an jeder Seite in seitlichen Ausbauten je ein Scheinwerfer (60) auf Podesten aufgestellt.

Schauen wir jetzt nach hinten auf das Promenadendeck hinab, so erblicken wir einige Deckfenster, die den darunter befindlichen Räumen Licht zuführen. Weiter nach hinten liegt der Rauchsalon (27), der innen mit poliertem Holz ausgetäfelt ist und mit seinen rundum laufenden, in einzelne Sitze aufgeteilten, bequemen Sofas, seinen Tischen und Polsterstühlen den Eindruck der Behaglichkeit macht. Weiter fällt uns der große Maschinenschacht (21) auf, der, durch sämtliche Decks gehend, die Maschinenräume mit Licht versieht. Bevor wir die Kommandobrücke verlassen, besichtigen wir in der Mitte derselben den Stand für den Kaiser, von wo aus er die Paraden abnimmt, sowie die auf den Brücken befindlichen Apparate.

Vor den in Davits hängenden Booten – Jolle (7), Gig (8), Dampfbeiboot I (28), Kutter I (29), Spiritusmotorboot (30) – fällt uns besonders das neue, für den Gebrauch des Kaisers bestimmte Spiritusmotorboot auf. Dasselbe ist 10 m lang, 2 m breit, 0,65 m tief und wiegt 2.000 kg. Es soll mit seinem Spiritusmotor zwölf Knoten zu je 1.853 m laufen.

Wir begeben uns jetzt über das Promenadendeck hinweg nach dem hinteren freiliegenden Ober-

1. Heckgalerie, 2. Ruder, 3. Schraube, 4. Wellenleitung, 5. Wellenbock, 6. Heckanker, 7. Jolle, 8. Gig, 9. Besanmast, 10. Schnellfeuergeschütz, 11. Messe für Sekretäre, 12. Messe für das Gefolge, 13. Raum für die Diener, 14. Messe für die Diener, 15. Waschraum, 16. Gepäckraum, 17. Weinlager, 18. elektrische Maschine, 19. Kondensator, 20. Hauptmaschine, 21. Maschinenschacht, 22. Dampfbeiboot für den Kaiser, 23. Großmast, 24. Badekammer für Maschinisten, 25. Kessel, 26. Schornsteine, 27. Rauchsalon, 28. Dampfbeiboot I, 29. Kutter I, 30. Spiritusmotorboot für den Kaiser, 31. Vorraum, 32. Speisesaal, 33. Anrichteraum, 34. Schlafzimmer des Kaisers, 35. Arbeitszimmer des Kaisers,

36. Vortragszimmer des Kaisers, 37. Salon, 38.Heizerbade-
kammer, 39. Maschinistenkammern, 40. Pantry für die
Besatzung, 41. Küche der kaiserlichen Hofhaltung,
42. Kohlenbunker, 43. Kommandohaus, 44. obere Kommandobrücke, 45. untere Kommandobrücke, 46. Kartenhaus, 47. Fockmast, 48. Glocke, 49. Wohnzimmer des

Kommandanten, 50. Schlafzimmer des Kommandanten,
51. Offiziersmesse, 52. Kammern der Offiziere, 53. Arrestzelle,
54. Raum für Köche und Kellner, 55. gekühltes Fleischlager,
56. Proviantraum, 57. Wassertank, 58. Kettenkasten,
59. Mannschaftsraum, 60. Scheinwerfer, 61. Wellenbrecher,
62. Backanker, 63.Ankerkran, 64. Back

deck, auf dem einige 5-cm-Schnellladegeschütze (10) stehen. Außenbords an Steuerbordseite liegt der Heckanker. Am Garderobenzimmer vorbei gelangen wir durch den Vorraum (31) in den großen Speisesaal (32), den größten Raum an Bord. An der Vorderseite des Speisesaals befindet sich der Anrichteraum (33), der mittels eines Aufzugs mit den Küchen (41) und Vorratsräumen in Verbindung steht. Setzen wir unseren Weg auf dem Oberdeck an verschiedenen Deckfenstern vorbei nach dem unter dem Back gelegenen Raume fort, so erblicken wir das schon erwähnte Dampfspill und sehen, wie ein Teil der Mannschaften im Mannschaftsraum (59) untergebracht ist.

Gehen wir nun wieder zurück und steigen die vor dem hinteren Schornstein im Vorraum zum Speisesaal befindliche große, mit Blattgewächsen und Palmen geschmückte Doppeltreppe nach dem ersten Wohndeck hinab, so sind wir im mittleren Teile des Schiffes, in dem die Wohnräume der Majestäten und der königlichen Prinzen gelegen sind, und zwar nach vorn zu an Steuerbordseite das Ankleidezimmer, das Schlafzimmer (34), Arbeitszimmer (35) und Vortragszimmer (36) des Kaisers, diesem gegenüber und durch einen breiten Gang von ihnen getrennt die Zimmer der Kaiserin. Daran schließt sich der über die ganze Schiffsbreite reichende, 6 m lange Quersalon (37), vor dem sich die Zimmer der Prinzen und noch weiter nach vorn die des Kommandanten (Wohnzimmer (49), Schlafzimmer (50)) und der Offiziere (52), die Offiziersmesse (51) sowie das Lazarett mit Apotheke befinden. Der vorderste Teil des ersten Wohndecks ist wiederum Mannschaftsraum (59). Von der Doppeltreppe nach hinten sind an beiden Seiten die Kammern und mittschiffs die Messe (12) für das höhere Gefolge untergebracht. Im weiteren Verlauf nach hinten sehen wir das Büro sowie die Kammer und die Messe für die Sekretäre (11). Ganz hinten erweckt im Ruderraum die Rudermaschine, die das in Fingerlingen am hintersten hängende Ruder (2) bewegt, unser besonderes Interesse. Außenbords läuft, von dem Ruderraum aus zugänglich, die sogenannte Heckgalerie (1) um das Heck des Schiffes. Eine Treppe tiefer gelangen wir in das zweite Wohndeck. In dessen hinterem Teil liegt der Gepäckraum (16), davor an Steuerbord- und Backbordseite die Kammern für die

Dienerschaft (13) und die beiden Dienermessen (14). Über dem Maschinenraum sind die Waschkammer (15), die Kammer für Leinenzeug, Montierungskammer, Baderäume für Maschinisten (24) und Heizer (38), weiter vorn die Garderobe für die Majestäten, die mit den darüber liegenden Ankleideräumen durch Treppen verbunden sind, die Kammern und die Messe für Deckoffiziere (Maschinisten usw. (39)), die Küchen und Pantries (40) für die Majestäten, für Offiziere und Mannschaften und ganz vorn nochmals ein Mannschaftsraum (59) untergebracht. Unter diesem letztgenannten Deck befinden sich hinter bzw. vor den Maschinen- und Kesselräumen die sog. Plattformdecks, in denen die Vorratsräume, Gepäckräume für Gefolge, Weinlager (17), die Räume für Destillierapparate, Hellegats, Arrestzellen (53), Kettenkasten (58) und Räume für Hängematten liegen. Darunter bemerken wir das Fleischlager (55), den Proviantraum (56) für die kaiserliche Küche, für den Kommandanten, die Offiziere und die Mannschaften, die Kühlräume für Proviant und die Trinkwassertanks (57).

Wir wenden uns jetzt der Besichtigung der beiden Hauptmaschinen (20), stehenden, dreifachen Expansionsmaschinen von zusammen 9.000 indizierten Pferdestärken, und der Kesselanlage (25) zu. Einen ungefähren Begriff von der Größe der Maschinen kann man sich machen, wenn man hört, dass die Niederdruckzylinder einen Durchmesser von 2,35 m haben. Die Maschinen sollen dem Schiff eine Geschwindigkeit von 21 Knoten erteilen. In dem Maschinenraum stehen noch drei elektrische Maschinen (18), die sämtliche Räume des Schiffs mit elektrischem Licht versehen, und die beiden Kondensatoren (19). Von der Maschine nach hinten gehen die beiden Wellen (4), die außerhalb des Schiffes durch Wellenböcke (5) gestützt werden und am Ende je einen Propeller (Schiffsschraube (3)) von 4,4 m Durchmesser tragen. Die Besatzung des Schiffs setzt sich zusammen aus zwölf Offizieren und 307 Deckoffizieren, Unteroffizieren und Mannschaften; von Letzteren gehören allein 151 dem Maschinenpersonal an.

Illustrierte Zeitung, 1898

Frühstück auf See. „Das Buch für Alle', o. D.

Gekentert!

Alljährlich werden von Mitgliedern der zahlreichen deutschen Segelvereine heiße Wettkämpfe auf den verschiedensten Segelrevieren an den Küsten wie auch auf den deutschen Binnenseen ausgefochten; die letzten Jahrzehnte haben hierin einen besonderen Aufschwung gezeitigt, und namentlich seitdem der Deutsche Kaiser sowie Prinz Heinrich sich persönlich mit bestkonstruierten eigenen Rennjachten an den Regatten beteiligen, hat dieser Sport seinen Höhepunkt erreicht.

Es ist kein leichtes Spiel, zu dem sich die Segler auf der weiten, oft wild bewegten Bahn vereinigen, und ganz besonders stellt das Wettsegeln auf See unter Umständen die höchsten Anforderungen an Mut, Energie und nautisches Können der Beteiligten sowie an die Vorzüglichkeit und Zuverlässigkeit der Jachten und Boote. Tatsächlich wird denn auch gerade in maritimen Kreisen dem Sport- und Regattasegeln keine geringe volkswirtschaftliche Bedeutung beigemessen, da die Sport- und Wettfahrten überaus geeignet sind, eine Schulung für heranwachsende Seeleute zu bilden. Dieses Regattasegeln darf daher wohl ebenso wie die Hochseefischerei eine rückhaltlose Förderung erwarten, da sein Einfluss auf die Küstenbevölkerung und deren seemännische Tüchtigkeit unverkennbar ist.

Erzielung der höchsten Leistungen von Fahrzeugen und Mannschaft unter den verschiedenartigsten Wind- und Wetterverhältnissen ist das Endziel des Segelsports. Sein größter Feind ist Windstille, sein bester Freund steife Brise, und mit Stolz und Genugtuung ist jedes Seglerherz erfüllt, wenn er bei gefährlichem,

böigem Wetter und aufgewühltem Seegang alle Fährnisse sicher zu überwinden vermocht hat, die Boot und Mannschaft drohten. Denn gefährlich ge-

Böen die ernstesten sind, müssen mutvoll ertragen werden.

Nicht allen Fahrzeugen glückt es, bei solchen Gelegenheiten ohne Unfall das Ziel zu erreichen. Manche Bö fegt so hart und vernichtend über das Wasser hin, dass Mast und Segel von ihr aus dem Boot geweht werden, falls dieses ‚unkenterbar' ist. Aber auch der Anreiz, durch Führen hoher, die Geschwindigkeit steigernder Segelflächen es dem Gegner beim Wettfahren zuvorzutun, führt gelegentlich zur Havarie oder zum Kentern. Einen Unfall dieser letzteren Art, wie er sich beim Wettsegeln auf der für sportliche Zwecke ganz ausgezeichnet geeigneten Kieler Bucht vollzogen, hat unser Künstler im Bilde dargestellt.

Acht größere Segeljachten beteiligten sich an dem Rennen, bei dem ihnen der Wind die Führung voller Untersegel gestattete. Eine mit dunkler Wolkendecke am Horizont aufziehende Bö fuhr mit verheerender Gewalt über das feuchte Element, und ehe sich die Mannschaft dessen versah, war die eine Jacht, die ihrer Stabilität zu viel zugemutet hatte, gekentert. Fast kieloben treibt das Fahrzeug, die Mannschaft sitzt im Wasser, und eifrigst kommen hilfsbereite Sportfahrzeuge herbei, um sich an einem Rettungswerke zu beteiligen, das allen mehr Freude als Sorge macht. Das Boot ist nämlich vermöge einer Anzahl von Luftkästen unsinkbar, die ehemaligen Insassen kommen mit einem nassen Bade und dem Ärger davon, dass sie dieses Mal den ersten Preis nicht erringen.   *C. Beseke*

Illustrierte Zeitung, 1894

nug geht es auf diesen Wettfahrten her; hat einmal der Start begonnen, so gibt es kein Zurück mehr, und alle Unbilden der Witterung, unter denen gewitterschwere

Gekentert während der Regatta. Nach einer Zeichnung von Willy Stöwer

SEGEL- ODER PFERDESPORT?

Die Frage, was gefährlicher sei, ein Segelboot oder ein Pferd, wurde in einer Sommerfrische bei New York von einem Disputierclub behandelt, aber nicht entschieden. Es handelte sich dabei um die Gefährlichkeit von Pferde- oder Bootsrennen für Menschenleben, nicht für den Geldbeutel, der ja jedenfalls durch Wetten beim Yacht-Wettfahren nicht leicht ruiniert werden dürfte. Eine amerikanische Tageszeitung hat das Thema aufgegriffen. Wenn man die Entscheidung einer Volksabstimmung überlässt, meint das Blatt, so wird das Pferd wohl besser wegkommen, das ist aber kein gerechtes Urteil. Die meisten Menschen kennen Pferde, denn sie sind doch mindestens einmal mit der Pferdebahn oder in einer Droschke gefahren, wogegen sie von Segelbooten oft bloß aus der Zeitung etwas wissen. Eine gerechte Entscheidung kann nur der treffen, der mit Pferden ebenso gut umgehen kann wie mit Segelyachten, und solche Leute sind selten. Das allgemeine Vorurteil gegen das Segelboot scheint auf der Erwägung zu beruhen, dass man, wenn man kentert oder übersegelt wird, ins Wasser fällt, dagegen auf dem Lande bleibt, wenn man vom Pferde fällt oder abgeworfen wird. Unzweifelhaft kommen, wenn man die Gesamtzahl der Pferde und Segelboote in Betracht zieht, mit Pferden weniger Unfälle vor. Das Umgehen mit Pferden zu lernen, haben aber

Damen und Herren weit eher Gelegenheit als die schwere Kunst des Segelns zu lernen. Wenn die Leute, die mit Segelbooten hinausfahren, alle gut damit umzugehen verstünden, wären Unfälle äußerst selten,

lich, dass es seinen Pferdeverstand verliert, und in beiden Fällen wird es unlenksam. Das Segelboot dagegen ist ein Geschöpf von Menschenhand und wenn es kentert und seinen Insassen ins Wasser purzeln lässt, so trägt allein dessen eigene Unkenntnis die Schuld daran. Es wäre in der Tat recht gut, wenn man törichten Leuten, die bei steifer Brise hinausfahren, ohne zu reffen, oder die mit Nussschalen sich auf offenes Wasser wagen, das Segeln überhaupt verbieten könnte, aber das dürfte unausführbar sein. Es ist ganz schön, wenn man sagt, dass ungeübte Leute, die beim Segeln ins Wasser fallen, sich ihr Ungemach selbst zuzuschreiben haben, wenn man aber bedenkt, dass sie gewöhnlich noch das Leben anderer Leute aufs Spiel setzen, so wäre es doch gut, wenn man die überlebenden Übeltäter zur Rechenschaft ziehen könnte. Das arme Segelboot wird schließlich für alles Schlimme verdammt, und mancher ist völlig überzeugt, dass das Segeln an sich gefährlich sei, während er sich gar nicht scheut, sich in einen Wagen mit einem Pferde zu setzen, dessen Sinnesart er gar nicht kennt.

Wassersport, 1894

denn man darf nicht vergessen, dass ein Boot keinen eigenen Willen hat, wohl aber ein Pferd. Das geduldige, getreue Ross nimmt manchmal das Gebiss zwischen die Zähne und geht durch, oder wird so ängst-

Amateursegeln in Amerika – ein missverstandener Befehl.
Nach einer Zeichnung von J. O. Davidson

Gerade noch durchs Ziel! – Eine Szene aus dem Wettsegeln

Schon seit Stunden sind die Mannschaften der Jachten, die sich im Rennen messen wollen, in Atem gehalten. Jeder Mann der Besatzung tut heute mehr als seine Pflicht, gilt es doch den Preis zu erringen, der den Ruf der Jacht erhöhen soll. Schon vor dem Start hat der Kampf begonnen, in dem die eine Jacht durch genaues Abmessen der Distanzen und Schläge den anderen beim Starten Segelraum abzugewinnen sucht. Sobald die Linie mit Vorteil passiert ist, gilt es, dem gefährlichen Rivalen die Luvseite, das heißt die Seite, wo der Wind herkommt, abzuschneiden. Zum Verzweifeln ist es dann für den Jachtsegler, wenn der Konkurrent beim Kreuzen jeden Schlag mitmacht, immer den Wind mit der riesigen Segelfläche wegnehmend, ein Davonsegeln unmöglich machend. Dies ist ein Kniff beim Yachtsegeln, der häufig schon von vornherein die Entscheidung bringt.

Weit vor der übrigen Regatta segeln zwei große, neue Kutter, auf die sich das Interesse der gesamten Sportwelt richtet, der eine nach dem neusten Typus mit rundem, überliegendem Bug und ganz kurzem Buggeschirr, der andere, nur ein Jahr älter, noch mit dem schönen Klippersteven. Sich immer dicht zusammenhaltend, streben beide der Rundungsboje zu, beim Kreuzen sich gegenseitig durch tadellose Manöver übertreffend. Wem aber der Sieg beschieden sein wird, lässt sich vorderhand noch gar nicht bestimmen; denn kaum kommt der eine bei einer kleinen Bö um einige Schiffslängen dem anderen voraus, so segelt er

Gerade noch durchs Ziel. Passieren des Markbootes. Nach einer Zeichnung von Georg Martin, 1895

im nächsten Augenblick schon wieder im Kielwasser des Mitbewerbers. Gegen Mittag frischt die Brise auf, und in schneller Fahrt gleiten die schön geformten Jachten durch die blaue See.

Allmählich aber ändert sich das Bild; im Westen schieben sich langsam dunkle Wolken herauf, und war die Race bisher nur eine gemütliche Damensegelei, so sollte die zweite Hälfte des Rennens recht schwierig werden. „Luvbackstag durchholen!" klingt das Kommando des Jachtführers, „Großschot anholen!" „Klüverfall strecken!" – Die Matrosen haben mit einem Mal alle Hände voll zu tun. Immer höher kommt die Bank im Westen heraufgezogen, und auf jeder Jacht ist man darauf gefasst, dass man es über kurz oder lang mit einer strammen Bö zu tun haben werde. Was an Deck nicht niet- und nagelfest ist, wird rasch noch festgezurrt. Der Segler ist jetzt vor die Aufgabe gestellt, mit Entschlossenheit zu entscheiden, was zu tun ist. Soll er bei dem Anzuge der Bö das Toppsegel bergen oder soll er es stehen lassen? Lässt er es stehen und die Bö kommt, so bricht ihm alles von oben und das Rennen ist für ihn entschieden; nimmt er es aber herunter und die Bö kommt nicht, dann ist der Rivale, der nicht geborgen hat, weitaus im Vorteil. Doch mag's biegen oder brechen, es werden Segel gepresst, so viel die Jacht nur tragen kann, die Hauptsache ist jetzt: Fahrt voraus! Mit dem scharfen Bug die See durchschneidend, geht es jetzt mit zehn Seemeilen in der Stunde dem Ziele zu. Der Mann am Ruder hat nur noch Augen für die Takelage und den Rivalen. Prüfend sieht er nach der Stenge: werden die Luvwanten den ungeheuren Druck aushalten kön-

nen? Er lässt die Stengenpardunen noch steifer setzen, die Vorschoten etwas auffieren und erwartet nun die Bö. Schon sieht er, wie sich der Horizont verfinstert, wie schwere Wolken die See immer mehr verdunkeln. Den weißen Schaum der Seen vor sich herfegend, kommt die Bö dahergerast. Unter der Wucht des Windes werden sie gleichsam niedergedrückt. Die anderen Mitsegler sind fast alle in dem Dunkel des Wetters verschwunden, nur der Konkurrent in Luv ist noch zu sehen. Wie ein dumpfer Stoß fällt nun die Bö ein, pfeifend saust der Sturm durch die Takelage. Zum Kentern wird die Jacht nach Lee geworfen, das schäumende Bugwasser überflutet zu Lee das Deck, und vorn kommt eine See nach der anderen über. Da plötzlich ein scharfer Krach – die Stenge kommt von oben; nur noch an den Leewanten hängend, rauscht das Toppsegel an ihr herunter, und mit durchgeschorenen Schoten flattert es nach Lee. Weit gebuchtet wehen die nunmehr losen Leewanten aus, und das Stengestag, dicht unterm Topp gebrochen, schleift durch das Wasser. Von dem schweren Oberdruck nunmehr befreit, richtet sich der Kutter wieder auf, die Leereling wird in den Schaummassen wieder sichtbar, und ohne jetzt noch durch die Rüsten und Decksbauten gehindert zu sein, schießt er, fast sieht es aus als würde er von unsichtbarer Hand geschoben, dem Rivalen mit auf und passiert – der Steuerer der Rivalin traut kaum seinen Augen – als Erster unter dem lauten Hurra der Mannschaft mit einer Klüverlänge Vorsprung das Markboot, das Ziel des Race.
Georg Martin

Illustrierte Zeitung, 1895

DER KAISERLICHE JACHTCLUB

In diesem Jahre fällt die so genannte Kieler Woche, die Zeit, in der großartige Regatten die meisten Ausübenden und Freunde des Segelsports in unserem Kriegshafen an der Ostsee zu edlem Wettstreit vereinigen, auf das Ende dieses Monats, schließt sich also an die Feierlichkeiten der Eröffnung des Nord-Ostsee-Kanals unmittelbar an.

Naturgemäß wird der Glanz dieses historischen Ereignisses auch auf die Regattawoche hinüberstrahlen, ist es doch als sicher anzunehmen, dass die vielen Kriegsschiffe anderer Nationen, die sich zur Teilname an der Eröffnungsfeier des Kanals eingefunden haben, die günstige Gelegenheit, für einen Seemann besonders interessante Segelwettkämpfe zu verfolgen, nicht vorübergehen lassen werden.

Es scheint sogar nicht ausgeschlossen, dass die Vertreter der fremden Marinen sich an der Spezialregatta für Kriegsschiffsboote beteiligen.

Übt schon für gewöhnlich die Kieler Woche eine große Anziehung aus, bietet sie von Jahr zu Jahr mehr des Interessanten, so dürfte die diesmalige in den begleitenden Nebenumständen wohl kaum übertroffen werden können, und zweifellos werden diejenigen, die der Stadt Kiel Ende Juni einen Besuch abstatten, nicht nur von den landschaftlichen Reizen der Umgebung, sondern auch von dem sonst Gesehenen und Erlebten hochbefriedigt heimkehren.

Ursprünglich wurden nur von dem Norddeutschen Regattaverein, dem damals größten Segelclub Deutschlands, an einem Tage im Sommer Regatten in Kiel abgehalten. Weitere schlossen sich an, als im Jahre 1887 von Seeoffizieren dieses Kriegshafens der Marine-Regattaverein gegründet wurde, und schon damals zählten dänische und schwedische Jachten zu regelmäßigen Teilnehmern an den Segelwettkämpfen. Von einer Regattawoche, einem bestimmten, jedes Jahr wiederkehrenden Zeitabschnitt, der lediglich dem Segelsport gewidmet ist, der alles zusammenführen soll, was nicht nur an der deutschen Küste und auf Binnenseen, sondern auch sonst im Auslande diesem edlen Sport huldigt, konnte aber erst die Rede sein, als der Marine-Regattaverein in den Kaiserlichen Jachtclub überging.

Zwar hatte sich der Erstere von 112 Mitgliedern mit 31 Segelfahrzeugen bei der Gründung in den vier Jahren seines Bestehens bis auf 458 Mitglieder mit 41 Jachten bzw. Booten emporgearbeitet und damit den ersten Beweis seiner Lebensfähigkeit gegeben, zumal da trotz sehr erheblicher Zuschüsse zu den Vereinsregatten ein Vermögen von 7.800 M erspart worden war; doch hielt sich der Verein innerhalb sehr eng gezogener, kaum über das Seeoffizierskorps hinausragender Grenzen.

Selbst der Beitritt einer größeren Zahl regierender Fürstlichkeiten und die Übernahme des Protektorats über den Marine-Regattaverein durch den Prinzen Heinrich von Preußen hätte es auf die Dauer nicht verhindert, dass der den Charakter einer rein militärischen Gesellschaft tragende Verein einen relativen Stillstand und der Segelsport innerhalb der Marine eine Verkümmerung erfahren hätte.

Ein glücklicher Gedanke war es daher, dass die damaligen Mitglieder den Marine-Regattaverein im Frühjahr 1891 aufhoben und einen neuen Segelverein auf breiterer Grundlage ins Leben riefen, der dann mit Zustimmung des Kaisers den Namen Kaiserlicher Jachtclub erhielt.

Als sich Kaiser Wilhelm kurz darauf zu dessen Kommodore erklärte, während Prinz Heinrich Vize-Kommodore des Clubs wurde, begann eine Zeit des Aufschwungs, wie sie alle Erwartungen übertraf. Nicht allein, dass die Mitgliederzahl durch den Zutritt vieler Herren anderer Berufsstände gleich im ersten Jahre auf 539, die Jachtflotte auf 50 Fahrzeuge und das Clubvermögen auf 10.400 Mark anwuchs, nein, auch das Interesse am Segelsport erfuhr durch das Beispiel des kaiserlichen Herren im Allgemeinen einen mächtigen Anstoß.

Die Kieler Wettfahrt am 26. Juni 1894. Die Yachten CARINA, WIKING und METEOR bei der Heulboje. Nach einer Zeichnung von Fritz Stoltenberg

Übten schon die kaiserlichen Ehrenpreise einen großen Reiz aus, so trug der außerdem verliehene Geldpreis für die in dem betreffenden Jahre fertiggestellte, von deutschen Konstrukteuren entworfene, auf deutscher Werft aus deutschem Material gebaute und von Deutschen gesegelte siegreiche Jacht in ganz bedeutendem Maße zur Hebung des deutschen Jachtbaus bei. Die Folge war, dass sich sofort eine Deutsche Jachtbau-Gesellschaft in Kiel gründete, ein deutlicher Beweis, dass es nur der richtigen Anregung bedurfte, um unsere heimische Industrie in der angedeuteten Richtung zu unterstützen, Kapital flüssig zu machen und Arbeitsgelegenheit zu schaffen. Dass der Kaiserliche Jachtclub sofort an die Spitze aller deutschen Segelvereine trat, war selbstverständlich, und dank der reichlicheren Mittel konnte eine größere Zahl von Regatten eingeführt werden, was wieder der Bildung der Regattawoche in Kiel sehr zustatten kam. Das eigentliche Verdienst, diese durch hervorragende Veranstaltungen ins Leben gerufen zu haben, gebührt also dem Kaiserlichen Jachtclub. Er zählte Anfang dieses Jahres bereits 825 Mitglieder mit 94 Fahrzeugen, darunter neun Dampfjachten, und dürfte somit einen der größten Sportvereine, wenn nicht den größten Deutschlands darstellen.

Das Clubvermögen beziffert sich heute auf 26.800 Mark. Als Unterscheidungszeichen hat der Club einen dreieckigen, weißen Stander mit liegendem, rot eingefasstem, schwarzem Kreuz, in dessen Schnittpunkt sich eine goldene Kaiserkrone befindet, wie aus der umstehenden Abbildung ersichtlich ist.

Der Stander des Kommodores und des Vize-Kommodores zeigt dieselben Farben, nur sind beide viereckig und am Ende ausgezackt, der Letztere trägt noch eine rote Kugel links oben. Auch die Flagge des Clubs unterscheidet sich von der deutschen Handelsflagge dadurch, dass in der Mitte ein von goldener Schnur umsäumtes Medaillon sichtbar ist, das einen goldenen Anker mit Adlerwappen überragt von einer bebänderten Kaiserkrone zeigt. Die Mitglieder des Clubs und dessen Angestellte können sich eines besonderen Anzugs bedienen.

Außer dem Kommodore und dem Vize-Kommodore gehören folgende fürstliche Personen dem Kaiserlichen Jachtclub als Mitglieder an: Der Großherzog von Mecklenburg-Schwerin, Prinz Friedrich Leopold von Preußen, Erzherzog Karl Stephan von Österreich, der Erbgroßherzog von Oldenburg, Fürst Georg von Schaumburg-Lippe, die Prinzen Maximilian von Baden, Bernhard von Sachsen-Weimar, Albert zu Schleswig-Holstein und Heinrich XXXVI. Reuß, ferner Herzog Friedrich Wilhelm von Mecklenburg-Schwerin und Erbprinz Alfred von Sachsen-Coburg und Gotha.

Alle gebildeten Männer jeden Ranges und Standes können dem Kaiserlichen Jachtclub, dessen Ziele die Hebung des Interesses am Seeleben, insbesondere die Förderung und Pflege des Segelsports, sind, als Mitglieder beitreten, wenn sie ein von zwei ordentlichen Mitgliedern unterstütztes Gesuch einreichen. Über die Aufnahme findet dann eine Ballotage statt. Die Eintrittsgebühren betragen 10 Mark, die Jahresbeiträge 20 Mark für die Person.

Für die Jachten sind von dem Kaiser sechs Preise gestiftet worden, der bereits erwähnte Geld- oder Hohenzollernpreis von 4.000, 3.000, bzw. 2.000 Mark, je nach der Klasse des betreffenden Bootes, dann noch zwei Statuetten des Kaisers und schließlich der Kommodore-, der Meteor- und der Kaiserpokal, herrliche kunstgewerbliche Erzeugnisse. Ferner ist für die Gigs der Kriegsschiffe ein wundervoller Takelaufsatz von dem Kaiser als Ehrenpreis verliehen, für die Kutter spendet alljährlich die Prinzessin Heinrich ein prachtvolles Fernrohr. Neuerdings ist ein Ehrenpreis der Kaiserin zum ersten Mal zum Aussegeln bestimmt worden. Auch Prinz Heinrich hat einen kostbaren Pokal gestiftet.

Illustrierte Zeitung, 1895

Die Hoftracht des Kaiserlichen Yachtclubs

Kaiser Wilhelm in Cowes

Seitdem sich Kaiser Wilhelm alljährlich als regelmäßiger Besucher und Teilnehmer zu den in der zweiten Augustwoche bei Cowes auf der Insel Wight stattfindenden Wettfahrten des englischen königlichen Jachtgeschwader-Clubs einzustellen pflegt, haben diese Regattafestlichkeiten einen ganz neuen, lebendigen Aufschwung genommen, und die zahlreichen fürstlichen Hotels der kleinen Fischerstadt vermögen kaum die von allen Seiten herströmenden Gäste zu fassen, die der ‚Kaiserwoche' beiwohnen wollen. Der aristokratische Jachtclub hat sein Heim in dem hoch gelegenen alten Schloss zur Linken der Stadt aufgeschlagen, von wo man einen herrlichen Ausblick über den breiten Meeresarm Solent genießt, während sich auf der anderen Seite der Stadt die grün belaubten Höhen erheben, von denen das königliche Schloss Osborne, die Sommerresidenz der Königin Victoria, weit über das Meer hinausleuchtet.

Schon am Tage vor dem Beginn der Regatta wimmelte es am Strande von Leuten aller Stände, die angelegentlich die vor Cowes ankernden deutschen Panzerschiffe und die näher am Ufer liegende Flotte von zierlichen Jachten, Schonern, Kuttern und anderen kleinen Segelschiffen in Augenschein nahmen und sich die Feiertagsstimmung selbst durch den Sturm und Regen nicht verderben ließen. Auch am Nachmittag des 5. August, als die HOHENZOLLERN, von den Salutschüssen der deutschen Kriegsschiffe begrüßt, in der Bucht von Cowes eintraf, regnete es leider in Strömen, aber trotzdem ließen es sich viele nicht nehmen, der Ausschiffung des Kaisers vom Gestade aus beizuwohnen und den Monarchen mit lautem Zurufen zu bewillkommnen. Die stürmische Witterung übte überhaupt noch an den ersten Regattatagen vielfach einen störenden Einfluss auf die Wettfahrten aus und verhinderte viele Jachten an der Beteiligung; erst der 7. August brachte endlich Sonnenschein, blauen Himmel und damit die rechte Festfreude für alle Teilnehmer.

Da wir die Regattafestlichkeiten für alle Teilnehmer des ersten Besuchs Kaiser Wilhelms schon in früheren Jahren ausführlich in Wort und Bild geschildert haben, wollen wir diesmal nicht näher auf die Einzelheiten derselben eingehen und uns nur darauf beschränken, den großartigen Eindruck hervorzuheben, den die neu eingerichtete elektrische Beleuchtung der Kaiserjacht HOHENZOLLERN und namentlich der feenhafte Anblick der elektrischen Kaiserstandarte, die in Cowes zum ersten Mal in Aktion trat, des Abends hervorbrachte, wo das lichtstrahlende Schiff sich ganz wunderbar von der dunklen Flut abhob.

Die vier Meter im Quadrat messende Standarte ist aus Eisen angefertigt und wiegt sieben Zentner; die Stütze der unzähligen Glühlichter bildet ein innerhalb des Rahmens der Standarte schräg nach den Ecken hin liegendes, nicht mitleuchtendes eisernes Kreuz, auf dem in der Mitte der Schild mit dem Reichsadler ruht, über dem an über Kreuz gezogenen Drähtlein die aus Glühlampen zusammengesetzte Krone schwebt. Die Grundfarbe der Standarte wird durch mosaikartig nebeneinander gereihte gelbe Glühlichter gebildet, die den Raum des großen, senkrecht stehenden eisernen Kreuzes frei und daher bei Nacht schwarz erscheinen lassen. Durch zwei oben und unten am Standartenrahmen befestigte, nach dem Topp des Besanmastes hin ausgeschorene Leinen wird die Standarte in der Richtung der Kiellinie festgehalten. Die schöne Kaiserjacht war überhaupt der Gegenstand des höchsten Interesses für die in Cowes versammelte vornehme Welt, und um derselben Gelegenheit zur näheren Besichtigung des Schiffes zu geben, veranstaltete der Kaiser am Nachmittag des 8. August an Bord der HOHENZOLLERN eine Festlichkeit, zu der eine zahlreiche Gesellschaft von Herren und Damen zu Tee und zwangloser Unterhaltung eingeladen war, während die auserwählte Schiffskapelle mit gewohnter Meisterschaft musizierte . . .

DIE KAISERLICHE MATROSENSTATION BEI POTSDAM

Weite, glitzernde See-flächen, umrahmt von dicht bewaldeten, ernsten Fichtenhügeln, von Pappeln, Weiden und von herrlichen Parks, aus denen hier Schlösser und Villen hervorlugen, dort eine malerisch gelegene Kirche oder Ruine ragt; enge, gewundene Wasseradern zwischen Wald und Wiese, wo Schwäne entlanggleiten, während ein hohes, weißes Segel hinter dem anderen auftaucht oder Dampfer die Schilfrohrsäume in wiegendes Neigen versetzen: Das ist die große Wasserheerstraße der Mark, das sind die grün umkränzten, blauen Havelseen! Kunst und Natur, Absicht und Zufall haben sich vereinigt, um mit bescheidenen Mitteln hier eine Fülle der lieblichsten Szenerien zu schaffen, über welche der überraschte Fremde staunt, und an denen selbst das verwöhnte Auge, das berühmte Glanzpunkte unserer schönen Erde schauen durfte, immer und immer wieder sich erfreut.

Auch der deutsche Kaiser hat eine große Vorliebe für diese heimatlichen Binnenseen, die sich mit seiner Begeisterung für Seefahrt und Flotte vereinigt. So hat er denn an einem jener, dem weit gedehnten Jungfernsee, eine Matrosenstation anlegen lassen. Die

Lage des Sees gestattet, auf der einen Seite die Pfingstbergtürme und die Kuppel von St. Nicolai in Potsdam zu sehen; auf der anderen Seite schweift der Blick über die blaue Fläche des Sees zur Basilika von Sacrow und zur Pfaueninsel, dann rechts nach dem Schloss und der langen Bogenbrücke von Glienicke mit dem weißen Schloss Babelsberg im Hintergrunde.

Früher bestand die Matrosenstation aus einer kleinen Bootsanlage und einem nicht hässlichen, wenn auch unbedeutenden Gehöft. Das alte Haus, dessen Vorgarten von einer uralten Linde beschattet wird, dient heute noch dem Schiffsführer zur Wohnung; im Herbst aber dürfte das Vorsteheramtsgebäude der Station vollendet sein. Im Übrigen ist die jetzige Anlage, die Schöpfung Kaiser Wilhelms II., fertig, denn das im vorigen Jahre erbaute, in Norwegen gezimmer-

te originelle Kasernement ist bereits von den Mannschaften bezogen worden.

Den Mittelpunkt bildet das hart am Wasser liegende, von Rasen und junger Pflanzung umgebene Empfangs- und Einsteigehaus der Kaiserlichen Familie. Es ist ein ebenfalls in Norwegen gearbeitetes Blockhaus, das in seinem braunen Ton, mit den schön geschnitzten, phantastischen Giebeln, Galerien und sonstigen Verzierungen eigenartig und malerisch wirkt. Nach der Wasserseite ist es von einer Kaimauer umschlossen. Links (vom Wasser aus) zeigt sich unter grüner Bettung eine Batterie von sechs kleinen Acht-Zentimeter-Geschützen, die zum Salutieren und zum Exerzitium für die Mannschaften dienen. Daneben ist der Bootshafen, in dem unter anderem zwei hochgeschnäbelte norwegische Boote liegen, und dann der Bootsschuppen für die Dampfpinasse, mit welcher sich der Kaiser auf seine Segelfahrzeuge übersetzen lässt. Rechts ist wieder ein norwegischer Bau. Es ist das Bootshaus für die Dampfyacht ALEXANDRIA. Im Hintergrund, jenseits der vorüberführenden Straße, neben der alten Kaserne, liegt abermals ein höchst eigentümliches, geräumiges, norwegisches Haus, das die Wohnung des Maschinisten nebst Werkstätten umfasst.

An der Straßenfront des Einsteigehauses sehen wir Jagdtrophäen des deutschen Kaisers: Walrippen und -wirbelknochen, einen lebenden, etwas verdrießlich veranlagten norwegischen Adler und einen russischen Geier.

Im Einsteigehaus liegt rechts und links je ein Toilettenzimmer, während der sonstige Raum aus einer geräumigen, mit bunter Holzmalerei diskret geschmückten Halle besteht. Zwei große Tische mit Sesseln und der Schreibtisch des Kaisers, alles in Holz ausgeführt, bilden in der Hauptsache die Ausstattung.

Wir zählen viele begeisterte ‚Wasserratten' zu ihren Mitbürgern, von denen manche sogar gleich den Wikingern kühn die Ostsee mit ihren kleinen Fahrzeugen durchqueren und den Seglern in Kiel, Stettin und Kopenhagen erhebliche Konkurrenz machen. Aber auch der Fremdenstrom, der mehr und mehr in die Berliner Umgegend dringt, findet eine Fülle des Interessanten, und nicht am wenigsten wird den auswärtigen Besucher die Matrosenstation anlocken, zumal wenn es ihm gelingt, dort die kaiserliche Familie zu sehen und mit anzuschauen, wie der Kaiser selbst die vom Winde schräg geneigte ROYAL LOUISE unter vollen Segeln durch die bewegten Fluten führt.

Wassersport, 1895

DIE YACHT ALUMINIA DES FÜRSTEN ZU WIED

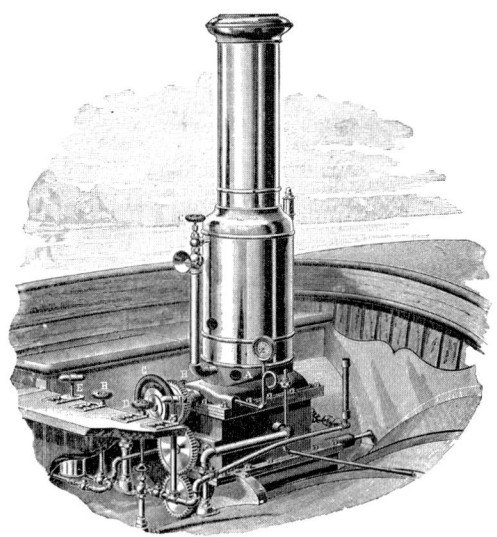

Naphtha-Dampfmaschine

Unter den in letzter Zeit aus den Schiffbau- und Maschinenfabriken von Escher, Wyß & Cie. in Zürich hervorgegangenen Dampf- und Segelyachten ist die für den Fürsten zu Wied neu baute Aluminium-Naphtha-Yawl-Kreuzeryacht ALUMINIA von besonderem Interesse. Mit dem Boot, das sowohl als Segeljacht wie als Dampfer bei mäßigem Wind als Segel- und Maschinenschiff zugleich benützt werden kann, wurden bei den Probefahrten auf dem Zürichsee sowie auf seinem zukünftigen Heimat-

gewässer, dem Golf von Genua, hervorragende Leistungen erzielt. Der Bootskörper, welcher durch vier Schottwände in fünf wasserdichte Räume geteilt ist, sowie sämtliche Fundationen sind aus reinem Aluminium hergestellt. Das Boot, welches hauptsächlich als Segler benützt werden soll, ist zudem mit einem Naphthamotor versehen, welcher der Yacht jedoch nur als Hilfsmotor bei Windstille dient und im Hinterteil des Schiffes platziert ist. Für den Maschinenbetrieb dient ein sehr kräftiger, ebenfalls aus reinem Aluminium hergestellter Naphthatank, der bei Volldampf eine fünfstündige Fahrt, das heißt einen Schiffsweg von 600 Kilometern, ohne Segelhilfe gestattet.

Im Vorderteil des Schiffes befindet sich die elegante, höchst komfortabel eingerichtete, aus indischem Mahagoni- und Yellow-Pinienholz hergestellte Kabine, während die äußeren Holzteile des Verdecks aus indischer Eiche gebaut sind. Die Kabine ist derart eingerichtet, dass der kleine Salon in wenigen Augenblicken in ein Schlafgemach für vier bis fünf Personen umgewandelt werden kann. Zum Schutz im Sturm und bei hohem Wellengang ist es möglich, die Kabine durch Zwischenlagen gepresster Gummibänder an Tür und Vortür sowohl von innen als von außen luftdicht abzuschließen, so dass sie wie eine Luftblase wirkt und ein Schiffsuntergang kaum denkbar ist.

Die ALUMINIA, welche sowohl als Segler wie auch als Dampfer gute Fahrresultate aufweist, wurde vom Schiffsingenieur W. Reiz konstruiert und unter dessen Führung fertiggestellt. Damit das Boot, wenn es unter dem Druck des Windes schief läuft, nicht umkippt, ist im Kiel als Gegengewicht ein gewisses Quantum Ballast verstaut. Der Schiffskörper der ALUMINIA besitzt nur wenig Gewicht, und infolgedessen bedurfte man zur

Sicherung der Stabilität auch einer geringeren Menge Ballast als bei Holz- oder Stahlseglern derselben Größe. Das Gewicht des ganzen Schiffes inklusive Ballast ist aber natürlich auch leichter, und da ein Schiff, je leichter es ist, desto schneller fährt, so liegt der Vorteil der Verwendung von Aluminium in den Fällen, wo es auf den Kostenpunkt nicht so stark ankommt, auf der Hand.

Illustrierte Zeitung, 1895

Ankunft der Kaiserjacht METEOR II

Für die aufstrebende Kraft der deutschen Marine ist der Segelsport von besonderem Wert. Es ist kein Zufall, dass Kaiser Wilhelm II. seiner erziehlichen Bedeutung lebhafte Beachtung zuwendet. In stetem Ringen mit den seefeindlichen Neigungen der Binnenländer musste nach und nach dem Volke das unschätzbare Gut, das es in seinen meerumflossenen Küstengebieten besitzt, zum Bewusstsein gebracht und in Fleisch und Blut übergeführt werden. Wenn nunmehr unsere Nation in ihrer überwiegenden Mehrheit den hohen Nutzen der deutschen Marine für nationale Unabhängigkeit und allgemeinen Wohlstand anerkennt, so ist dies überraschende Ergebnis vornehmlich den unablässigen Bemühungen des Kaisers um die Hebung des Seewesens zu danken.

Namentlich in der Entfaltung des Segelsports konnten die vielfach noch schlummernden Neigungen zur Schifffahrt und zur See überhaupt geweckt werden. In Wirklichkeit haben die großen Regatten der letzten Jahre einen rühmenswerten Aufschwung gezeitigt. Überall in den Küstenstädten und bis tief ins Land hinein wird eifrig dem Sport von der deutschen Jugend gehuldigt. Ihr ist das Wasser Lebenselement, das ihr frischen Mut und stolze Zuversicht verleiht. Und mit hellem Jubel begrüßten Tausende am 19. Juni den feierlichen Empfang und den Erfolg der neuen Rennjacht des Kaisers METEOR als ein verheißungsvolles Zeichen maritimen Vorwärtsstrebens.

Die stolze Kaiserjacht ist am 13. Mai vom Stapel gelaufen, zwar auf einer englischen Werft gebaut und von einer Britin, der Gräfin Lonsdale, getauft, aber in ihren wesentlichen Teilen nach genauen Angaben des hohen Auftraggebers ausgeführt. Schon am 4. Juni bestand die Kaiserjacht ihr erstes Rennen, indem sie mit Leichtigkeit die berühmte Jacht des Prinzen von Wales, die BRITANNIA, schlug. Über die edlen und dabei zweckentsprechenden Formen der Jacht herrscht bei Kennern begeisterte Einmütigkeit des Lobes und der Anerkennung. Unstreitig ist sie

die schnellste Segelyacht. Fünfmal hat sie in England und gleich bei ihrem Auftreten in der Kieler Bucht gesiegt.

Nur ein so bewährter Meister wie Watson vermochte ein so ideales Fahrzeug zu vollenden, in dessen Wesen derbe Massigkeit und fast zierliche Eleganz gleichmäßig zum Ausdruck gelangen. Überaus fein ist das Vorschiff gehalten, während das Achterschiff in einer sich stark verjüngenden Spitze ausläuft. Die Abmessungen betragen in der Wasserlinie 27 m, Länge über Deck 39 m, Breite an Deck 7,60 m, in der Wasserlinie 7,45 m. Der Tiefgang ist 5,1 m.

Genau wie bei der BRITANNIA, VALKYRIE und VINETA sind Spanten und Decksbalken von Stahl, jedoch ohne Verzinkung. Dagegen sind sämtliche Platten und Bänder verzinkt. Zu den Steven wurde Teakholz, zur Beplankung amerikanisches Rüsterholz, von der Kimm bis ans Deck Gelbfichte verwendet. Der etwa 90 Tonnen wiegende Kiel ist durch Metallbolzen an dem inneren Kiel befestigt. Bemerkenswert ist der nur 6 m lange, aber sehr dicke Bleiballast. Der Mast ist fast 30 m lang, Stenge und Gaffel sind 15 m, der runde, hohle, stählerne Großbaum 33 m. Die Länge des Klüverbaums beträgt 12 m, wovon über 7 m außenbords.

Die Räume unter Deck sind sehr übersichtlich und einfach. An das 40 Mann fassende Volkslogis schließen sich an Backbord und Steuerbord die Kajüten der Führer. In der Mitte der Jacht befindet sich der über 7 m im Geviert messende Hauptsalon. Außerdem sind noch drei kleinere Kajüten und eine Damenkajüte vorhanden. Unser Bild stellt den feierlichen Empfang der Kaiserjacht im Kieler Hafen am 19. Juni dar.

Die gesamte zur Kieler Regattawoche versammelte Jachtflottille kreuzte am Morgen vor Holtenau, um den siegreichen neuen Racer Seiner Majestät zu begrüßen. Sämtliche Kriegsschiffe hatten Toppflaggen gesetzt, und die Besatzungen standen in Parade an

Die neue Rennyacht des Kaisers METEOR II läuft am 19. Juni 1896 in den Hafen von Kiel ein

Deck und in den Wanten. Krachend verkündete der Salut der Schiffe die Ankunft der Kaiserin, während der Kaiser sich zu Wagen nach Holtenau begeben hatte, um an Bord seiner neuen Jacht in den Hafen zu segeln. Unter brausenden Hurras verließ der neue METEOR gegen neun Uhr im Schlepptau einer englischen Dampfjacht den Kaiser-Wilhelm-Kanal, um bald darauf unter eigenen Segeln, gefolgt von sämtlichen Jachten der HOHENZOLLERN zuzusteuern, wo die Kaiserin und Prinzessin Heinrich den Kaiser begrüßten. Unter dem Kommodore-Stander des Kaiserlichen Jachtclubs führte METEOR fünf Siegesflaggen der kurz vorher gewonnenen Rennen in England.

Illustrierte Zeitung, 1896

Ein neues Messverfahren

Ein ernstes Mahnwort an die Seglerwelt bei Gelegenheit des Ansegel-Festessens im Verein Seglerhaus am Wannsee, den 29. April d. J., gerichtet von Hans Bohrdt:

Meine Herren!
Die Regatten stehen vor der Tür. Lassen Sie mich in zwölfter Stunde an das Gerechtigkeitsgefühl der Sportgenossen in Betreff der jetzt existierenden ungenügenden und ungerechten Messverfahren appellieren. Sämtliche dieser Verfahren sind immer von der falschen Voraussetzung ausgegangen, das Boot zu be- resp. entlasten. Das aber ist absolut falsch. Der Segler, der Mann, der Kerl muss be- resp. entlastet werden, und zwar

I. Belastung
1. nach Dicke. Es wäre ungerecht, den Mann nach Gewicht zu vermessen, da ein Kurzer, Dicker viel leichter zu verstauen ist als ein Langer, Dünner, der überall mit den Beinen anstößt. Ersterer wird auch mehr riskieren, da er bei Unfällen oben schwimmt, während Letzterer wie Blei versinkt. Die Länge des Mannes würde demnach mit der Messlatte, die Dicke mittels der Messkette über gut gefülltem Bauche in der Nähe des Nabels gemessen werden.
2. nach Portemonnaie. Wer ein gefülltes Portemonnaie hat, wird immer ein besserer Segler sein als einer ohne solches. Wer da Geld hat, kann einen Spinnaker aufklappen. Wer keins hat, fährt ohne jeden Beilappen.

Das Portemonnaie muss daher empfindlich belastet werden. Als Maß gilt die Steuerquittung. Hier würde sich auch der Sport in idealster Weise um den Staat verdient machen können, indem eine besondere Schnüffel-Kommission etwaige Steuerhinterziehungen rücksichtslos an das Tageslicht befördern und den Drückeberger als reuigen Deklaranten dem Geh. Regierungsrat Tuebben zuführen würde.

3. nach Alkohol. Der Alkohol macht Mut und setzt den davon Erfüllten in den Stand, sich kühn in jede Gefahr zu stürzen. Man könnte nun von einer Normaleichung des Seglers (etwa 1/2 bis 1 Liter) ausgehen, besser und einfacher ist es aber, man dividiert die an Bord befindlichen Schnaps- oder Weinpullen durch die Anzahl der vorhandenen Kehlen. Wer während der Wettfahrt an eine Kneipe anfährt, oder sonst auf illegale Weise die Anzahl der Pullen vermehrt, muss unweigerlich die Rennflagge streichen.
4. nach Torkel. Gegen einen mit Torkel behafteten Menschen ist bekanntlich nicht anzukommen. Es gibt Leute, die immer eine günstige Brise bekommen, wenn alle anderen in Flaute liegen. Eine besondere Kommission hätte nun die einzelnen Mitglieder beim Segeln, beim Skat oder an der Börse zu beaufsichtigen und danach die Grade des Torkels abzumessen.
5. nach großer Schnauze. Die große Schnauze gibt dem Inhaber eine gewisse Überlegenheit über harmlose, leichtgläubige Gemüter und müsste daher belastet werden. Die Sache hat jedoch ihre Bedenken, da die Berliner Segler dabei entschieden zu schlecht wegkommen würden.

II. Entlastung
1. der Bammel. Wer Bammel hat, ist gewöhnlich ein schlechter Segler. Er muss, um Chancen zu haben den Preis zu gewinnen, entlastet werden, da er sonst überhaupt nicht mitsegeln würde. Nach der Anzahl der eingesteckten Reffe würde man etwa drei Bammelstärken berechnen können (statt der umständlichen, niemals stimmenden Windstärken).
2. die angeborene Dusseligkeit. Die angeborene Dusseligkeit ist ein sehr schwer wiegender Faktor und muss besonders vergütet werden. Da nun aber des lieben Vorteils willen sich alle zu dieser Vergünstigung drängen würden, so ist es die Pflicht der Kommission, den Segler beim An- und Abfahren, Nehmen von Bojen, Kollisionen etc. genau zu prüfen. Es wären drei

Grade der Dusseligkeit anzunehmen – die kleine, die mittlere und die große Nulpe. Die beiden ersten Grade könnte man durch die Kommission vermessen lassen. Für den dritten Nulpengrad, der unglaublich große Vorteile sichert, müsste daher um den Andrang einzudämmen ein ärztliches Attest beigebracht werden.

Die Formel wäre also folgende: Der Segler X = Dicke + Portemonnaie + Alkohol + Torkel + große Schnauze dividiert durch Bammel x Nulpengrad der angeborenen Dusseligkeit.

Der Segler erhält daraufhin seinen Messbrief, die Berechnung ist dann die einfachste und gerechteste von der Welt. Auch im bürgerlichen Leben wäre dieses Papier von Wichtigkeit. Man könnte darauf reisen, Stellung erhalten, eventuell auch heiraten.

Meine Herren, nehmen Sie diese meine Vorschläge an. Lassen Sie mich der Vater dieses wirklich rationellen und gerechten Messverfahrens sein. Ich möchte ja doch auch einmal durch Tischreden öffentlich angelobt werden. *Wassersport, 1897*

VON DEM ‚ANNUAIRE DU YACHT'

liegt uns der Jahrgang 1897 vor. Es ist bedauerlich, dass die Redaktion einer so achtbaren Zeitung wie ‚Le Yacht' mehr als ein Vierteljahrhundert nach den unabänderlichen Ereignissen von 1870 es über sich bringt, bei der Herausgabe ihres Almanachs den Lesern zu verschweigen, dass es auch deutsche Segler, deutsche Yachten und deutsche Ruderer gibt. An die Angaben über die französischen Vereine schließt sich immer noch unmittelbar an: Alsace-Lorraine mit den französischen Clubs von Metz, Straßburg und Mühlhausen, dann kommt ein Strich und darauf folgen die ‚Sociétés étrangères du Continent' in Österreich-Ungarn, Belgien, Dänemark usw.; Deutschland existiert für die Redaktion nicht als Wassersport treibendes Land. (Der R.-V. ‚Neptun' in Konstanz ist fälschlich unter ‚Suisse' eingeordnet.) In einem sonst mit Sorgfalt gearbeiteten Buche sollte man sich doch derartige Scherze nicht gestatten. Niemand würde etwas daran finden, wenn der französische Almanach etwa nur Vereine der Internationalen Ruder-Vereinigung aufführte, weil diese miteinander in Wettbewerb treten, so wie unser deutscher Almanach nur diejenigen aufführt, die füreinander Interesse haben und Nachrichten einschicken; wenn man aber Holland, Dänemark, und Österreich-Ungarn aufführt, darf man von Deutschland doch wenigstens die bekanntesten Vereinigungen wie den Deutschen Seglerverband, den Kaiserlichen Yachtclub und den Deutschen Ruderverband nicht unterdrücken, zumal z. B. französische Yachten schon mehrfach deutsche Gewässer aufgesucht haben.

Wassersport, 1897

Der Kaiserliche Yachtclub – ein Rückblick

Heinrich Heine, der häufig recht ungezogene Liebling der Musen, tat einmal den Ausspruch, wenn zwei Deutsche sich auf eine wüste Insel als Schiffbrüchige retteten, so würde das Erste, was sie täten, die Gründung eines Vereines sein. Er wollte sich damit über die deutsche Sucht der ‚Vereinsmeierei' lustig machen. Wenn es schon zu seinen Lebzeiten Segelvereine gegeben hätte, so hätte er sicher seinen Ausspruch dahin eingeschränkt, dass er gesagt hätte „mit Ausnahme von Segelvereinen". Denn es gibt in dem vereinsreichen Deutschland wohl wenige Bestrebungen, die so spät erst durch Vereinsgründung sich sesshaft machten als das Segeln.

Lange Jahre hindurch gab es in Hamburg und in Berlin schon eine ganz schöne Anzahl Segelboote und Yachten, ehe ein Club ihre Besitzer zusammenführte, und erst Ende der sechziger Jahre entstanden in Berlin und Hamburg die ersten Segelclubs. Noch später zeigten sich am Baltischen Meere – von uns Deutschen die Ostsee genannt – die ersten Spuren des Segelsports, denn wenn auch schon im Jahre 1862 in dem damals noch dänischen Kiel ein Ruderclub gegründet wurde, der heute noch blüht und gedeiht, so dauerte es doch bis zum Jahre 1881, dass zum ersten Male Segelyachten ein Match ausfochten. Es war das am 11. September 1881, als gelegentlich der üblichen Herbstsegelregatta der Marine-Beiboote sich vier Yachten am Start einfanden, die größte von ihnen TYPHON, ein 30 Fuß langes Itchenboot, das im Jahre vorher von dem eifrigsten Segler Kiels, Herrn Leutnant zur See Lüder Arenhold im Solent angekauft und von ihm selbst über die Nordsee durch den Eider-Kanal nach Kiel gesegelt worden war. Die drei anderen Boote waren kleiner und deutschen Ursprungs, nämlich HAI, ADLER und FLUNDER. Ersterer war vom Marine-Ingenieur Saefkow, dem leider viel zu früh verstorbenen deutschen Watson, konstruiert; auch FLUNDER, ein flacher ‚skimming dish', dem Erbgroßherzog von Oldenburg gehörig, war von ihm konstruiert.

Diese erste Regatta verlief bei flauer Brise sehr gut und endete mit einem leichten Siege des HAI.

Im folgenden Jahre, am 23. Juli 1883, fand die erste Regatta größeren Stils statt. Sie war vom Norddeutschen Regattaverein (Hamburg) veranstaltet und rief 20 Yachten an den Start, unter ihnen zwei aus Dänemark, acht aus Kiel und die übrigen aus Hamburg. Unter den Kieler Yachten befand sich LOLLY des Herrn Arenhold, ein von Saefkow gebauter, schmaler 10-Tonner, dessen Linien auch zwei Jahre später im ‚The Field' veröffentlicht worden sind. Sie war wohl die schnellste deutsche Yacht ihrer Zeit und hat durch ihr stets siegreiches Auftreten in nordischen Regatten viel Aufsehen erregt und die deutsche Flagge im Segelsport würdig vertreten.

Im Jahre 1883 fand wieder eine große Regatta in Kiel statt, zu der 21 Yachten gemeldet hatten, und 14 Tage vorher, am 8. Juli, hatte eine lokale Vereinigung von Marine-Offizieren, der ‚Friedrichsorter Regattaverein', ein Rennen für Marineboote und kleine Segelboote veranstaltet, an welchem 20 Boote teilnahmen.

Die Bedeutung der Kieler Regatta wuchs von Jahr zu Jahr, so dass auch 1884, als 25 Yachten am Start erschienen, der Norddeutsche Regattaverein wohl mit seiner Veranstaltung zufrieden sein konnte.

Einen wesentlichen Schritt vorwärts tat aber der Sport, als im nächsten Jahre, 1885, am 20. September Seine Königliche Hoheit Prinz Heinrich sich persönlich mit seiner Gig NELLY am Segeln beteiligte und den zweiten Preis errang. Es war dies gelegentlich einer Wettfahrt, welche der schon genannte Friedrichsorter Regattaverein veranstaltete. Im selben Jahre fanden auch noch zwei andere Regatten statt. Am 19. Juli hielt der Norddeutsche Regattaverein eine von 24 Yachten beschickte Wettfahrt ab und am 9. August fand noch eine Friedrichsorter Regatta für Kriegsschiffsgigs und kleine Yachten statt.

Das Jahr 1886 brachte wiederum einen Fortschritt, indem die Marine zwei gleich große Yachten – 20 Tons, Yawl getakelt – bauen ließ, um den Sinn des Offizierskorps für Yachtsegeln zu heben, in welchem man, gleich wie im Hindernisreiten der Kavallerie-Offiziere, eine gute Schulung des entschlossenen Mannesmutes erblickte. Diesen beiden LUST und

LIEBE getauften Yachten gesellten sich später noch WILLE und WUNSCH hinzu, so dass eine Zeit lang das Geschwader der Dienstyachten sich auf vier Fahrzeuge belief. Die Marineyacht LIEBE gewann in der sehr gut besetzten Regatta des Norddeutschen Regattavereins am 11. Juli 1886 den Extrapreis für die absolut schnellste Yacht.

Solchergestalt war die Lage der Dinge am Anfang des Jahres 1887, und mit der am 12. Februar 1887 erfolgten Gründung des Marine-Regattavereins (Navy Yacht Racing Club) beginnt nun die eigentliche Geschichte des Kaiserlichen Yachtclubs, der später aus diesem Club hervorging. Der unter dem Ehrenvorsitz des Stationschefs Vize-Admiral von Blaue stehende Verein, der schon am Ende seines Gründungsjahres 251 Mitglieder zählte, setzte sich mit ganz wenigen Ausnahmen aus den Offizieren der Marine zusammen und machte es sich zunächst zur Aufgabe, das Segeln mit Booten und kleineren Yachten zu unterstützen, denn die Offiziere verfügen meist nicht über so große Mittel, um sich den Luxus großer Yachten zu erlauben und sind auch bei ihrer dienstlich sehr stark beanspruchten Zeit nicht in der Lage, sie häufig zu benutzen. Dennoch zählte der Verein im ersten Jahre 31 Fahrzeuge. Die sportliche Tätigkeit begann der Verein mit Veranstaltung von zwei Regatten, eine am 5. Juni und eine am 18. September, beide offen für Yachten und Kriegsschiffsboote und Boote von Kieler Fährleuten (watermen). Die erste Regatta war von 77 Fahrzeugen, die andere von 33 Yachten beschickt; beide Wettfahrten verliefen bei leichter Brise sehr zufrieden stellend.

Das Jahr 1888 zeitigte einen neuen Fortschritt insofern die Mitgliederzahl am Anfang des Jahres schon 344 betrug und die Yachtliste schon neben drei Dampffahrzeugen (one screw steam yacht, two steam launches), siebzehn Yachten und zwölf Boote aufweisen konnte. Die größten Segelyachten waren die 40-Tons-Yawl CARLOTTA (aus England stammend, früher VEGA, 1872 von Camper & Nicholson erbaut) und der 32-Tons-Schoner HELA (DARING, 1871 von M. E. Ratsey erbaut). Auch mit dem bisherigen System der Regatta-Termine wurde gebrochen, indem der Marine-Regattaverein sowohl wie der Norddeutsche je eine Binnenregatta und eine Seeregatta über den Zeitraum einer Woche verteilten, so dass für die fremden Besucher sich die Reise schon besser lohnte. Die vier Wettfahrten waren insgesamt von 117 Fahrzeugen beschickt, von denen 73 auf die des Marine-Regattavereins kamen. Besonders zu erwähnen ist die Teilnahme von Berliner Yachten außer mehreren dänischen und schwedischen.

Von nun an beginnt die Entwickelung des Vereins in einem größeren Maße. Kaiser Wilhelm II., der Mitte 1888 die Zügel der Regierung ergriffen hatte, wandte ihm sein Wohlwollen zu und verlieh ihm Anfang 1889 einen prachtvollen Wanderpreis, der für die Dienstgigs bestimmt war. Wenige Tage vorher hatte sein königlicher Bruder, Prinz Heinrich von Preußen, das Protektorat über den Verein übernommen, der dadurch in die Reihe der allerersten Vereine Deutschlands rückte. Auch die Mitgliederzahl war inzwischen wieder ansehnlich gestiegen und betrug zu Beginn des Jahres 404, in deren Besitz sich 37 Fahrzeuge befanden.

Die beiden Regatten des Vereins, zu denen sich wie im Vorjahre noch zwei des Norddeutschen Regattaverins hinzugesellten, hatten wiederum einen guten Besuch fremder Yachten aufzuweisen und als bemerkenswert muss angeführt werden, dass Kaiser Wilhelm der ersten Regatta beiwohnte, ehe er sich am selben Tage auf seine erste, seit damals sich stetig alljährlich wiederholende Nordlandreise begab.

Auch das Jahr 1890, das mit 458 Mitgliedern und 41 Fahrzeugen abschloss, reihte sich seinen Vorgängern würdig an. Die Binnenregatta, welcher wieder Kaiser Wilhelm beiwohnte, brachte 67 Boote an den Start und an der Seeregatta nahmen 22 Yachten teil, unter ihnen wiederum mehrere nordische Yachten und der von Hamburger Herren angekaufte 40-Tons-Kutter ATALANTA (früher WRAITH, 1879 von Fife in Schottland erbaut), der sich allen anderen Yachten weitaus überlegen bewies. Kaiser Wilhelm, der diesmal die Preisverteilung der Binnenregatta selbst vorgenommen hatte, verweilte auch noch später mehrere Stunden im Kreise der Regattateilnehmer bei einem Bierabend des Vereins. Das für die Geschicke des deutschen Segelsports überhaupt wichtigste Jahr 1891 ist auch das Geburtsjahr des Kaiserlichen Yachtclubs, der am 2. Mai durch eine sehr besuchte

Generalversammlung ins Leben trat, indem sich der Marine-Regattaverein auflöste und dessen bisherige Mitglieder sofort darauf den neuen Club unter dem Namen Kaiserlicher gründeten. Mit dem Eintreffen der kaiserlichen Genehmigung zur Annahme dieses Namens kam dann auch gleichzeitig die Kunde, dass Seine Majestät sich zum Kommodore des Clubs erklärt habe, und Prinz Heinrich nun Vize-Kommodore geworden sei.

Der neue, nun auf breiterer und zugleich sehr liberaler Basis begründete Club trat mit 505 Mitgliedern und 50 Yachten ins Leben. Seine Kreise öffneten sich nunmehr allen gebildeten Gesellschaftsschichten und von nun ab begann er erst das zu sein, was man in England unter einem ‚first-rate' Yachtclub zu verstehen pflegt.

Das erste öffentliche Auftreten des Clubs bestand in der feierlichen Einholung der von S. M. dem Kaiser in England angekauften schottischen Stahlyacht THISTLE, die am 1. Juni im Kieler Hafen eintraf. Es war ein herrlicher Tag mit schönem steifen Ostwind, und unter dem Donner der Kanonen und dem Hurra der Schiffsbesatzungen schoss die mit Dreikant-Toppsegel versehene Yacht mit der für Segelschiffe im Kieler Hafen bisher unbekannten Geschwindigkeit von 13 Knoten in den Hafen, um an ihrer Boje vor dem Schloss festzumachen. Acht Tage später langte die für Seine Königliche Hoheit Prinz Heinrich von Preußen bestimmte neue 40 Tons große Kutteryacht IRENE in Kiel an, die nach Zeichnungen von G. L. Watson bei A. & J. Inglis in Glasgow erbaut worden war. Die Yacht sollte das Beste sein, was Old England zurzeit im Yachtbau herstellen konnte und sie spielte auch in den Kieler Regatten dieses Jahres eine Hauptrolle. Man wird sich nur schwer in England einen Begriff machen können, mit welchem Enthusiasmus die Gegenwart der beiden Yachten, die Teilnahme der IRENE, die alle anderen Yachten um halbe Stunden schlug, von der deutschen Segelwelt begrüßt wurde. Man kann wohl sagen, dass den deutschen Seglern an diesen Tagen die Augen aufgingen, denn sie hatten bis dahin meistens nur ältere englische Kreuzeryachten zu sehen bekommen, und erst IRENEs phänomenale Leistung zeigte ihnen deutlich, was eine moderne englische Rennyacht zu leisten vermochte.

Der Kaiser (rechts) an Bord der METEOR I bei den Rennen um den Queen's Cup 1893 in Cowes

Das für den Club überaus ereignisreiche Jahr 1891 schloss mit 539 Mitgliedern und 50 Yachten ab.

Im folgenden Jahre veranstaltete der Club statt der beiden bisher üblichen zwei Regatten deren drei, nämlich eine auf offener See für größere Yachten, eine im Kieler Hafen für kleinere Yachten und eine Clubregatta für Marine-Beiboote. Außerdem rief er gemeinsam mit dem Norddeutschen Regattaverein eine Wettfahrt über lange Strecke ins Leben, deren Kurs sich von Kiel bis nach Travemünde (in der Lübecker Bucht) über 70 Seemeilen erstreckte. Alle Wettfahrten hatten einen ganz vorzüglichen Erfolg. Es beteiligten sich an ihnen im Ganzen 130 Fahrzeuge, davon 68 Yachten, darunter mehrere schwedische, dänische und eine in Kopenhagen beheimatete englische Yacht. Der Kaiser, Prinz Heinrich, der Großherzog von Mecklenburg-Schwerin und mehrere andere Fürstlichkeiten beteiligten sich wieder persönlich an den Wettfahrten und verkehrten mit der Seglerwelt bei den geselligen Zusammenkünften in huldvollster Weise ohne jeden Etikettenzwang und zum ersten Male verlieh der Kaiser dem Club einen Wanderpreis, den für die größeren Yachten, der in der großen Seeregatta von der IRENE des Prinzen Heinrich gewonnen wurde. Der hohe Eigner führte während der ganzen Wettfahrt selbst die Pinne seiner Yacht.

Die Entwickelung des Kaiserlichen Yachtclubs während der letzten Jahre ist hinlänglich in englischen Seglerkreisen bekannt und bedarf kaum weiterer Erwähnung. Heute zählt der Club 120 Yachten und hat eine Mitgliederzahl von mehr als 900. G. *Belitz*

The Yachting World, 1897

DIE JUBILÄUMS-SEGELREGATTA DOVER-HELGOLAND

Zu der Wettfahrt von Dover nach Helgoland um den von Kaiser Wilhelm gestifteten Jubiläumspokal hatten sich 22 Jachten gemeldet, davon starteten aber infolge der eingetretenen Windstille nur 13. Am 22. Juni sollten die kleineren Jachten (unter 40 Tons) IWLIS, THIEBE, WAVE QUEEN und MONA, die um den Nordseepokal konkurrierten, absegeln, von denen nur die WAVE QUEEN am 24. abends 6 Uhr 50 Min. 51 Sek. in Helgoland durchs Ziel ging. Die 13 größeren Jachten starteten erst am 23. in Dover und traten die Fahrt um zwölf Uhr mittags an. – Das deutsche Artillerieschulschiff MARS ankerte zwei Seemeilen vor Helgoland, nahe der Hog-Stean-Boje, um hier als Ziel zu dienen; an Bord befanden sich die gewählten Preisrichter des Jachtclubs. Kaiser Wilhelm ließ die HOHENZOLLERN, auf der er sich befand, dicht neben MARS anlegen, um die Ankunft der Jachten besser beobachten zu können. Ganz Helgoland und viele Jachtclubmitglieder, die sich hier ein Stelldichein gegeben hatten, harrten gespannt auf das Eintreffen der ersten Fahrzeuge. Am 25. morgens 5 Uhr 30 Min. wurden von der Signalstation Helgoland mehrere Jachten in Sicht gemeldet. Es waren dies die ARIADNE der Mrs. Meynell-Ingram und die CETONIA des Lord Iveagh. Immer näher kamen die Jachten mit der inzwischen aufgetretenen starken Brise, und mit vollen Segeln schossen sie dem Ziele zu. Um 7 Uhr 34 Min. ertönte ein Kanonenschuss von dem MARS, die Besatzung brachte ein dreifaches Hurra auf die Köni-

Die Jubiläums-Jachtregatta Dover-Helgoland: Die Jacht CETONIA passiert am 25. Juni das Ziel bei Helgoland. Nach einer Zeichnung von Willy Stöwer

gin Victoria und die Besatzung der ersten Jacht ein dreifaches Hipphipphurra auf Kaiser Wilhelm II. aus.

CETONIA, ein Schoner von 203 Tons, hatte das Ziel passiert. Durch fachgemäßes Manövrieren und unter Berechnung von Wind und Strom hatte sie die ARIADNE geschlagen. 4 Min. 20 Sek. später ging ARIADNE, ein Schoner von 390 Tons, durchs Ziel. Kanonenschuss und Hurra erfolgten, und Kaiser Wilhelm winkte den siegenden Jachten mehrmals zu. Als dritte Jacht folgte 9 Uhr 17 Min. 20 Sek. AMPHITRITE (161 Tons), als vierte 11 Uhr 5 Min. FREDA (120 Tons), als fünfte 11 Uhr 16 Min. JULLANAR (126 Tons). Die sechste Jacht ging 11 Uhr 20 Min. durchs Ziel und segelte direkt nach Cuxhaven. Als siebente Jacht folgte 11 Uhr 35 Min. CORISANDE (160 Tons), als achte 12 Uhr 49 Min. ANEMONE (96 Tons), als neunte 6 Uhr 44 Min. 30 Sek. abends ASTARTE (161 Tons), als zehnte 7 Uhr 3 Min. GODDESS (176 Tons). Der größte Teil der Jachten hatte trotz des anfangs wehenden schlechten Windes eine schöne Fahrt gehabt und die 330 Seemeilen lange Strecke in 30 bis 50 Stunden durchsegelt.

Nach Beendigung der Regatta begab sich Kaiser Wilhelm auf der HOHENZOLLERN nach Brunsbüttel und durch den Kaiser-Wilhelm-Kanal nach Kiel, um der Regatta der Kieler Woche beizuwohnen.

Die Preisverteilung fand in den Räumen des Kaiserl. Jachtclubs zu Kiel statt. Da CETONIA wegen Kollision auf See disqualifiziert wurde, erhielt den Kaiserpreis, den in voriger Nummer abgebildeten und beschriebenen Pokal, Mr. Wyndbam Cool's FREDA, den zweiten Preis ARIADNE. Den Nordseepokal, gestiftet von Mr. Gordon-Hagdlinjon für das Rennen von Jachten unter 40 Tonnen, gewann merkwürdigerweise dessen eigene Jacht WAVE QUEEN, die bereits, wie im Eingang erwähnt, am 24. in Helgoland durchs Ziel gegangen war. *Illustrierte Zeitung, 1897*

Die Wettfahrt Dover-Helgoland

Der oberste Schirmherr des deutschen Segelsports hat mit weitem Blick und glücklicher Hand seine der Hebung des Segler-Wettstreits gewidmeten Maßregeln von jeher stets so getroffen, dass sie nicht allein den deutschen Seglern, sondern auch dem Heimatlande seiner hohen Mutter, dem Mutterlande des Sports zugute kommen, indem sie dort kräftige Antriebe zu regerem Wettbewerb geben, die Insulaner aus ihrer Abgeschiedenheit locken und ihnen eine Seglerwelt zeigen, von der sie wenig wussten und deren frisches Aufstreben ihnen als alten Sportsmännern Hochachtung abnötigte. Diese Beeinflussung des britischen Segelsports ist für die Entwicklung des deutschen hochwichtig, indem sie dem jüngeren Sport sein glänzendes älteres Vorbild näher rückte als es durch die bloße Einreihung ausgezeichneter britischer Yachten in die deutsche Yachtflotte geschähe.

Die Briten sind zu gute Sportleute, als dass sie nicht bei allem angeborenen Phlegma und aller Liebe zur Abgeschlossenheit mit ehrlicher Dankbarkeit die Maßregeln würdigen sollten, welche der begeisterte Wassersportsmann auf dem deutschen Kaiserthron auch zu ihrem Besten zu ergreifen wusste.

Als Kaiser Wilhelm die brachliegende prächtige THISTLE erwarb und sie als METEOR wieder auf die Rennbahn stellte, erkannten die Briten mit unverhohlener Freude an, dass diese Tat, welche dem deutschen Yachtbau eines der herrlichsten Vorbilder gab, zugleich der britischen ersten Rennyacht-Klasse neues Leben verlieh, indem sie zum Bau neuer Renner dieser stolzen Größe die wirksamste Anregung bot, welche fortgesetzt anzufachen der hohe Herr sich angelegen sein ließ durch wiederholte Entsendung des METEOR nach den britischen Gewässern und durch den Bau eines neuen, zeitgemäßen METEOR von noch großartigeren Segeleigenschaften.

Durch Stiftung von Preisen wie dem METEOR-Schild wirkte der deutsche Kaiser weiter ein auf den Wettsegelsport in England selbst.

Nach Deutschland wusste er britische Segler zu ziehen durch die auch sportlich hochbedeutenden Festtage der Kanal-Feier in Kiel.

Eine neue glückliche Anregung zum Besuche der deutschen Gewässer und der glänzenden Mittelpunkte des deutschen Wettsegelsports hat der kaiserliche Sportsmann durch die Veranlassung der Wettfahrt von Dover nach Helgoland gegeben, welche von einem großartigen Erfolge gekrönt wird; das beweisen die außerordentlich zahlreich gemeldeten Yachten und die Beifallsäußerungen in der englischen Presse.

Beim Meldeschluss am Dienstag, den 1. Juni, ergab sich folgende stattliche Reihe von Bewerbern um den kostbaren Preis, den Kaiser Wilhelm selbst entworfen und zur Erinnerung an das 60. Regierungsjahr der britischen Landesmutter für die Wettfahrt von Dover nach Helgoland gestiftet hat. (Alphabetische Anordnung, Größe in englischen Tonnen)

AMPHITRITE, 161 t, Schoneryacht des Baronets Sir F. Wills,
ANEMONE, 96 t, Yawl des Herrn J. H. Haggas,
ARIADNE, 380 t, Schoneryacht der Frau Meynell Ingram,
ASTEROPE, 161 t, Schoneryacht des Herrn Albert Wood,
CARESS, 67 t, Kutter des Herrn H. T. von Laun,
CARIAD, 129 t, Ketsch des Grafen von Dunraven,
CETONIA, 203 t, Schoneryacht des Barons Iveagh,
CORISANDE, 160 t, Yawl des Herzogs von Leeds,
CREOLE, 54 t, Kutter des Obersten Villiers Bagot,
CYGNET, 57 t, Yawl des Herrn E. M. Nelson,
DAY DREAM, 59 t, Schoneryacht des Herrn A. F. Penraven,

EDWINA, 55 t, Yawl des Herrn A. C. Bailey,
FREDA, 120 t, Yawl des Herrn Wyndham Cook,
GODDESS, 176 t, Ketsch des Herrn F. Popham,
GWYNFA, 57 t, Kutter des Herrn T. H. Myring,
JULLANAR, 126 t, Yawl des Herrn Ernest James,
LADY RUTH, 47 t, Yawl des Herrn H. W. Trollope,
MERRY THOUGHT, 73 t, Yawl des Herrn Cecil Quentin,
REINDEER, 106 t, Schoneryacht des Herrn S. P. Mumford,
SIBYL, 45 t, Kutter der Frau E. H. Middleton,
SPERANZA, 101 t, Yawl des Herrn E. S. Revett.

Hören wir, was ,The Yachtsman' (London) zu dieser Liste sagt, welche die edelsten Namen des Landes, auch zwei Damen als Yacht-Besitzerinnen und eine ganze Flotte verschiedenartigster, sehenswerter Yachten aufweist.

„Es ist sehr befriedigend, wenn man sieht, dass der schöne Akt der Höflichkeit des deutschen Kaisers zur Feier des 60. Jahres der großen Regierung Ihrer Majestät eine recht würdige Antwort von Seiten der britischen Segler gefunden hat. Die Meldung von mehr als zwanzig Yachten für eine Wettfahrt wie die von Dover nach Helgoland ist als bemerkenswert anzusehen und die Tatsache, dass regelrechte Rennyachten durch ihre Abwesenheit glänzen (wie es unglücklicherweise in diesem Jahre bei allen Regatten gewesen ist), dient nach unserer Meinung dazu, die Wichtigkeit der Veranstaltung bedeutend zu erhöhen. Die Namen von einigen der gemeldeten schönen alten Fahrzeuge sind mit großen Buchstaben in der Geschichte des britischen Segelsports verzeichnet und das erneute Hissen der alten Rennflaggen wird manchen Segler-Veteranen an die Begeisterung seiner jüngeren Tage erinnern, als die Wettfahrten, wenn sie auch nicht schwerer als heutzutage gewonnen wurden, wenigstens so aussahen wegen der größeren Aufregung, die ihre Seltenheit verursachte. Vielleicht haben wir in unseren Tagen zu viele Regatten – viele Leute glauben es – und so wird unsere Begeisterung leicht abgestumpft. Wie dem auch sein mag, die Wettfahrt des Kaisers wird als einzig in ihrer Art lange in der Erinnerung fortleben, sowohl um der Anzahl als auch um der Eigenart der Yachten willen. In Hinsicht der

Takelung gibt es eine sehr angenehme Abwechslung, denn während die ‚nationale' Takelung durch vier Kutter vertreten ist, kommen nicht weniger als neun Yawls, ein halbes Dutzend Schoner und zwei Ketschen hinzu – kurz, wenn noch eine Brigg oder eine Bark dazugehörte, wäre es ganz wie in ‚alten Zeiten'.

Wenn auch diese Verschiedenartigkeit von einem Gesichtspunkt aus hübsch genug ist, so wird sie andererseits kaum ermangeln, den Gleichmut der Handicapper in gewissem Grade zu stören, denn es ist kein Kinderspiel, eine vernünftige Zeitvergütung zu solch einer Wettfahrt auszurechnen. CARESS und CREOLE sind etwas störende Einflüsse, denn was sie von zwölf Stunden eines günstigen Sturmes verlieren könnten, das würden sie wahrscheinlich in einer Stunde mit leichten Gegenwinden gutmachen, und die Fahrt nach Helgoland wird nicht in einem Tage zu machen sein. Kurz, es hängt, ganz abgesehen von dem Handicap, bei einer langen Wettfahrt wie dieser, wenn die Boote weit auseinander kommen, außerordentlich viel vom reinen Glück ab. CARIAD dürfte ebenso gute Aussichten haben wie irgendeine andere Yacht, denn nach ihrem Modell zu urteilen, das im Imperial-Institute ausgestellt ist, muss sie ein recht schneidiges Fahrzeug sein. Sie kann als eine typische Kreuzeryacht unserer Tage angesehen werden und die Segler dürfen wohl stolz sein, sie unter den im Hafen von Kiel ankernden Yachten zu sehen. Wie schlecht auch dieses oder jenes Messverfahren sein mag und wie kräftig man deren Schöpfer gescholten haben mag, wenn CARIAD irgendwie als Ergebnis des erziehlichen Einflusses eines solchen Messverfahrens angesehen werden muss, dann sind die letzten zehn Jahre nicht ohne gute Früchte gewesen. Schade ist es nur, dass man an einem Kreuzer, der ohne irgendwelche Beschränkungen durch Messverfahren gebaut ist, gerade dasjenige findet, was die meisten Leute an der Rennyacht zu sehen wünschen; deshalb scheint es fast, dass der Wert des Messverfahrens bisher sich darauf beschränkt hat, die Konstrukteure darüber zu belehren, was sie beim Bau eines für alle Zwecke brauchbaren Fahrzeugs zu vermeiden haben. CARIAD ist eine echte Kreuzeryacht und als solche interessant mit einigen von den Fahrzeugen zu vergleichen, die, wie die berühmte alte JULLANAR (deren Modell ebenfalls im Imperial-Institute ausgestellt ist), erst im Laufe der Zeit ‚Kreuzer' geworden sind und gegen die sie wettsegeln soll.

Wir wissen nicht, ob es beabsichtigt wird, einen britischen Dampfer zum Begleiten eines Teiles dieser Jubiläums-Wettfahrt zu stellen, wir halten es jedoch für sicher, dass ein solches Unternehmen der London-Chatham- und Dover-Gesellschaft sich gut bezahlt machen würde. Das Schiff könnte die Yachten etwa dreißig bis vierzig Seemeilen weit begleiten und dann nach Dover zurückkehren. Der Anblick so vieler in einem Rennen wettsegelnder Yachten, ihre verschiedenartigen Takelungen und die geschichtliche Merkwürdigkeit vieler von ihnen muss eine sehr große Menge Zuschauer herbeilocken."

Für Yachten unter 40 Tonnen sind von englischer Seite für die gleiche Bahnlänge Preise ausgesetzt worden und Kaiser Wilhelm hat allergnädigst auch für diese die höchsteigenhändige Überreichung der Preise an die Sieger in Aussicht gestellt.

So wie die britischen Segler sich freuen über die günstige Gelegenheit, welche ihnen der deutsche Kaiser gewährt hat, eine Anzahl ihrer tüchtigsten seegehenden Yachten auf langer Hochsee-Wettfahrt zu erproben und zu zeigen, so sind die deutschen Segler ihrem unermüdlichen Schirmherrn und Förderer zu freudigstem, wärmsten Danke verpflichtet, dass er es möglich gemacht hat, eine so stattliche Flotte hochinteressanter großer Yachten, wie sie seit langer Zeit nicht vereinigt gewesen ist, zu der weiten Fahrt nach den deutschen Gewässern zu bewegen, wo sie für den aufstrebenden jungen deutschen Segelsport ein Anschauungs- und Belehrungsmittel bilden werden, das reichhaltiger und bequemer nicht zu erlangen ist. In der Geschichte des deutschen Segelsports wird dieses Schauspiel des 25. Juni 1897 als ein neues Zeichen kaiserlicher weitblickender Fürsorge und wirkungsvoller Tatkraft unvergesslich bleiben.

Wassersport, 1897

DIE FLOTTILLE DES KAISERLICHEN YACHTCLUBS

Es sind jetzt sechs Jahre her, dass der Kaiserliche Jachtclub zu Kiel ins Leben trat. Die Mitglieder rekrutierten sich zum größten Teil aus dem ehemaligen Marine-Regattaverein, der seit 1887 als eine Gründung von Seeoffizieren bestand. Protektor des Vereins war der Prinz Heinrich von Preußen. Wenngleich die Mitgliederzahl, es waren etwa 300, gar nicht so gering erscheint, so verfügte man doch immer über eine recht bescheidene Flottille. Als unübertroffene Segler standen die beiden Marinejachten LUST und LIEBE und CARLOTTA an der Spitze. Letztere, ein englisches Boot, gleich den übrigen als Yawl getakelt, war längere Zeit im Besitz des Kapitänleutnants Arenhold, wohl des bedeutendsten Seglers im Club, der später vom Kaiser mit der Führung des neuen METEOR betraut wurde. Die dritte große Jacht der Marine WILLE war weniger Renn- als Tourenboot. Diesen vier größeren Kuttern reihten sich gegen dreißig andere Boote von 40 Kubikmetern abwärts an.

So ungefähr war der schwimmende Bestand des Vereins, als unser Kaiser sein reges Interesse, das er immer für den Segelsport empfand, betätigte, indem er sich als Kommodore an die Spitze desselben stellte; von da an führte der Marine-Regattaverein den Namen Kaiserlicher Jachtclub. Im Laufe der sechs Jahre, auf die er nun zurückblickt, hat sich der Jachtclub an Mitgliederzahl ungefähr verdreifacht, seine Flotte aber erstaunlich vergrößert. Noch können wir uns nicht mit den großen englischen Clubs messen, aber auch dahin dürfte es in nicht zu langer Zeit kommen.

Wir haben jetzt eine Kieler Woche wie der Engländer seine Cowes Week. Volle acht Tage herrscht dann jedes Jahr in Kiel ein reges Leben. Auf zwei, drei und noch mehr Seeregatten und einigen Binnenrennen im Hafen selbst treten die großen und die kleinen Konkurrenten einander gegenüber, und auf die Nachbauten, die im verflossenen Winter entstanden sind, richten sich die Augen aller Sportsleute. In diesem Sommer wird es bei den Rennen in Kiel ganz besonders heiß zugehen. Als eine angenehme neue Einrichtung begrüßt man allgemein die Errichtung einer besonderen Klasse für die Kreuzer des Clubs, die ihrem Zweck als Tourenboot entsprechend weniger Chancen den eigentlichen Rennern gegenüber haben. Es gibt im Club eine ganze Reihe solcher Seeboote, auf denen der Eigner jeden Sommer seine Erholungs- und Vergnügungsreisen in See macht.

Von den erstklassigen Rennern stehen natürlich METEOR des Kaisers und KOMET, der der Marine von ihm geschenkte Kutter, an der Spitze. Der METEOR, der auf der linken Seite unserer Zeichnung dargestellt ist, gehört seit dem Jahre 1896 dem Jachtclub an. Der Kaiser ließ diese Jacht in England bei dem berühmten Jachtkonstrukteur G. L. Watson bauen, um den mittlerweile entstandenen englischen Neubauten, denen der alte METEOR nun nicht mehr gewachsen war, einen Konkurrenten entgegenzustellen. Als solcher, und zwar als ein unüberwindbarer, hat sich METEOR auch immer bewährt.

Von der enormen Größe dieser Jacht kann sich der Laie einen Begriff machen, wenn er sich den Flächeninhalt seiner Segel berechnet; dieser beträgt 1.159,36 Quadratmeter, und zwar ist hierbei nur die Leinwand in Betracht gezogen, die ein Kutter bei dem Winde trägt.

Im Jachtclub ist natürlich für METEOR und KOMET kein Gegner vorhanden; sie bilden eigentlich zusammen eine Klasse für sich. Ganz bedeutend kleiner, aber immerhin noch sehr stattliche Kutter sind die anderen Jachten derselben Abteilung. Am erfolgreichsten war von ihnen im Rennen die VARUNA des Fürsten zu Schaumburg-Lippe. Ebenfalls von Watson konstruiert und auf der Werft von D. u. W. Henderson und Co. in Glasgow im Frühjahr 1892 fertiggestellt, ging sie, nachdem sie in England alle Rennen mit dem besten Erfolg gesegelt hatte, 1894 in den Besitz ihres jetzigen Eigners über. Neben MÜCKE ist LAIS ihr gefährlichster Gegner, ein Hamburger Kutter von ungefähr derselben Größe und demselben Alter. Hatte VARUNA bisher ihre besten Erfolge bei flauem Winde zu verzeichnen, so war es bei LAIS gerade umgekehrt. Die in das Bild hineinsegelnde Jacht ist eine von den besten Kreuzern des Clubs, die STELLA MARIS des Kammerherrn Grafen von Hahn. Sie ist als Yawl getakelt und wurde auf der rühmlich bekannten Werft von J. G. Fay and Co. Ltd. in Southampton im Winter 1892/93 erbaut. Es würde zu weit führen, die sämtlichen Boote einer jeden Klasse auszuführen, wir beschränken uns daher darauf, von allen nur die wichtigsten zu nennen, die auch in der Kieler Woche von sich hören lassen werden. So hat sich beispielsweise HERTHA als zweiter Neubau der Jachtbaugesellschaft und als ein rein deutsches Erzeugnis bewährt. Ihr Vorgänger, der etwas kleinere COMMODORE des verstorbenen Großherzogs von Mecklenburg-Schwerin, der erste deutsche Wulstkieler, machte in seinem ersten Rennen geradezu Furore. Nicht unerwähnt sei ferner der kleine SIGRUN des Konteradmirals Rittmeyer, der sich jahrelang an der Spitze seiner Klasse hielt, bis ihm in WITTA, ebenfalls einem Wulstkieler, ein noch schnellerer Segler an die Seite gestellt war.

Wie sich der neue Schoner IDUNA der Kaiserin in der Kieler Woche machen wird, ist zunächst noch eine offene Frage. Wirkliche Chancen dürfte er wohl nur dann haben, wenn Wind und See möglichst ungeniert sind. Was sonst noch einen mehr oder weniger guten Namen in der Flotte des Jachtclubs hat, findet der Leser am unteren Rand unserer Illustration vermerkt. Zu erhoffen steht, dass ihrer immer mehr werden, dass namentlich die großen

Klassen stärker werden, dass noch viele, die dazu im Stande sind, dem Beispiel und der Anregung unseres Kaisers folgen. Einzig und allein hat der Jachtclub es

ihm zu verdanken, dass er zu seiner gegenwärtigen Höhe gelangt ist. Seine überraschend schnelle Entwicklung gehört in den Kreis aller der Maßnahmen, durch die der Kaiser unausgesetzt den Blick unseres Volkes auf die See hinauszulenken bestrebt ist.

Georg Martin

Die Kreuztour Elbe aufwärts.

DIE HOCHSEEFISCHER-WETT-FAHRT AUF DER UNTERELBE

Eine eigenartige Wettfahrt wurde am Sonntag, den 14. November dieses Jahres auf der Unterelbe von Mitgliedern des Hamburger Jachtclubs veranstaltet.

Hochseefischerfahrzeuge sollten dem Publikum ihre Segelleistungen vorführen, und dazu waren vom Komitee Einladungen zum Start ergangen, der bei Nienstedten um zehn Uhr vormittags stattfinden sollte.

Es war ein eigenartig schönes Bild, die am Start erschienenen 18 Fahrzeuge, Kutter und Ewer mit ihren malerischen roten Segeln, an der Gaffel des Besanmastes die Nationalflagge, vor Anker liegen zu sehen. An Bord herrschte reges Leben.

Unser Begleitdampfer PRIMUS machte an der Brücke bei Nienstedten fest und um zehn Uhr donnerte der Startschuss von dem kleinen Dampfer MAX BAUER herüber.

Auf allen Fahrzeugen wurde nun eiligst Anker gelichtet und Vorsegel gesetzt. Von einer leichten südwestlichen Brise und der Ebbe getrieben, segelte die ganze Flottille auf das vorläufige Ziel Juls Sand zu. Hier angelangt ging sie vor Anker, um mit der ½ 3 Uhr eintretenden Flut dem Hauptziel Nienstedten wieder zuzusegeln.

Nach eingetretener Flut musste auf der Strecke zumeist bei dem leichten Winde gekreuzt werden; dabei glückte es dem Kutter S. B. 18., weit vorauszukommen und als Erster durchs Ziel zu gehen.

Heiterkeit erregte während des Kreuzens das Begießen des Großsegels eines der Fahrzeuge mit Wasser, um den flauen Wind mehr an die Segelfläche zu fesseln. Nach Passieren des Ziels fand an Bord des Dampfers PRIMUS die Preisverteilung statt. Die Prei-

Stadt bei Nienstedten. – Anker auf.

Alle Vortheile gelten.

Willy Stöwer
Hamburg 14. XI. 97

Flaschen Rum und Kognak, zwölf Biergläsern, einer Schiffsuhr, einem Medizinkasten und zwei Flaschen Four-Crown-Whisky, alles nützliche Dinge für den Fischer.

Vor der Verteilung hielt Marineinspektor Fokkes eine Ansprache, in der er dem Hamburger Jacht-club und allen, die zum Gelingen der Wettfahrt durch Stiftung von Preisen oder direkte Beteiligung beigetragen hatten, dankte. Besonderen Dank verdiene der Senat der Stadt Hamburg, der sein Interesse für die Hochseefischerei durch Geldpreise betätigt habe. Auf ihn bitte er ein dreifaches Hoch auszubringen. Nachdem das von den Besatzungen der ringsum liegenden Fahrzeuge wiederholte Hoch verklungen war, überreichten Marineinspektor Fokkes und Herr Hans D. Lübbert aus Blankenese die Preise an die Besitzer von fünf Kuttern und fünf Ewern. Die Zeit, in der diese zehn Fahrzeuge die Strecke zurückgelegt hatten, schwankt zwischen 4 Std. 18 Min. 25 Sek. und 4 Std. 28 Min. 57 Sek.

Ein dreifaches Hoch auf den Hamburger Jachtclub sowie auf die Blankeneser und Finkenwerder Hochseefischerei schloss die Feier.
Willy Stöwer

Illustrierte Zeitung, 1897

se bestanden in Geldspenden, zu denen der Senat der Stadt Hamburg 300 Mark gestiftet hatte, ferner in einem Preiswimpel nebst Nationalflagge, in 2.000 Kilogramm Eis, 100 Liter Bier, 1.000 Stück Zigarren, einem paar Springen, zwei Fässern Salzfleisch, drei

Die Hochseefischer-Regatta auf der Unterelbe am 14. November 1897. Nach einer Zeichnung von Willy Stöwer

Die Klasse I am Start

Mit ganz besonderer Genugtuung kann der
Kaiserliche Jachtclub in diesem Jahr auf die
Kieler Woche zurückblicken. Erstens war
die Beteiligung eine sehr zahlreiche, und
dann haben sich die deutschen Neubauten
recht gut bewährt, vor allem der KOM-
MODORE der Jachtbaugesellschaft des
Kaiserlichen Jachtclubs. Ganz besonders
interessant gestaltete sich das Rennen des
Norddeutschen Regattavereins am Sonnabend, den 25. Juni; sollten doch an diesem
Tage zum ersten Mal die großen Kreuzerjachten des Auslandes, der ganz neue Engländer RAINBOW, ein wunderbar schöner Schoner, ein anderer Engländer
CHARMIAN, dann LATONA, sich mit
dem Schoner der Kaiserin IDUNA messen. Dass das Letztere gleich bei dem ersten
Rennen mit seiner jungen Mannschaft und
mit seiner nicht ganz auf der Höhe stehenden Leinwand insbesondere gegen
RAINBOW wenig oder gar keine Chancen
haben konnte, wurde durch den vierten
Platz erwiesen, an den sie der Konkurrent
drängte. Interessant war vor allem der
Umstand, dass Schoner, obgleich man sie
alle zur Kreuzerabteilung gerechnet hatte,
doch auch den extremen Rennern, die
Kutter getakelt sind, gewachsen sein können. So ist RAINBOW an dem Sonnabend-
rennen bis auf METEOR an allen Rennbooten seiner Klasse vorbeigesegelt. Bei
dem Eckernförder Rennen schlug er sogar
den METEOR um mehrere Minuten.

     Vorstehende Abbildung bringt ei-
nen der wichtigsten Momente zur Darstellung, den Start in dem Augenblick, da vom
Startdampfer aus der Schuss zum Zeichen
des Lossegelns gegeben wird. Es entspricht

hierbei dieselbe genau der Lage, in der sich am 25. die erste Klasse beim Starten befand. METEOR und RAINBOW, die gleich den andern Kuttern dicht vor der Startlinie auf und ab kreuzten, starteten ganz vorzüglich. Im Nu hatten sie ihre Spinnaker an Steuerbord angebracht und schoben sich mit kolossaler Fahrt an den anderen Jachten vorüber, die sich bis zum Schluss des Rennens ziemlich dicht beieinander hielten. Wind und Wetter waren der Regatta günstig, es hielt sich eine sehr schöne Südwestbrise, obgleich anfangs Tendenz zu Gewitter vorhanden war. Nur am Sonntag, dem 26., an dem die Seeregatta des Kaiser-lichen Jachtclubs stattfand, musste wegen Flaute auf den kleinen Bahnen gesegelt werden. An den voraussichtlichen Resultaten änderte auch dies nichts. METEOR war wieder Erster, und in der Kreuzerklasse der I A Boote RAINBOW. Es würde zu weit führen, von jedem Rennen die Resultate anzuführen. Der Kaiser, der sich an jedem Rennen beteiligte, machte das letzte auf der die Jachten begleitenden HOHENZOLLERN mit, die von Travemünde aus am 4. Juli ihre Nordlandreise antrat. Im Ganzen wird man in Sportkreisen mit dem Verlauf der Kieler Woche sehr zufrieden sein können. *Illustrierte Zeitung, 1899*

Kaiser Wilhelms neue Schonerjacht IDUNA

Große Freude hat in deutschen Sportkreisen die Nachricht hervorgerufen, dass der Kaiser wiederum die Jachtflotte des Kaiserlichen Jachtclubs durch den Ankauf eines schönen, großen Fahrzeugs vermehrt hat. Wie die beiden letzten Erwerbungen des Kaisers stammt auch der neue Schoner IDUNA von dem Ausland, und zwar diesmal aus Amerika. Trotz ihres verhältnismäßig jugendlichen Alters – sie lief 1887 vom Stapel und führte den Namen YAMPA – hat die IDUNA schon verschiedene Besitzer gehabt. Der letzte, ein Herr Palmer in New York, hat mit ihr verschiedene Ozeanreisen unternommen, auf denen das Boot stets die vorzüglichsten Segeleigenschaften zeigte. Auch als Renner hat sich der Schoner bewährt, und dass er seinerzeit im Royal Yacht Squadron den Preis an AMPHITRIRTE abtreten musste, war einem Versehen zuzuschreiben, das der Führer der IDUNA gegen die vorgeschriebenen Wettsegelregeln begangen hatte. Jedenfalls hat der Schoner einen in Sportkreisen durchaus rühmlichen Namen, so dass er für den Kaiserlichen Jachtclub einen wertvollen Zuwachs bedeutet. Die IDUNA, die ihren Bestimmungen gemäß nicht als extremer Renner gebaut wurde, ist nach den Plänen des bekannten Jachtkonstrukteurs A. Cary Smith auf der Werft der Hailan and Hollingworth Company in Wilmington (Delaware) entstanden. Ihr erster Besitzer war Mr. Chapin vom New Yorker Jachtclub. Die Abmessungen der durchweg aus Stahl gebauten Jacht sind die folgenden: Länge über alles 135 engl. Fuß, Länge in der Wasserlinie 110 Fuß, Tiefgang 13 Fuß 3 Zoll, ihre Größe beträgt 170,31 Registertonnen. Von der ganz bedeutenden Größe der IDUNA kann man sich am besten einen Begriff machen, wenn man ihre Maße mit denjenigen des METEOR vergleicht, der bisher das größte Schiff des Kaiserlichen Jachtclubs war. Die IDUNA übertrifft nämlich mit ihrer Länge von 41,5 m den METEOR um 14 m. Der Kaiserliche Jachtclub in Kiel besitzt nunmehr die zwei schnellsten Segler ihres Typs in METEOR und IDUNA.

Sicherlich wird die IDUNA auch in der Rennsaison des kommenden Sommers eine Rolle spielen, und war es in den letzten Jahren der Kutter METEOR, so wird es diesmal wohl zum ersten Mal in Deutschland ein Schoner sein, auf den sich das Interesse des Segelsports richtet. *Illustrierte Zeitung, 1899*

Kaiser Wilhelms neue Schonerjacht IDUNA. Nach einer Zeichnung von G. Martin

G. Martin.

An Bord Ihrer Majestät Kreuzerjacht IDUNA

Zu den in ihrer äußeren Erscheinung schönsten, dabei aber zugleich leistungsfähigsten Fahrzeugen des Kaiserlichen Jachtclubs gehört heute unstreitig die im Besitz der Kaiserin befindliche IDUNA, die in der vorjährigen Kieler Woche zum ersten Mal in deutschen Gewässern startete und von vornherein alle Erwartungen erfüllte, die man aufgrund vorangegangener Leistungen hegen zu dürfen glaubte. Das prächtige Fahrzeug ist im Jahre 1887 am Delaware für die Familie des reichen Amerikaners Palmer erbaut worden, und zwar für Vergnügungsreisen, insbesondere nach Westindien bestimmt, auf denen sich der stählerne Schwertschoner als Schwerwetterboot ersten Ranges bewährte. Bald darauf durchquerte die Yacht zum ersten Mal den Atlantischen Ozean und wiederholte dann die schnell und glücklich zurückgelegte Reise, um in England eine Sportsaison mitzumachen und während derselben in mehreren der wichtigsten Regatten erstklassige englische Schoner glänzend zu schlagen.

Im nächsten Jahre nach Kiel gekommen, erregte die schmucke Jacht sofort die Aufmerksamkeit des Kaisers und im nächsten Winter ging sie dann in seinen Besitz über, wurde von amerikanischen Mannschaften bei schwerem Wetter in 15 Tagen von New York über den Ozean nach Southampton gebracht und dort von deutschen Mannschaften übernommen. Das Kommando des Schiffes wurde dem Oberleutnant zur See Karpf übertragen, der, noch heute in dieser Stellung, die IDUNA, wie bei der vorjährigen, so auch in der gegenwärtigen Kieler Woche

von Sieg zu Sieg geführt hat. Sowohl in der Seeregatta des Kaiserlichen Jachtclubs am 23. Juni sowie zwei Tage später auf derjenigen des Norddeutschen Regattavereins ging IDUNA, eine Kreuzerjacht von reichlich

Kaiserin in der diesjährigen Kieler Woche bisher behindert, persönlich an Bord ihres Fahrzeugs die Regatten mitzumachen. Indes ist das auch nicht wie bei den Rennjachten der Hauptzweck dieser Kreuzer, die vielmehr als Vergnügungs- und Reisefahrzeuge erbaut sind. Dieser Bestimmung aber hat die IDUNA wie im vorigen Sommer so auch in diesem gedient, indem die Kaiserin mit den in Kiel anwesenden Fürstlichkeiten an Bord ihrer Jacht Spazierfahrten auf der Förde unternahm. Wie der Schwan, den die IDUNA in ihrer Rahflagge führt, gleitet das schneeweiß gestrichene, im Inneren komfortabel eingerichtete Fahrzeug über die blaue Ostsee, bei günstigem Wind unter vollem Zeug segelnd: an jedem der beiden Masten ein Groß- und Toppsegel führend, davor hintereinander die Fock, den Klüver, den Außenklüver und den Flieger, zwischen den Toppen das Stengen-Stagsegel. Diese Segel sind im letzten Jahr von einer bedeutenden englischen Firma neu beschafft und kosten, wie wir dem Laien nebenbei mitteilen wollen, die Kleinigkeit von 25.000 M. *G. H.*

Illustrierte Zeitung, 1899

28 Segellängen, als erstes Fahrzeug ihrer Klasse durchs Ziel.

Die stürmische, am 25. Juni obendrein von heftigen Regenböen durchsetzte Witterung hat die

Von der Kieler Woche: an Bord Ihrer Kaiserjacht IDUNA.
Originalzeichnung von Willy Stöwer

Wilhelm II.:

" . . . Ich danke Eurer Magnifizenz für die Worte, welche Sie soeben an mich gerichtet haben. Mit Freuden begrüße ich im Namen des Kaiserlichen Jachtclubs, als dessen Kommodore und im Namen aller Mitsegelnden den neu entstandenen Lübecker Jachtclub. In dessen Entstehung hoffe ich ein Zeichen zu erblicken für den Zug der Nation, die Zukunft immer mehr auf dem Wasser zu suchen. Es ist selbstverständlich, dass darin die Hauptstädte vorangehen und also auch natürlich vor allem die alte Hauptstadt der Hansa, Lübeck, diese altehrwürdige Stadt, wo jeder Zoll Boden, jeder Fuß Wasser Bände von Geschichten davon erzählt, was das Bürgertum in seiner Kraft zu schaffen imstande war. Dabei erinnere ich an einen alten Wahlspruch Lübecks: ,Das Fähnlein ist licht an die Stange gebunden; aber es kostet viel, es wieder mit Ehren abzunehmen.' Es ist dies ein Wort, dessen auch wohl jeder Segler eingedenk sein wird, wenn er morgens an den Start geht. Das Aufblühen des Segelsports wird, wie ich hoffe, auch dazu beitragen, das Interesse für alles, was unsere wirtschaftlichen Beziehungen nach außen betrifft, zu entwickeln, die Lust zu Unternehmungen im Auslande zu stärken und die Ausbildung tüchtiger Jachtmatrosen zu fördern."

Kaiser Wilhelm II. während des offiziellen Frühstücks im Lübecker Ratskeller anlässlich der Gründung des Lübecker Yachtclubs am 1. Juli 1899

Wilhelm II.:

„ . . . Es ist durchaus keine Schmeichelei, wenn ich erkläre, dass der Tag der Elbregatta für mich immer ein Tag der Freude ist, dem ich mit Ungeduld entgegensehe, denn er bedeutet für mich immer einen Feiertag nach schwerem Bemühen. Das Zusammensein mit Herren, die gleichen Zielen entgegenstreben, mit Männern von Kopf und beseelt von dem Geist, der über die Welt dahinschwebt, und die schon manches gesehen und erlebt haben, ist für mich ein Labsal und regt auch mich zu neuen Gedanken, zu frischem Tun an.

Sie haben freundlicherweise bei ihrem Rückblick der Anstrengungen und Arbeiten gedacht, die ich unternommen habe, um auch bei uns den Segelsport vorwärtszubringen. Meine Herren, das ist eine von den Künsten – so will ich es einmal nennen –, die wir pflegen können, weil wir in gesichertem Frieden zu leben imstande sind, und wir können das bloß, weil wir nunmehr auf der Basis stehen, die mein seliger Großvater und mein seliger Vater uns erstritten haben. Seitdem nun aber ein Deutsches Reich besteht und unser gesamtes deutsches Volk unter einheitlichem Banner seinem Ziele entgegenarbeitet, und seitdem wir wissen, dass durch unser festes Zusammenstehen wir eine unüberwindliche Macht in der Welt darstellen, mit der gerechnet werden muss, seitdem haben wir auch den Frieden bewahren können.

Und keine Kunst ist wohl so geeignet, den Mut zu stählen und das Auge zu klären wie die Fahrt auf dem Wasser. Ich hoffe, dass jahraus, jahrein vom Inneren des Landes mehr und mehr ein starker Zuzug hierher stattfinden werde, um immer mehr die Reihe der Segelsportfreunde zu stärken und zu vermehren und nicht bloß den Kampf mit den Elementen aufzunehmen, der Geschicklichkeit fordert, sondern ich verspreche mir auch von dem Verkehr des Inlandes mit der ‚Wasserkante‘ große Vorteile und befruchtende Gedanken für mein Volk. Meine Herren! Sie haben soeben gehört, und ich bin es Ihnen dankbar, dass Sie mit Freuden und Anerkennung unserer Politik folgten. Es ist mein Grundsatz, überall wo ich kann neue Punkte zu finden, an denen wir einsetzen können, an denen in späteren Zeiten unsere Kinder und Enkel sich ausbauen und das zunutze machen können, was wir ihnen erworben haben. Langsam nur hat das Verständnis für Wasser- und Seewesen, für die Wichtigkeit des Meeres und seiner Beherrschung bei unseren Landsleuten Platz gegriffen: Aber das Verständnis ist erwacht, und wenn einmal beim Deutschen eine Idee, ein Gedanke Funke gefangen hat, so wird selbiger auch bald zu lodernder Flamme . . .“

Teil einer Tischrede, gehalten am 17. Juni 1899 beim Festmahl an Bord des Schnelldampfers FÜRST BISMARCK im Anschluss an die Unterelberegatta des Norddeutschen Regattavereins.

Der Segelsport und das heranwachsende Deutschland

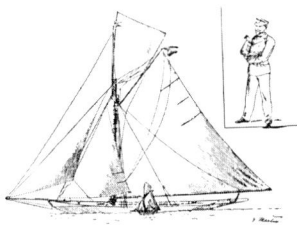

„Die allgemeine Wehrpflicht hält das deutsche Volk gesund!" Dieser Satz findet einen so weit verbreiteten Glauben, dass an seiner Wahrheit kaum noch gerüttelt wird. Es muss unbedingt zugegeben werden, der Dienst stählt die durch Schulbesuch und Studium erschlafften Muskeln der Wissenschaftsjünger, er streckt die in der Werkstatt gekrümmten Glieder der Handwerksgesellen und zwingt den rohen Kräften der ungelernten Arbeiter ein verständiges Maßhalten auf. Aber die Dienstzeit dauert für viele Deutsche nur ein Jahr, für die meisten zwei Jahre und nur für wenige drei Jahre, sie kann daher nicht hinreichen, um die Gesundheit des Einzelnen zu befestigen. Und weiter: Kränkeln denn die anderen Nationen, welche keine allgemeine Wehrpflicht haben? Lässt sich beispielsweise von den Engländern behaupten, dass sie verelenden und zugrunde gehen? Gewiss nicht! Das englische Volk ist ebenso gesund wie das deutsche, ja, unter den oberen Zehntausenden pflegt man in England in weit höherem Grade Leibesübungen aller Art als es innerhalb der gleichen Gesellschaftsklassen in Deutschland, abgesehen von ihrer Militärzeit, heute noch Sitte ist. Um sich die Spannkraft ihres Körpers zu erhalten, um der Juvenal'schen Forderung einer ‚Mens sana in corpore sano' – einer gesunden Seele im gesunden Körper – nachzuleben, bedienen sich die Engländer eines unfehlbaren Mittels: Sie treiben Sport.

Sie trieben schon seit über 200 Jahren den Pferdesport, als im Jahre 1822 in Mecklenburg und 1828 in Preußen die ersten Wettrennen abgehalten wurden. Von ihnen haben wir den Landsport, die verschiedenen Ballspiele, das Radfahren usw. übernommen, und sie haben uns auch den Wassersport, das Rudern und das Segeln, gelehrt. Wenn Nelson schon vor hundert Jahren sagte: „Jeder Seemann ist ein Gentleman", so lässt sich heute in noch viel weiterem Sinne behaupten: „Jeder Engländer ist ein Sportsman."

Es gibt im Vereinigten Königreich keine Industriestadt, in welcher sich nicht an jedem Sonnabend Nachmittag die Fabrikarbeiter in hellen Scharen auf den weiten, grünen Rasenplätzen am Ballspiel, Wettlauf oder anderem Sport belustigen. Es gibt keine Meeresbucht, keinen schiffbaren Fluss und keinen größeren Landsee, auf dem sich nicht während der schönen Jahreszeit die weißen Segel von Yachten blähten, und es gibt keine irgendwie nennenswerte Wasserfläche, die nicht von Ruderbooten belebt wäre. Dieser Sportbetrieb par excellence hält das englische Volk in der Tat gesund, und es ist dringend zu wünschen, dass er auch bei uns in größerem Umfange heimisch würde. Das durchschnittliche Wohlbefinden des deutschen Volkes kann dadurch nur gewinnen.

Wir kannten bisher in Deutschland nur das Turnen, dem aber eine gewisse unterhaltende, die Ausübenden fesselnde Seite mangelt, die mit anderem Sport mehr oder weniger verbunden ist. Durch die Einführung von solchem, den Mitwirkenden mehr Vergnügen bereitenden Sport wie den verschiedenen Ballspielen in den Schulen und dem Lawntennis in den besseren Gesellschaftsschichten, durch die Ermunterung der Ruderei unter den Schülern der höheren Lehranstalten und unter den Studierenden, insbesondere aber durch die persönliche Mitbetätigung in der Ausübung des Segelsports hat sich unser Kaiser schon heute unvergängliche Verdienste um das allgemeine Wohl seines Volkes erworben!

Der Segelsport wird wie der Pferdesport immer auf gewisse Kreise beschränkt bleiben, weil er, selbst in bescheidenen Grenzen betrieben, größere Mittel erfordert als den meisten Sterblichen beschieden sind. Das hindert aber nicht, dass zum Beispiel auf den Gewässern um Berlin viele schmucke Yachten schwimmen, deren gemeinschaftliche Besitzer besser gestellte Fabrikarbeiter sind. So wie die Pferderennen volkstümlich wurden und jährlich Hunderttausende auf die Tribünen lockten, so fängt auch der Segelsport an, sich allmählich sein Publikum heranzuziehen; davon zeugen die dicht besetzten Begleitdampfer bei den Regatten, die immer größer werdende Zahl der Yachten und die Zunahme der Clubs und Vereine in dem für sportgerechtes Segeln im Jahre 1888 begründeten Deutschen Seglerverband. Nach elfjährigem Bestehen gehören demselben 29 Vereine mit zusammen fast 5.000 Mitgliedern und nahezu 700 Dampf- und Segelyachten an. So groß die letztere Zahl an sich auch erscheinen mag, sie stellt nur ungefähr den fünften Teil der im englischen Besitz befindlichen Yachten dar. Seit 1720, also seit bald zwei Jahrhunderten, werden in England Segelregatten abgehalten, der Segelsport ist dort mit der zunehmenden Wohlhabenheit der Nation in immer weitere Kreise eingedrungen und gilt heute neben dem Turf als die vornehmste Liebhaberei.

Wirkt schon die würzige, reine Seeluft erfrischend auf den Körper, so wird auch das Gemüt durch das stets wechselnde und immer bewundernswürdige Bild des Meeres erquickt, welches schon den alten Homer in Entzücken versetzt hat. Welche Lust gewährt es, die Elemente zu meistern, den Wind zu zwingen, unser Segelboot nach der Richtung zu bewegen, aus der er bläst. Wie wird kühle Ruhe und ausdauernder Mut geweckt, wenn es gilt, eine Segelyacht aus dem auf hoher See über sie hereinbrechenden Unwetter zurück in den schützenden Hafen zu führen. Wie übt sich der Blick und wie hebt sich die Entschlossenheit, wenn während der Regatten das Wetter oder die Kurse immer neue wechselnde Anforderungen an die Segelführung stellen. Fürwahr, der Segelsport verlangt willensstarke Jünger, die er zu ganzen Männern erzieht! Sein Einfluss zeigt sich besonders bei den Engländern, deren vornehme Jugend ihn seit Generationen pflegt und dadurch zu Charakteren heranreift, die ihrem Vaterlande immer und immer wieder die Regierung über weite Gebiete aller Erdteile sichern.

Andererseits lehrt uns die Geschichte, wie die Republik Venedig, in ihrer Glanzzeit die bedeutendste Seemacht, in Verfall geriet und versumpfte, als sich ihre verweichlichten Geschlechter vom Wasser zurückzuziehen begannen.

Die in jüngster Zeit aufgetauchten Bestrebungen, auch die deutsche Jugend für den Segelsport zu begeistern, sind daher mit Freuden zu begrüßen. Dass unsere Marine nach dem Fortfall der Takelage auf den Kriegsschiffen sich bemüht, den alten Seemannsgeist durch Segelübungen unter den Seekadetten und Fähnrichen zur See zu wecken, und dass der Kaiserliche Yachtclub in Kiel seit seinem Bestehen Segelregatten mit Kriegsschiffbooten veranstaltet, um diesen Geist unter den jüngeren Seeoffizieren weiter zu beleben, ist eine auch wohl weiteren Kreisen schon bekannte Tatsache. Weniger bekannt dürfte es dagegen sein, dass der Norddeutsche Regattaverein in Hamburg seit einigen Jahren auch Junioren, das heißt junge, noch nicht selbstständige Herren aufnimmt, um sie auf den Yachten seiner Mitglieder zu Segelsportsleuten heranzubilden. Einen weiteren Schritt hat der Seglerverein auf dem Wannsee bei Berlin bereits getan, der alljährlich eine besondere Regatta mit kleinen Booten für die Söhne seiner Mitglieder veranstaltet, von welchen hierbei die Boote allein bedient und geführt werden müssen. Es steht zu hoffen, dass sich diesen Beispielen bald andere deutsche Seglervereine würdig an die Seite stellen, damit das heranwachsende Deutschland schon frühzeitig ein Verständnis gewinnt für das bedeutsame Kaiserwort:
"Unsere Zukunft liegt auf dem Wasser."

Überall, 1899

Von der Kieler Woche

Die alljährlich unter dem Schutze der deutschen Kaiserstandarte auf und vor dem Reichskriegshafen stattfindenden sportlichen Wettkämpfe der Kieler Woche sind in diesem Vorsommer vom Wetter in ganz außerordentlicher Weise begünstigt gewesen. Das heißt, vom Standpunkt des Seglers aus, den in Ausübung seines frisch-fröhlichen Sports alle übrigen meteorologischen Erscheinungen ziemlich gleichgültig lassen, wenn der Himmel ihm nur das Notwendigste beschert: den Wind, der seine Segel füllt und seine mehr oder minder winzige Nussschale pfeilschnell durch die Wogen jagt. An diesem Notwendigsten aber hat es in der letztverflossenen Kieler Woche nicht gefehlt; das trotz seiner Mark- und Kraftlosigkeit gefürchtete Gespenst der Flaute hat, von der Wettfahrt Kiel-Travemünde abgesehen, niemand mit seinem Spuk belästigt; mit vollen Backen blies der Wind die ersten Tage aus Osten, später aus West über die Förde, und mehr als einmal nötigte die allzu frische Brise den Sportsmann, ein Reff in Großsegel und Fock zu stecken, zwang ihn eine heimtückische Böe, das Toppsegel hurtig zu bergen, bevor sein Fahrzeug ganz sachte, aber sicher auf die Seite gelegt wurde.

Nicht in gleichem Maße vom Wetter begünstigt war der von jeher in die Kieler Woche fallende Blumencorso, jene von Marine und Sport dem Kaiserpaar dargebrachte Huldigung, durch die die Reihe der Kraft und Geschick erheischenden Wettkämpfe aufs anmutigste unterbrochen wird, und die in diesem Jahre leider in die einzigen wenigen Regenstunden fiel, die die Festzeit, von ein paar Böen abgesehen, gebracht hat. Ein derartiges Schauspiel, dem auf Dutzenden von

Begleitfahrzeugen und Hunderten von Segel- und Ruderbooten Tausende von Zuschauern beiwohnen, kommt erst zur vollen Geltung, wenn über die blaue Flut sich ein blauer Himmel spannt und die goldene Sonne auf all den blauen Zauber herableuchtet, der tagelang vorher hinter den Hecks der Kriegsschiffe oder in einem verborgenen Winkel der Werft oder des Torpedobootshafens geheimnisvoll zusammengezimmert und auftapeziert wurde. Diese Gabe hatte der Himmel in diesem Jahre dem Blumenfest der Kieler Woche versagt; aber darum war der Humor nicht von unseren Blaujacken gewichen; und die Zahl

farbigen Shawls von duftigem Stoff, mit grünem Gerank und leuchtenden Blumen geschmückt, besetzt mit Mannschaften in malerischer Tracht; unter den Baldachinen Herren in blitzender Uniform oder elegantem Sportjackett, Damen in hellen Festgewändern. Zu der Lieblichkeit anmutiger Farbenpoesie gesellte sich der Humor. Ein mächtiger Fliegenpilz, scharlachrot und graubraun betupft, fuhr vorüber; ein Niggerboot besetzt mit schwärzesten Schwarzen; dann wieder ein Fahrzeug vollständig eingehüllt von im Wasser nachschleppendem Seegras, aus dem sich am Ende eine lichtgrüne Grotte erhob, in der Neck und Nixen willkommene

der Zuschauer war größer denn je, so groß, dass sämtliche aufzutreibende Fahrzeuge nicht ausreichten, die Menge der Einheimischen und Fremden auf den Schauplatz des Festes zu befördern, das heißt in die Nähe der Kaiseryacht HOHENZOLLERN, auf deren Promenadendeck das Kaiserpaar mit seinen Gästen abends um die sechste Stunde die Ankunft des Corsos erwartete.

    Der Himmel war grau, aber der Regen hatte doch etwas nachgelassen, als von der Leeseite der mächtigen Panzerschiffe her unter den Klängen fröhlicher Frühjahrsmelodien der schwimmende Festzug sich näherte. Nein, nicht einer, sondern nacheinander deren vier. An der Spitze jedes Mal eine schwimmende Laube, unter deren Gekränz die Musik ihre Weisen erschallen ließ. Dahinter, von einer ebenfalls bekränzten Dampfpinasse geschleppt, die lange Kette der italienischen Gondeln und chinesischen Dschunken, der Lauben und Pavillons, bewunden mit zart-

Unterkunft fanden. Große Heiterkeit erregte die Annäherung des zweiten Zuges, denn an seiner Spitze rollte ein mächtiger Kinderwagen, besetzt mit etwas lang aufgeschossenen Babys in zierlichen Hängekleidern, am Steuer die Spreewälder Amme, die die Natur durch einen mächtigen schwarzen Vollbart ausgezeichnet hatte. Auf einem darüber gespannten breiten, roten Bande las man die Worte: „Wir wollen alle zur Marine". Riesige gelbe Schmetterlinge breiteten die Flügel über den Bug zweier Schulschiffsboote, denen in einem dritten ein plastisches Modell der Marine-Akademie, vulgo Nelson-Fabrik, folgte, nur dass aus dem Dache statt der Schornsteine ein mächtiger Nürnberger Trichter und ein gewaltiges schwarzes Tintenfass symbolisch herausragten. Und dann wieder geschmückte Prachtboote, abwechselnd mit Seeschiffen alten und neuen Typs, Barken, Galeeren, Schniggen und urgeschichtlichen Wikingerdrachen, darunter der mit Odin selber am Steuer, entsandt von dem Panzerschiff seines Namens. Prächtig war ein mit unzähligen Sonnenblumen geschmücktes Boot, geschmackvoll ein anderes in weiße Gaze gehüllt, durchsät mit Tausenden blauer Kornblumen. Heraldische Adler in den Farben der Standarten des Kaisers und der Kaiserin schwammen über die Flut; exotische Fahrzeuge aus allen Weltteilen mischten sich unter heimische Typen; selbst unsere jüngste Erwerbung, die CAROLINEN, war vertreten mit einem Kanu, besetzt mit echtfarbigen, buschhaarigen Eingeborenen. Für sich allein aber wälzte sich in riesenhafter Vergrößerung die ziegelrote Heulboje von der Jade daher, hoch oben ein Mann darauf, der die messingne Pfeife mit löblicher Ausdauer putzte, so dass sie ihre Basstöne tadellos rein von sich gab, während unten im Bauch des Ungetüms aus geschützpfortenartigen Luken grimmige Eisbären ihre plumpen Köpfe hervorreckten, unwirsch aufbrummend, wenn aus den Nachbarfenstern ein vorwitziger Janmaat sie mit dem Rohrhalm an der Schnauze kitzelte.

Vier solcher Züge glitten im reichen Wechsel der Formen und Farben auf der Steuerbordseite der

HOHENZOLLERN vorüber, dann wendend und abermals wiederkehrend, so dass schließlich der Schauplatz, umrahmt von den vielen, in voller Flaggengala prangenden Dampf- und Segelyachten, trotz mangelnden Sonnenscheins einen entzückenden Anblick darbot. Im Vorübergleiten gaben die Insassen der Boote unten an der Fallreeptreppe der Kaiseryacht ihre Blumenspenden für die Majestäten ab; und hoch oben auf dem Promenadendeck wurde der Kaiser nicht müde, den Vorüberfahrenden seine duftenden Sträuße zuzuwerfen, die ihm von Offizieren unablässig gereicht wurden. Dazu salutierte dann und wann eins der Boote mit kleinen Feuerwerkskörpern; Raketen wurden zum Himmel emporgesandt, bei deren Zerplatzen sich allerlei buntfarbige, ballonartig aufgeblasene Figuren aus leichtem Papier langsam auf die Flut herabsenkten. Wohl eine Stunde lang währte das bunte Getümmel am Kaiserschiff; und erst als der Regen es wieder zu gut meinte, zog sich das Kaiserpaar mit seinen Gästen zurück, und der Blumencorso der diesjährigen Kieler Woche hatte sein Ende erreicht.

Illustrierte Zeitung, 1899

Von der Kieler Regattawoche: Der Blumencorso am Abend des 28. Juni 1894. Nach einer Zeichnung von Fritz Stoltenberg

DIE KIELER WOCHE

(Gedicht von Felicitas Rose)

Kiel, du Stadt in Deutschlands Norden,
Sei gegrüßt mir tausendmal!
Lass in brausenden Akkorden
Preisen dich mit Sang und Schall.
Liebe Heimat, traute Stätte,
Meines Herzens Glück und Ziel;
Wenn ich tausend Zungen hätte,
Alle rühmten dich, mein Kiel!

Deines Hafens Silberwellen,
Eingerahmt von Waldesgrün,
Drauf mit sanftem Segelschwellen
Deine stolzen Schiffe ziehn!
Ihre dunklen Masten ragen
Hoch hinauf so kühn und stark;
Aller Welt sie sollen sagen:
„Wir sind deutsch bis in das Mark."

Deines Handels rastlos Regen,
Deiner Bürger Kraft und Fleiß,
Allerorten, allerwegen
Sieht man ihrer Arbeit Preis.
Prächt'ges Kaiserdenkmal säumen
Deine alten Buchen ein;
Unter Blumen, unter Bäumen
Blickt Held Bismarck ehern drein.

Kraftvoll deine Männer schauen,
Echt Germanenblut fürwahr,
Groß und schön sind deine Frauen,
Blau ihr Auge, blond ihr Haar.
Niemals wirst du leicht gewinnen
Ihre Lippen rosenrot.
Aber einmal dein in Minnen,
Sind sie treu bis in den Tod.

Hin zum Friedhof lasst uns wallen,
Drin so mancher Edler wohnt,
Hin zu deines Schlosses Hallen,
Wo ein Hohenzoller thront.
Im Gehölze lasst uns lauschen
Vögleinsang in Buchen dicht,
Ach, mir ist, als ob ein Rauschen
Dort von alten Zeiten spricht.

Alte Zeiten sind vergangen,
Neue Zeit bricht froh herein,
Du, mein Kiel, sollst allzeit prangen,
Wachsen, blühen und gedeihn!
Deine traute Heimaterde
Sei mein letztes Wanderziel;
Ob ich auch zu Asche werde, —
„Gott erhalte dich, mein Kiel!"

Wer Kiel kennt, wer den biederen, schwer zugänglichen, aber goldtreuen Menschenschlag der Schleswig-Holsteiner kennen und lieben gelernt hat, wer mit scharfem Auge das Aufblühen der fleißigen Stadt beobachtete, wer das Düsternbrooker Gehölz durchwanderte und im Frühling das Knospen und Blühen schaute, im Sommer Kühlung unter den herrlichen, alten Buchen suchte und fand, wer im Herbst die wunderbare Färbung der verschiedenen Baumarten sah, vom dunkelsten Grün bis zum hellsten Rot, und dann von Bellevue aus die schimmernde Förde überblickte, der stimmt sicher begeistert mit ein in mein Lied zum Preise Kiels. Der Zauber der Kieler Förde lockt alljährlich Tausende hin zur ‚Königin am Ostseestrand', am stärksten ergießt sich aber der Strom der Besucher während der Kieler Woche über unsere

Stadt. Die Kieler Woche ist etwas ganz Eigenartiges. Mit eingeborenen Kielern, mit In- und Ausländern, mit Land- und Wasserratten haben wir schon über sie verhandelt. Jeder wollte die Kieler Woche mit etwas anderem verglichen haben, sogar der Karneval von Köln bis Nizza wurde herangezogen, mit der Begründung, dass während der Kieler Woche alle Beteiligten ‚ein büschen durchgedreht' feiern. Aber ein Sturm der Entrüstung brachte den Spötter zum Schweigen, und am nächsten traf wohl der würdige ältere Herr und Mitglied des Kaiserlichen Yachtclubs ans Ziel, der die Kieler Woche als ein ‚Familienfest' bezeichnete.

Die Familie ist groß, und kaum kennt ein jedes Glied das andere, aber seine unsichtbaren Fäden spielen hin und her und weben ein Netz, das Raum für viele hat. Die Liebe zu unserer Marine ist eine starke Brücke, stolzer und stärker noch als die Hochbrücken von Levensau und Grünthal; sie verbindet die verschiedensten Kreise und überbrückt mit Leichtigkeit Abstände, die sonst für unüberwindlich gelten.

Es ist sehr interessant während der Kieler Woche durch die Holstenstraße zu gehen; sie macht dann einen ganz internationalen Eindruck. Flaggen der verschiedensten Nationen wehen friedlich neben unseren Farben von den girlandengeschmückten Häusern, fremde Laute, Französisch, Russisch, Englisch, Dänisch schlagen an unser Ohr, und zwischen den festlich gekleideten In- und Ausländern tauchen die Gestalten der Matrosen fremder Schiffe auf und erhöhen durch Fremdartigkeit ihrer Uniformen die Eigenart des ganzen Straßenbildes. Auch an der Table d'hôte der verschiedenen Gasthäuser herrscht babylonische Sprachverwirrung, noch verstärkt durch die Termini technici der Segler. Wunderbare Worte wie ‚Halsen', ‚schalige Brisen', ‚gefierte Schoten', unverständliche Sätze wie „BONA rundet Feuerschiff, Wind von achtern, anfangs Spinnaker an Backbord, schiften denselben nach Steuerbord" werden von den Laien mit Wonne aufgeschnappt, um sie bei passender oder unpassender Gelegenheit wieder an den Mann zu bringen.

Die Kieler Woche 1899 zählte wie alljährlich die höchsten Herrschaften zu ihren Besuchern. Außer Ihren Majestäten dem Kaiser und der Kaiserin weilten die Prinzessin Heinrich von Preußen, der

Erbgroßherzog von Oldenburg, der Prinz Rupprecht von Bayern und der Großherzog von Sachsen in Kiel. Viele wertvolle Preise waren für die Regatten gestiftet worden, darunter zahlreiche Ehren- und Wanderpreise von Seiner Majestät dem Kaiser, ein Pokal Ihrer Majestät der Kaiserin für Kriegsschiffbarkassen, welchen SMS WÖRTH errang, ein Prinz-Heinrich-Pokal, welchen METEOR gewann, ein prächtiges Fernrohr der Frau Prinzessin Heinrich, das sich ein Kutter von SMS HANSA erkämpfte, und zwei Ehrenpreise der Stadt Kiel, die die Yachten RAKETE und ELFE gewannen.

Sechs Regatten zählten wir, soweit sie sich auf der Kieler Bucht, Förde und dem Hafen abspielten, und am interessantesten davon dünkte uns die interne Wettfahrt auf dem Kieler Hafen am 29. Juni. Es ist dies eine Wettfahrt des Kaiserlichen Yachtclubs für die Beiboote der Kriegsschiffe und trägt einen beinahe ganz militärischen Charakter. Jedes Boot wird von einem Offizier gesteuert, und man weiß, dass bei dieser Fahrt nicht nur der ‚Sport' in Frage kommt, sondern alles den ernsten Zwecken der Marine dient. Herrlichstes Wetter begünstigte die Regatta; es war ein malerisches Bild, die vom Winde geschwellten Segelboote in der glitzernden Sonne dahinfliegen zu sehen.

Auch unser Kaiser ergötzte sich an dem schönen Schauspiel in dem neuen, schnellen Verkehrsboot, nachdem er schon tags vorher an Bord seiner Yacht METEOR die Wettfahrt Kiel-Eckernförde mitgemacht hatte.

Man weiß, welch hohes Interesse unser Kaiser den Regatten entgegenbringt. Von Jahr zu Jahr steigt die Zahl der sich meldenden Boote, diesmal waren es fünfundfünfzig Rennyachten und fünfunddreißig Kreuzeryachten, welche sich zur Kieler Woche angemeldet hatten. Auch das Leben und Treiben auf den Begleitdampfern bietet dem stillen Beobachter eine Fülle von interessanten Vorgängen. Hier sitzt eine Gruppe Damen und verfolgt mit reger Aufmerksamkeit die Vorgänge auf dem Hafen; es ist geradezu verblüffend, welche Kenntnisse sie aus der alten ‚Ahoi'–Tabelle geschöpft hat. Dort eine Gruppe Herren, sehr lebhaft gestikulierend, Streithähne, die nicht eher zur Ruhe kommen bis die Preisverteilung an die Boote stattgefunden hat und sie nun ganz genau wissen, dass

‚ihr' Favorit – nicht gesiegt hat. Auch recht lebensmüde Gestalten sahen wir auf der Regatta Kiel-Eckernförde, als die Wellen ein gar zu lustiges Spiel trieben; geknickte Lilien, denen die tückische Seekrankheit jeden Funken von Interesse an dem Wettspiel genommen und nur den einen Gedanken gelassen hatte: „Ach, wär ich daheim."

Aber das sind verschwindende Unannehmlichkeiten gegen die großen Freuden. Wochenlang sind die Vorbereitungen dazu im Gange, wochenlang vor dem 21. Juni steht die Villa im Zeichen der Kieler Woche; nie ist die Korrespondenz mit den Landratten reger, denn viel auswärtiger Besuch wird jedes Mal erwartet, und die Hotels sind alle überfüllt.

Es ist ein großer Augenblick, wenn der Hausvorstand einer sich stark an der Kieler Woche beteiligenden Familie sagen kann: „Wir sind bereit." Hausherr wie Hausfrau sieht man nie ohne Notizblock; er gehört zu diesen Tagen zu den ‚Kleidungsstücken'. Wollen wir einmal einen Blick darauf werfen?
Hausherr:
8.20 Uhr: Abholen von Tante Thekla.
10.00 Uhr: Wettfahrt Kieler Förde. (Kollegen S. noch um einige zuverlässige Tipps zu bitten.)
3.27 Uhr: Abholen von Onkel Christian.
4.00 Uhr: Mittagessen. (Nicht vergessen die beiden Leutnants mitzubringen.)
6.30 Uhr: Dämmerschoppen in Bellevue. Früh schlafen gehen wegen morgen!
Hausfrau:
6.00 Uhr: Aufstehen.
8.20 Uhr: Abholen von Tante Thekla. Mürbeteigplättchen für Tante besorgen.
9.00 Uhr: Bei Krantz an die Forellen erinnern.
9.30 Uhr: Anprobe bei Fräulein Radel.
10.00 Uhr: Wettfahrt.
2.30 Uhr: Anprobe bei Kruse und Möller.
3.00 Uhr: Kleines Mittagsschläfchen, Empfang von Onkel Christian.
4.00 Uhr: Mittagessen. (Ilse soll dazu weiß anziehen.)
6.00 Uhr: Tante Thekla die Stadt zeigen.
8.00 Uhr: Abendbrot.
Für Onkel Christian Geräuchertes besorgen.

Im Erdgeschoss der Villa ‚rast' die Köchin umher und versichert jedem, dass sie nicht weiß, wo ihr der Kopf steht. Auch sie hat ihren Notizblock:
5.00 Uhr: Aufstehn und die Minna wecken. Hinrich erinnern, dass er die neuen Stiebeln von jungen Herrn nicht wichst, sondern abreibt.
6.00 Uhr: Kaffee vor die gnädige Frau.
7.00 Uhr: Frl. Ilse wecken und gleich Tee mit nauf bringen. Die Jungens wecken und Brode for die Schul machen.
8.00 Uhr: Allens für Frl. Thekla bereitsetzen.
9.00 Uhr: Die Minna zu Krantz jagen von wegen Forellens.
10.00 Uhr: Den jungen Herrn wecken.
10.30 Uhr: Den jungen Herrn nochmal nachsehen, un ´ne ganz starke Tasse Kaffee un en sauren Häring mit nauf nehmen.
11.30 Uhr: Speise anrühren.

Wir nehmen nun an, dass ‚Onkel Christian' und ‚Tante Thekla' ein sehr lieber Besuch sind, der sich der Hausordnung anpasst und zu allem pünktlich zur Stelle ist. Besuch kann auch zur Qual werden, besonders in der Kieler Woche. Besuch, der alles sehen will und doch nichts vertragen kann, Besuch, der jede frische Brise ‚Orkan' nennt und von jedem Dampfer seekrank heimgebracht wird, Besuch, der den ‚mitsegelnden Hausherrn', der so schon etwas aufgeregt und deshalb ‚gnitterig' ist, anfleht, sich beim Segeln „bloß nicht zu weit überzubiegen", Besuch, der bei jeder Gelegenheit auf Kiel schimpft und Vergleiche mit Paris anstellt. – Der Mantel der christlichen Nächstenliebe kann nicht groß genug sein, um ihn über solchen Besuch zu breiten.

Große Vorbereitungen erfordert der Blumencorso, aber wie ganz einzig und eigenartig ging er auch am 26. Juni in Szene. Was nur Geschmack und Phantasie auf dem Gebiete der Bootsdekoration hervorzaubern können, war geschehen, um dem verehrten und geliebten Herrscherpaar eine Huldigung darzubringen wie sie farbenfrischer und prächtiger kaum sein kann. Etwa 100 Boote beteiligten sich an der Corsofahrt, die um sechs Uhr begann, zu welcher Zeit sich die vier Züge in der Höhe der Seebadeanstalt paarweise von Dampfpinassen gezogen nach der HOHENZOLLERN hin in Bewegung setzten. Den Zug eröffnete ein ‚Hafenkinderwagen', dessen Insassen sämtlich im Babykostüm von einer bärtigen ‚Amme' begleitet waren, die auch das Boot steuerte. Die Zuschrift des Schiffes lautete: „Wir wollen alle zur Marine." Dann kamen verschiedenen Gigs nur mit Blumen, lichten Farbenstoffen und reizenden jungen Mädchen geschmückt. Eine Gig trug chinesische Besatzung, dann kam die Marineschule mit dem großen Nürnberger Trichter, eine große ‚Boje' von der JADE, eine entzück-ende, blau dekorierte Gig von der BADEN, die Kutter vom GREIF. Großes Aufsehen erregten auch die ‚Karolineninseln' sowie die ‚Gärten der Semiramis', die ‚Kadettenschule', das ‚Zigeunerboot', die reizenden ‚Schmetterlingsboote' und der große ‚Fliegenpilz'.

Das Kaiserpaar befand sich mit den anwesenden Fürstlichkeiten an Bord der HOHENZOLLERN; man sah, welch reges Interesse dem schönen Schauspiel entgegengebracht wurde und wie unermüdlich der Kaiser die Blumensträuße an die Boote spendete. Wie eigenartig waren unter diesen auch die Torpedoboote und Linienschiffe mit den kleinen Grönländern markiert, deren Besatzungen das Geheul und den Kanonendonner nachmachten, wie allerliebst war die Miniaturausgabe der WÖRTH, die sogar den Kaisersalut abgab, als sie an der HOHENZOLLERN vorbeikam. Leider verregnete die ganz wunderschöne Veranstaltung gründlich und vollständig; trotzdem blieben die Majestäten in liebenswürdiger Weise auf Deck, und wer ein Sträußchen aus kaiserlicher Hand empfangen hatte, der vergaß alles Unliebsame darüber, die Kälte, die Nässe, das Abfärben der blauen Dekorationen, und schlüpfte an der Landungsbrücke fröhlich lachend in die bereitstehenden Droschken, unbekümmert um den Nachruf Kieler Jungens: „So blau!"

Abends öffneten sich dann die lichterfüllten Räume der Marineakademie zum Ball. Die ‚Wassernixen' hatten sich in kürzester Frist in ‚Landfeen' verwandelt und tauschten nun ihre Eindrücke und Erlebnisse in munterem Gespräch aus, wenn die Göttin Terpsichore sie nicht gänzlich in Anspruch nahm. Aber so amüsant und interessant solch ein Ball in der Akademie verläuft, ungleich reizvoller dünkt besonders den Landratten immer ein Ball an Bord.

Da liegt der Panzerkoloss auf der schwimmenden Förde, er muss es sich schon gefallen lassen, dass man ihm sein düsteres Aussehen raubt und Blumen,

Kränze und Girlanden um seinen stahlgefügten Körper schlingt. Farbenprächtige Wimpel flattern überall, ein Zelt von lichten Stoffen bildet das Deck, bunte Lampions schaukeln zwischen grünen Zweigen und dazwischen plaudert, lacht und tanzt eine geschmückte Versammlung. Die Fremden sind wie immer entzückt von der Gastfreundschaft und Liebenswürdigkeit der Marineoffiziere und erklären kurzerhand Kiel für den ‚Mittelpunkt des Planeten'. Sie können ihre Augen nicht losreißen von dem zauberhaften Bilde, das der Kieler Hafen bietet, sowohl im Scheine lichter Sommersonne, die auf den blauen Wellen spiegelt, als auch am Abend, wenn all die tausend Lichter ringsum aufflammen und sich im Wasser wiederspiegeln. Fröhlich schallen die Klänge der Marinekapelle über das Wasser, und in die wiegenden Walzerweisen klingen die Abendglocken der alten Kirchen Kiels, weithin hallend über die Förde und ihre grünen Ufer.

Die letzte Ballfestlichkeit ist verrauscht, die letzte Regatta ausgekämpft, das Kaiserpaar und seine fürstlichen Freunde haben Kiel verlassen, wir selbst bringen etwas europamüde den letzten ‚Besuch' zur Bahn.

Noch ein Tücherwinken, und wir wandern durch die jetzt ganz stille Stadt unserem ruhigen und ruhebedürftigen Heime zu. Überall begegnet unser Auge den Überresten einer verflossenen schönen Zeit, unser Fuß tritt auf welkes Laub und welke Blumen, die eine deutliche Sprache reden von der ‚Vergänglichkeit'. Und da liegt er wieder vor uns, der Hafen in seiner unvergänglichen Schöne. Zwar haben ihn die großen Kriegsschiffe verlassen und nur vereinzelte Fahrzeuge schaukeln auf seinen Wellen, umso ungestörter kann nun unser Auge auf den lieblichen Ufern ruhen, kann die ganze Schönheit der glitzernen Wasserfläche in sich aufnehmen, kann noch einmal in ruhiger Sammlung die unvergesslichen Eindrücke der Kieler Woche überdenken und einen lieben Gruß hinüberschicken nach dem Heikendorfer Wald mit seinen uralten Buchen:

„Liebe Heimat, traute Stätte,
Meines Herzens Glück und Ziel,
Wenn ich tausend Zungen hätte,
Alle rühmten dich, mein Kiel!"

Überall, 1900

Start der Sonderklasse

Seit den Tagen der Eröffnung des Kaiser-Wilhelm-Kanals hat die Kieler Woche niemals wieder eine solche Menge fremder Gäste aus allen Teilen des Reichs an die Ufer des deutschen Ostsee-Kriegshafens gelockt wie in diesem Jahre. Anlass dazu mögen zum Teil die Nebenfestlichkeiten gewesen sein, wie die Enthüllung des Kaiserdenkmals auf der Leuchtturm-Anhöhe zu Holtenau oder der Gardistenappell, der am 28. Juni vor dem Kaiser abgehalten wurde. Aber die Hauptzugkraft übte doch der Hafen mit seiner machtvollen Kriegsflotte und mit seiner Flottille eleganter Sport- und Lustjachten aus, die das Interesse der Fremden wie Einheimischen beanspruchte. Neben den deutschen Linien- und Schulschiffen lagen auf dem Strom der türkische Hilfskreuzer USSAR I TEFWIK, das niederländische Panzerschiff NOORD BRABANT und der japanische Panzerkreuzer JAKUMO; und zu den heimischen gesellten sich englische, schwedische, niederländische Renn- und Kreuzerjachten, die am Tage der Denkmalsfeier, nach dem Beispiel der Kriegsschiffe über alle Toppen flaggend, ein geradezu entzückendes Bild von lebendiger Buntfarbigkeit boten, das für den diesjährigen Ausfall des Blumencorsos reichlich entschädigte.

Die Wettfahrten hatten durchweg eine gute Besetzung erfahren. Fahrzeuge wie die siegreiche POLLY des Herrn Georg W. Büxenstein in Berlin und die JOHANNA des Herrn Karl Frisch in Zwickau bewährten ihren im vorigen Jahr erworbenen guten Ruf; andere Yachten, wie die KLEIN POLLY desselben Besitzers, das WINDSPIEL des Herrn Friedrich Kirsten, der SCHELM des Herrn Robert Kirsten, die EBBI des Herrn Paul Scharstein u. a. wurden zum Gegenstand lebhaftesten Interesses aller Sportsmen.

Von der Kieler Woche: Entscheidungskampf der Sonderklasse um den Kaiserpreis. Nach einer Zeichnung von Willy Stöwer

Mit ganz besonderer Spannung aber sah man dem Wettkampf zwischen dem kaiserlichen METEOR und der englischen SYBARITA des Herrn Whitaker Wright entgegen, der in diesem Jahre auch für die Wettfahrten der ersten Rennklasse das allgemeine Interesse in Anspruch nahm. Beide Boote sind genau gleich im Rennwert und haben demnach einander nichts zu vergüten; beide tragen auch dieselbe Yawl-Takelage und werden von berufsmäßigen englischen Yachtskippers geführt. Auf der Seeregatta des kaiserlichen Jachtclubs hatte die SYBARITA das Unglück, gleich hinter dem Start die Stange zu brechen, so dass sie aufgeben musste; auf der Wettfahrt des Norddeutschen Regattavereins, die über dieselbe Bahn ging, siegte METEOR über die Rivalin mit etwa zwei Minuten. Weit weniger günstig schnitt das kaiserliche Fahrzeug auf der Wettfahrt von Kiel nach Eckernförde über eine 51 Seemeilen lange Bahn ab; denn reichlich zehn Minuten nach der SYBARITA ging der METEOR ins Ziel. Leider gab die Windrichtung den beiden Jachten keine Gelegenheit sich im Kreuzen zu messen, so dass ein endgültiges Urteil über die Überlegenheit der einen oder anderen Jacht nicht gefällt werden kann. Immerhin war es in der diesjährigen Kieler Woche bemerkenswert, dass ein ernstlicher Wettkampf auch zwischen zwei größten Rennjachten der ersten Klasse, von denen in Cowes eine ganze Anzahl zu starten pflegt, ausgefochten wurde.

Ganz neu war in diesem Jahre der auf unserem Bild veranschaulichte Wettstreit der Sonderklasse, der vom Kaiser aus eigener Initiative ausgeschrieben worden war. Die Regatta war eine internationale; doch war die Bedingung gestellt, dass jedes Fahrzeug vollständig in demjenigen Land gebaut und ausgerüstet ist, dessen Flagge es führt. Weitere Bedingungen waren, dass die Jachten in Länge, Breite und Tiefe 9,75 m nicht überschreiten, keine Segelfläche von mehr als 51 m² aufweisen, nicht weniger als 1.830 kg wiegen und nicht über 5.100 M kosten. Daneben waren noch Forderungen im Einzelnen gestellt, wie z. B. die, dass die Planken unter 16 mm stark, die Spieren nicht hohl sein dürfen und so fort. Im Ganzen hatten 16 Fahrzeuge dieser Art, darunter ein schwedisches, ein englisches, ein holländisches und ein dänisches, gemeldet, die zunächst dreimal über die 16 Seemeilen lange Bahn auf der Kieler Außenförde zu segeln hatten. Am ersten Tage nahm das Hamburger Boot MEERGREIS des Herrn Hermann Cordes vom Start ab die Führung und behielt sie bis zum Schluss der Regatta. Am zweiten Tag machte dieses Fahrzeug einen falschen Start, verlor dadurch seine Chancen, bewährte sich allerdings doch noch vortrefflich, musste sich aber mit dem dritten Preis begnügen und dem Berliner Boot FELIX des Herrn Marschall den ersten Platz lassen. Dasselbe Fahrzeug ging auch am dritten Tag bis zur letzten Bahnstrecke an der Spitze, beging dann aber einen Irrtum beim Kreuzen und wurde obendrein durch den plötzlich abflauenden Wind benachteiligt, der einigen bis dahin mit geringen Chancen segelnden Jachten wie der von Oberleutnant Begas geführten SAMOA des Kaisers und der vom Prinzen Heinrich gesteuerten TILLY der Herren Dollmann und Krogmann in Hamburg einen Preis einbrachte. Als erstes Boot ging diesmal die Berliner Jacht WANNSEE durchs Ziel, die am Donnerstag, den 28. Juni mit FELIX und MEERGREIS in den Entscheidungskampf um den vom Kaiser gestifteten Preis einzutreten hatte. In diesem Wettkampf war WANNSEE erstes Boot, das somit als endgültiger Sieger der Sonderklasse in der diesjährigen Kieler Woche zu gelten hat. Am Tage nach diesem Entscheidungskampf, dem die interne Regatta der Kriegsschiffsboote vorausging, wurde die Wettfahrt von Kiel nach Travemünde angetreten, womit die Kieler Sportfesttage ihren Abschluss fanden. *G. H.*

Illustrierte Zeitung, 1900

DIE RUDER- UND DAMPFBOOTE SEINER MAJESTÄT DES KAISERS

Es gibt wohl wenige sich für unsere Marine interessierende Menschen, die nicht in irgendeiner Form etwas von der Kaiserlichen Yacht HOHENZOLLERN gehört haben. Auch in den Spalten dieser Zeitschrift ist uns das schöne Schiff des Öfteren in Bild und Wort vor Augen geführt worden. Wir können also eine gewisse Bekanntschaft mit dem Schiffe voraussetzen, das unseren Kaiser während einiger Wochen des Jahres beherbergt. Nicht so allgemein bekannt, ja selbst von den Besuchern des Kieler Hafens oft nicht beachtet, sind die zierlichen Ruder- und Dampfboote, die den Zweck haben, Seine Majestät von der Yacht HOHENZOLLERN an Land oder auf andere Schiffe zu fahren, die während der Kieler Woche die Kaiserliche Familie aufnehmen, um von ihnen aus dem Wettkampfe der Segelyachten beizuwohnen, oder die bereitgestellt werden, um Gästen unseres Kaisers den Verkehr auf dem Hafen zu erleichtern. Diesen im

Die Dienstgig des Kaisers. Nach einer Zeichnung von Willy Stöwer

Vergleich zu einem Kriegsschiffe bescheidenen und winzigen Fahrzeugen wollen wir unser Interesse zuwenden.

Die Gig des Kaisers, ein schlankes, elegant gebautes Ruderboot, auf der Kaiserlichen Werft in Kiel aus Zypressenholz hergestellt, von fast elf Meter Länge, ist so leicht, dass es von drei Leuten getragen werden kann. Man braucht gerade kein Kenner zu sein, um an dem reizenden, dunkelblau gemalten Fahrzeuge seine Freude zu haben.

Seine Majestät steuert das Boot selbst; besonders dafür ausgesuchte Leute – ein Unteroffizier und sieben Matrosen –, die als ‚Bootskräfte der Kaisergig' durch eine Krone am linken Ärmel der Uniform gekennzeichnet sind, rudern die Gig. Sie hängt, wenn sie nicht gebraucht wird, in Davits auf der HOHENZOLLERN und wird auf allen Reisen der Kaiserlichen Yacht mitgenommen.

In seinen Formen weit verschieden von der flinken Gig ist das zweite Ruderboot der HOHENZOLLERN: das Standartenboot. Es ist breit gebaut, schwerfällig wie eine Staatskarosse, ganz aus Mahagoniholz hergestellt, innen dunkel poliert, außen mit einem blauen Lackanstrich versehen, auf dem sich eine Goldleiste wirkungsvoll abhebt. Bei festlichen Gelegenheiten, wenn das Erscheinen Seiner Majestät auf dem Wasser ein feierliches Gepräge trägt, dient dieses Boot als Fortbewegungsmittel für die allerhöchsten Herrschaften. Von 16 Matrosen wird es durch Rudern fortbewegt, von einem Unteroffizier gesteuert. Das Kommando über dieses sowie über alle Boote, in denen sich Seine oder Ihre Majestät befinden – mit Ausnahme der Gig – führt ein Seeoffizier.

Außer diesen beiden Ruderbooten stehen zur ausschließlichen Verfügung des Kaisers noch zwei Dampfboote. Sie finden überall da Verwendung, wo es sich um besonders weite zurückzulegende Strecken handelt, wo die Ungunst der Witterung daran hindert, ein ungedecktes Ruderboot zu besteigen oder wo es auf Schnelligkeit ankommt.

Das eine dieser beiden Dampffahrzeuge, 12 m lang und etwa 180 Zentner wiegend, nimmt die Yacht auf ihren Reisen mit. Es ist ein Geschenk der Königin von England an unseren Kaiser.

Das zweite, ein großes – 18 m langes und 3 m breites – Boot, ist erst im vergangenen Jahre auf der Kaiserlichen Werft Kiel fertiggestellt worden und hat seinen ersten Dienst während der Kieler Woche getan.

Die geringen Raumverhältnisse und die mangelhafte Geschwindigkeit des ersten Dampfbootes bedingten, besonders für die Kieler Woche, den Bau eines neuen, geräumigen, schnellen Fahrzeuges. Das Verkehrsboot HULDA – so ist sie getauft worden – entspricht durchaus den gehegten Erwartungen. Der hinter der Maschine gelegene Sitzraum reicht für 16 Personen aus; die Maximalgeschwindigkeit, die bei 490 Umdrehungen der Schraube (pro Minute) erreicht wird, beträgt 14 Seemeilen.

Die Maschine, eine stehende dreifache Expansionsmaschine, indiziert 180 Pferdekräfte, ein Wasserrohrkessel nach dem Thornycroft-System liefert den nötigen Dampf bei einer Spannung von 12,5 kg Überdruck.

Der Sitzraum des Bootes ist nicht sehr gedeckt; die Insassen schützen sich gegen Regen und Spritzwasser durch aufklappbare Kutschenschläge. Auf den Reisen der SMS HOHENZOLLERN kann dieses Boot wegen seiner Größe nicht mitgenommen werden; dabei wird auch fernerhin das alte verwendet.

Überall, 1900

Von der Kieler Woche: „Alle Mann an Großschot!". Gemälde von Willy Stöwer

Das Yachtwesen

Wer durch eine andauernde, gleichartige Arbeitsleistung schließlich abgestumpft oder nervös geworden ist, findet seine Frische durch gründliche Abkehr von dieser Arbeit und Vornahme anderer Beschäftigungen eher wieder als durch vollständigen Müßiggang.

Dies gilt vor allem vom Geistesarbeiter; für ihn ist ein gewisses Maß von körperlicher Anstrengung verbunden mit einer seinem sonstigen Beruf fern liegenden Tätigkeit des Kopfes das beste Mittel zur Erhaltung oder Wiedererlangung seiner geistigen

Spannkraft. Jagd, Reiten, Fußreisen und Bergsteigen sind recht geeignete Mittel, doch bietet wohl keines dieser Erholungsmittel dem abgespannten Politiker, Beamten, Geschäftsmann oder Techniker einen so gründlichen Wechsel seiner Tätigkeit als der Wassersport in seiner schönsten Ausübung, im Segeln.

Segeln ohne eigene Mitwirkung im gemieteten Boot oder unter vollständiger Überlassung der Leitung des Fahrzeuges an gemietete Personen macht aber noch keinen Segler und vor allem keinen

Yachtsegler. Wie überall in der Welt gibt auch beim nicht berufsmäßigen seemännischen Getriebe erst der Ansporn zu hervorragenden Leistungen und der persönliche Wettbewerb um Anerkennung derselben durch sichtbare Zeichen, die Rennpreise, der Beschäftigung in der Mußezeit den vollen Wert. Der kräftige Mann und besonders der Nordeuropäer hat fast immer eine starke Neigung, auch bei friedlichem Tun seine Kräfte mit denen anderer zu messen; zu solchem Wettstreit bedarf er aber auch der Waffen, die denen seiner Mitbewerber gleich, wenn möglich sogar überlegen sein sollen. Aus den einfachen Segelfahrzeugen sind daher schnell segelnde Yachten geworden, die vielfach nur noch für Rennzwecke passen und an deren Formen von Jahr zu Jahr die begabtesten Konstrukteure ihren Scharfsinn üben. Das Segeln einer Vollblutyacht ist eine Kunst geworden und das Wettsegeln zu einer Prüfung der Fahrzeuge, noch mehr aber zu einer Prüfung des Könnens der Segler. Seemännische Kenntnisse, Umsicht, Aufmerksamkeit auf Wind und Wetter, klarer Blick, Kühnheit und Kaltblütigkeit sowie körperliches Geschick sind im Kampf um den Rennpreis oft mehr wert als der Besitz des besten Fahrzeugs.

Das Yachtwesen entwickelt und steigert in hervorragender Weise die Anlagen und Eigenschaften, die wir beim Manne nicht missen möchten, indem es zugleich an das gesellschaftliche Verhalten und den Charakter seiner Anhänger hohe Anforderungen stellt. Vom Herrensegler erwartet man bei uns vornehmes und rücksichtsvolles Betragen sowohl beim Sieg wie bei der Niederlage, kameradschaftliches Benehmen gegenüber den Sportgenossen und Verzichten auf kleinliches Ausnutzen von Vorteilen, die der Buchstabe der Segelbestimmungen bieten könnte. Dass jede Hilfeleistung in Seenot Ehrenpflicht des Yachtseglers

ist, braucht dieser nicht erst zu lernen, er wird aber auf seinem Fahrzeug sich manches aneignen, was ihm im ferneren Leben nützen kann. Er wird die Erfahrung machen, dass die Fürsorge für die ihm untergebene Mannschaft durch deren guten Willen reichlich vergolten wird, dass man die größten Anforderungen an Untergebene stellen kann, wenn man sich selbst nicht schont, gerecht und nicht launisch, gütig aber nicht kordial die Mannschaft behandelt, und dass diese von ihrem Führer ein bestimmtes Auftreten erwartet, um volles Vertrauen zu haben. Auch Pünktlichkeit in jeder Beziehung und peinlichste Sauberkeit an Bord sind Anforderungen, deren Wichtigkeit für den Erfolg und das Wohlbefinden jeder Yachtsegler halb erkennen wird. Die Schulung, die der Anfänger im Yachtsegeln durchmacht, ist nicht leicht und die Selbstzucht, die er an sich üben muss, nicht gering, der Nutzen dafür aber offenkundig.

Bei Ozeanfahrten und großen Reisen in Yachten üben die Mühen und Gefahren, die diese Fahrten im Vergleich zum Aufenthalt auf riesigen Schnelldampfern mit sich bringen, einen ähnlichen Reiz auf die glücklichen Besitzer und deren Kräfte aus wie das Wettsegeln, doch ist diese Liebhaberei zu teuer, um Nutzen für einen bemerkbaren Teil des Volkes zu stiften. Unser heimisches Yachtwesen ist dagegen schon jetzt ein nicht zu unterschätzendes Hilfsmittel zur Erhaltung des Wohlbefindens in den Ständen geworden, die im Staatsdienst, in der Wissenschaft, in Industrie und Handel einen großen Teil der geistigen Arbeit unseres Volkes auf sich nehmen. Auf unseren Regatten an der Küste segeln der siegreiche METEOR des Kaisers, der stolze Schoner IDUNA Ihrer Majestät, die Rennkutter unserer Küstenstädte und ebenso Fahrzeuge, die sonst auf unseren märkischen Seen sich tummeln. Gar manches Wettsegeln auf binnenländischer Bahn entlockt dem zuschauenden Seemann vom großen Wasser Ausrufe der Freude an dem Schneid der Führung und dem tadellosen Schnitt der kleinen Renner. Auch das wachsende Verständnis der

großen Zuschauermenge lässt erkennen, dass das jüngere Deutschland wieder zu seiner Lust und Neigung für seemännisches Tun und Treiben zurückgekehrt ist, wenngleich der Segelsport ihm nur die heitere Seite der Seefahrt vorführt.

Wie jedes Ding zwei Seiten hat, so kann auch der Segelsport, sobald ihm in übertriebener Weise gehuldigt wird, bedenkliche Folgen haben. Es sollte vor allem stets bedacht werden, dass der Segelsport nur eine Liebhaberei und ein Mittel zur Erholung ist, und dass kein ernster Beruf durch ihn geschädigt oder behindert werden dürfte. Wer im Wettsegeln zu sehr seine Lebensaufgabe sieht, könnte außerdem nach einigen Jahren merken, dass nach einer längeren Reihe von hart bestrittenen Rennen die Nerven infolge der stets mehrstündigen scharfen Anspannung der Sinne gelitten haben, anstatt dass sie durch den Aufenthalt auf dem Meere gestärkt sind.

Indessen sind die Folgen der Übertreibung der meisten im Wettbewerbe ausgeübten Liebhabereien doch ungleich häufiger und ernster, weil für manche Arten von Sport, wie z. B. das Pferderennen sowie das Wettfahren im Ruderboote und auf dem Rade der Körper durch besondere Ernährung und Behandlung in einen eigentlich nur einseitig sehr leistungsfähigen Zustand gebracht und während der Zeit der Rennen darin erhalten werden muss. Dieses so genannte Trainieren kennt das Yachtwesen zum Glück nicht. Im Gegenteil! Der Segler, der mit Wind und Wetter kämpft, weiß es zu schätzen, dass er nach dem Ende der Regatta in frohem Kreise der Genossen ungestraft den irdischen Leib pflegen und den Salzgeschmack von seinen Lippen hinunterspülen darf. Gar mancher sieggewohnte Segler gleicht auch deshalb äußerlich dem hageren Herrenreiter oder Wettrennradler recht wenig.

Mit der Erwähnung dieser, für die Erwerbung neuer Anhänger vielleicht nicht unbedeutenden Tatsache sei nun diese Betrachtung des Yachtwesens geschlossen.   *Überall, 1900*

Mit voller Kraft

Zu lenken ist für das weibliche Geschlecht immer ein Vergnügen. Es ließe sich ein bekanntes Sprichwort so variieren, dass es hieße: „Der Mann denkt und die Frau lenkt", und merkwürdigerweise befinden wir uns ganz wohl dabei und machen ein Gesicht, als ob dies mit unserer Weisheit geschähe. Wir Männer sind nämlich in all den Fällen, wo wir nicht anders können, sehr diplomatisch. Auf unserem Bilde lenkt auch eine junge Dame einen kleinen Dampfer, und die Illustration könnte symbolisch genommen werden, wir wollen aber alle Anspielungen bezüglich des oben Gesagten unterlassen und uns an der hübschen Situation erfreuen. Wir befinden uns sichtlich in England, dort üben die zarten Hände mehr Land- und Wassersport als bei uns in Deutschland und eine Dame der höheren Stände, die hier eine Dampfbarkasse selbst steuerte, würde nicht wenig auffallen. Nicht so in England, wo alt und jung, vornehm und gering viel größere Vertrautheit und intimere Beziehungen zum Wasser hat, als dies in Deutschland stattfindet. Man sieht in England oft blühende junge und auch ältere Damen eifrig und mit großem Geschick rudern, und das helle Vergnügen an der kräftigen Übung schaut ihnen aus den Augen – das ist eine gesunde Bewegung! Vornehmer und exklusiver ist es jedoch, an dem Steuerruder einer eleganten Dampfbarkasse zu stehen, und die Themse dort, wo das Wasser stiller zwischen Wiesen und Parks entlanggleitet, das Fahrzeug hinauszusteuern. Es ist erstaunlich, wie kräftig oft die zarten Hände solcher steuernden Damen sind und welchen Mut und welche Entschlossenheit sie besitzen. Mit voller Kraft fährt hier das Dampfboot, sicher geleitet von der schlanken Schönen. Sie ist die Eleganz selbst, ein Typus jugendlicher Elastizität und blühender Gesundheit von jenseits des Kanals, und der alte Kapitän hinten am Hebel der Maschine wie die Insassen überlassen ruhig und ohne jede Besorgnis der schönen Steuermännin das Schiff, welches sie hinausträgt, bis wo die Seeluft sich fühlbar macht und die starke Bewegung des Wassers das Meer ankündigt. Es dürfte mancher unserer Leser nicht böse darüber sein, wenn solch eine Lenkerin sein Schicksal kreuzte und sein Schifflein führen wollte.

Illustrierte Zeitung, 1900

Ein Sonntagnachmittag auf dem Tegeler See bei Berlin

Zu den anmutigsten Landschaften im Umkreis der deut-schen Reichshauptstadt gehören die Ufer der oftmals zu Seen sich erweiternden Havel. Da ist vor allem das an sehenswerten Königsschlössern reiche Potsdam inmitten seiner wasser- und waldreichen Umgebung zu nennen, näher nach Berlin zu der Wannsee mit seiner prächtigen Villenkolonie, deren Bauten von den hervorragendsten Berliner Architekten ausgeführt worden sind.

Weiter stromaufwärts dehnt sich auf dem linken Ufer der Havel die 4.600 Hektar große Nadelholzwaldung Grunewald aus mit einem vom Kurfürs-ten Joachim II. erbauten Jagdschloss, einer Reihe kleiner Seen (Hunde-kehle, Grunewaldsee, Krumme Lanke, Schlachtensee) und am westlichen Rande mit der Landzunge Schildhorn, auf der sich eine Denksäule erhebt, die an die Rettung des Wendenfürsten Jaczo von Köpenick erinnert, der auf der Flucht vor den ihn verfolgenden Reisigen des Markgrafen Albrecht des Bären an dieser Stelle auf einem Pferde über die Havel geschwommen sein soll.

Ein sehr bevorzugtes Ausflugsziel der Berliner ist aber auch schon seit Jahrzehnten der im Nordwesten der Großstadt gelegene Tegeler See, der sich oberhalb Spandaus links von der Havel abzweigt. Auf seiner Nordseite tritt der Tegeler Forst, auf der Südseite die Jungfernheide dicht an ihn heran, während an der Nordostecke das Dorf Tegel liegt. Unweit nördlich vom Ort befindet sich ein ehemaliges Jagdschloss des Großen Kurfürsten, das später in den Besitz derer von Humboldt überging, die es im Jahre 1822 durch den berühmten Architekten Schinkel im Stil einer römi-schen Villa umbauen ließen und mit einer ansehnlichen Skulpturensammlung ausstatteten, in der besonders die Marmorstatue der Hoffnung von Thorwaldsen Beachtung verdient.

Ruderboote im Sturm auf dem Tegeler See bei Berlin. Nach einer Zeichnung von Willy Stöwer, 1902

Heute ist Schloss Tegel Eigentum der den Humboldts verwandten Familie von Heintz. In dem schönen Park dieses Herrensitzes sind die beiden Brüder Wilhelm und Alexander von Humboldt bestattet. Eine vielhundertjährige Eiche von gigantischem Wuchs breitet hier ihre Äste, und von den Anhöhen des Parks schweift der Blick südwärts über den blinkenden Wasserspiegel des Sees und die Wipfel der Jungfernheide hinweg nach Spandau, Charlottenburg und Berlin. Die Jungfernheide durchquert der von Berlin her kommende Spandauer Schifffahrtskanal, der im Westen der gastlichen Ortschaft Staatswinkel den See erreicht.

Der Tegeler See gewährt zwar in frostreichen Wintern eine spiegelglatte Eisbahn, die die Berliner Jugend in großen Scharen anlockt; unvergleichlich regeren Besuch empfängt er aber während der Sommermonate. An schönen Sonntagen strömen alsdann mit Vorortzügen der Nordbahn, mit der elektrischen Straßenbahn, auf überfüllten Flussdampfern von Spandau her oder zu Fuß durch die Jungfernheide ansehnliche Menschenmassen nach Tegel, um sich von hier aus in die benachbarten Waldungen und längs der Seeufer zu zerstreuen, wenn sie es nicht vorziehen, dem Wassersport zu huldigen.

An solchen Sonntagen gewinnt namentlich des Abends der Verkehr auf dem Tegeler See eine fast beängstigende Lebhaftigkeit. Gemietete Ruderboote mit mehr oder minder kundigen Insassen durchqueren in buntem Gewimmel die Wasserfläche. Hier und dort kreuzt eine schlanke Segeljacht. Weiter draußen tummelt sich mancher Schwimmer in den Wellen, der seine Kleidung dem treibenden Kahn anvertraut hat. Vom Ufer herüber tönen aus der neu erbauten Restauration mit dem stolzen Namen Strandschloss lustige Tanzweisen, nach deren Klang sich in den Sälen fröhliche Paare im Kreise drehen.

Freilich, die ländliche Stille längst vergangener Zeit wird heute der Großstädter vergeblich in Tegel suchen. Aus dem kleinen Dorf ist ein bevölkerter Vorort der Hauptstadt geworden, in dem der Kauf und Verkauf der Grundstücke in Blüte steht, während rauchende Fabrikschlote erkennen lassen, dass in dem vormals idyllischen Ort auch schon die Großindustrie festen Fuß gefasst hat. *Willy Stöwer*

Illustrierte Zeitung, 1900

Der Sternecker in Weißensee bei Berlin. Nach einer Zeichnung von O. Günther-Naumburg

Wilhelm II.:

„Wir haben uns, trotzdem wir noch keine Flotte haben so wie sie sein sollte, einen Platz an der Sonne er-kämpft. Es wird nun meine Aufgabe sein, dafür zu sorgen, dass dieser Platz an der Sonne uns unbestritten erhalten bleibt, damit ihre Strahlen befruchtend wir-ken können auf Handel und Wandel nach außen, Industrie und Landwirtschaft nach innen und auch auf den Segelsport in den Gewässern, denn unsere Zukunft liegt auf dem Wasser.

Je mehr Deutsche auf das Wasser hinauskom-men, sei es im Wettstreite des Segelsports, sei es auf der Reise über den Ozean oder im Dienste der Kriegs-flagge, desto besser für uns. Denn hat der Deutsche erst einmal gelernt, den Blick auf das Weite und Große zu richten, so verschwindet das Kleinliche, das ihm im Täglichen hin und wieder anhaftet. Wenn man diesen hohen, freien Blick haben will, so ist wohl eine Hanse-stadt der geeignetste Standpunkt dafür."

Kaiser Wilhelm II. am 18. Juni 1901 an den Hamburger Bürgermeister und die anwesenden Honoratioren an Bord der Dampfyacht PRINZESSIN VICTORIA LOUISE anlässlich der Unterelbe-Regatta

Willy Stöwer:

. . . Um das Verständnis für das Seewesen auch in der Jugend mehr zu wecken, gab ich im Jahre 1901 wieder ein Werkchen mit vielen farbigen Bildern im Spamerschen Verlag, Leipzig, heraus, welches sich ‚Marine-ABC' betitelte und zu jedem Buchstaben des Alphabets eine entsprechende Abbildung aus der Marine brachte. So wurde ein Samenkorn nach dem anderen für unsere Seeinteressen im Herzen Jungdeutschlands gesät in der Hoffnung, dass alles einmal reife Früchte tragen möge. Für die Förderung unseres Seewesens waren ja auch besonders die Was-sersport treibenden Clubs und Vereine geeignet, die sich langsam in Deutschland vermehrten, wie z. B. in Berlin, Hamburg, Stettin, sogar München. . .

Marinemaler und Vorstandsmitglied des Deutschen Flotten-Vereins Willy Stöwer in seinen Memoiren

Die Kaiserjacht HOHENZOLLERN auf der Fahrt nach Amerika

Der Stapellauf der neuen Lustjacht des Deutschen Kaisers auf der Werft der Townsend and Downey Shipbuilding Company zu New York am 25. Februar ist ein Ereignis, dem politische Bedeutung schon deswegen nicht abgesprochen werden kann, weil bei der Feierlichkeit Kaiser Wilhelm durch seinen Bruder, den Prinzen Heinrich von Preußen, vertreten wird und Miss Alice Roosevelt, die älteste Tochter des Präsidenten der Vereinigten Staaten von Amerika, auf Einladung des Deutschen Kaisers den Taufakt vollziehen wird.

In dem Reiseprogramm des Prinz-Admirals, der am 22. Februar mit dem fälligen Lloyddampfer in New York eintreffen wird, ist für den 25. nach dem Stapellauf an Bord der kaiserlichen Jacht HOHENZOLLERN ein Frühstück vorgesehen, das Prinz Heinrich dem Präsidenten Roosevelt und dessen Kabinettsmitgliedern geben wird. Der Prinz wird alle offiziellen Gegenbesuche der amerikanischen Würdenträger in Washington und in New York auf deutschem Grund und Boden entgegennehmen, in der Bundeshauptstadt in den Räumen der deutschen Botschaft, in New York an Bord der HOHENZOLLERN.

Das Kohlenfassungsvermögen der eben genannten Kaiserjacht gestattet derselben nur einen Aktionsradius von 1.800 bis 2.000 Seemeilen; aus diesem Grunde war es ausgeschlossen, dass die HOHENZOLLERN, die am 18. Januar im Kieler Hafen die Anker gelichtet hat, die Reise nach New York in einem Zuge quer über den Atlantischen Ozean ausführte, da die Entfernung zwischen Cuxhaven und New York auf dem kürzesten Seeweg 3.520 Seemeilen beträgt.

Die HOHENZOLLERN, die eine Fahrgeschwindigkeit von durchschnittlich 21 ½ Knoten besitzt, wird deshalb in Gibraltar, Sao Vicente (Kapverdische Inseln) und St. Thomas (Dänisch-Westindien) Station machen und an allen drei Punkten ihre Bunker mit Kohlen füllen. Dadurch steigt zwar die Länge des Reiseweges von 3.520 auf 6.885 Seemeilen, aber die Entfernung zwischen den verschiedenen Stationen sinkt bei diesem Umweg auf 1.580 (Cuxhaven – Gibraltar), 1.565 (Gibraltar – Sao Vicente) und 1.440 Seemeilen (St. Thomas – New York). Nur einmal überschreitet sie unbedeutend den Aktionsradius des Schiffes, nämlich zwischen den Kapverden und St. Thomas (2.300 Seemeilen).

Der von der HOHENZOLLERN eingeschlagene Weg bietet überdies noch den weiteren Vorteil, dass auf dieser Route während der ganzen Fahrt aller Voraussicht nach die Reise von Wind und Wetter begünstigt sein wird, namentlich auf der Strecke Sao Vicente – St. Thomas, die um die jetzige Jahreszeit in die sturmfreie Region des Nordostpassats fällt. Selbst das beim Seemann nicht im besten Rufe stehende Kap Hatteras, das sonst von heftigen Stürmen umtost wird, zeigt gewöhnlich um diese Zeit ein freundlicheres Gesicht.

Obwohl zwischen der Ausreise der HOHENZOLLERN aus Kiel und der Ankunft des Prinzen Heinrich in New York fünf volle Wochen liegen, wird die Zeit nur sehr knapp bemessen sein, um die Kaiserjacht nach glücklich beendeter Fahrt für die Festlichkeiten an Bord in Stand zu setzen, wozu vor allem ein frischer Neuanstrich der ganzen Außenseite des Schiffes gehört. Bemerkenswert ist auch der Umstand, dass die Kaiserjacht mit Slaby-Arco'schen Apparaten für drahtlose Telegrafie ausgerüstet ist.

Illustrierte Zeitung, 1902

ÜBER DEN STAPELLAUF DER KAISERLICHEN SCHONERYACHT METEOR III

liegen jetzt ausführliche schriftliche Berichte vor, die von sachverständigen Zuschauern verfasst sind.

Der Sturm, welcher die Ankunft des Prinzen Heinrich in New York verzögerte, begann am Freitag mit Schneefall, der sich mit Regen ablöste und in der Nacht fiel das Thermometer sehr schnell, so dass Häuser, Bäume und elektrische Drahtleitungen mit einer dichten Eiskruste überzogen wurden. Am Sonnabend früh stockte der Eisenbahnverkehr fast gänzlich und auch alle elektrischen Betriebe hatten schwer zu leiden, denn die vereisten Drähte waren unter der Last des Eises gerissen, und Pferde und Menschen waren durch fallende Drähte zu Schaden gekommen. Es war daher fast ein Glück zu nennen, dass der Dampfer des Prinzen Heinrich durch das böse Wetter ebenfalls Verspätung erlitt und erst am Sonntag in New York anlangte, statt Freitag oder Sonnabend. So zog der Prinz bei schönem Sonnenschein in den herrlichen Hafen von New York ein. Am Montag weilte der Prinz in Washington und kehrte in der Nacht zum Dienstag wieder nach New York zurück, um am Dienstag dem Stapellauf der Yacht beizuwohnen.

Die Bauwerft hatte weder Mühe noch Kosten gescheut, um den Stapellauf in jeder Beziehung gelungen zu gestalten. Die Veranstaltungen für den Empfang der Festgesellschaft und für die Unterbringung der zahlreichen Zuschauer lagen in den Händen des Herrn Wallace Downey, während die Stapellauf-Arbeiten an der Yacht selbst von Herrn T. E. Ferris, dem Bauleiter, besorgt wurden. Der Letztere ist noch ein

junger Mann, der hauptsächlich als Assistent des Konstrukteurs A. Cary Smith seine Kenntnisse gesammelt hat, der aber alles Zeug besitzt, um ein großes, aufblühendes Unternehmen zu leiten. Unter seiner besonderen Aufsicht ist der Bau der Yacht im letzten Monat ganz riesig gefördert worden und am Dienstag stand sie äußerlich fertig zum Ablaufen da mit gedichtetem Deck, fertigem Schanzkleid, Niedergangskappen und Skylights. Unter Deck war bloß ein provisorischer Fußboden gelegt und mit Ausnahme des großen stählernen Schottes im Vorschiff fehlten alle Wände und Kajütseinbauten.

Die Brett-Seitenwände des Bauschuppens waren beseitigt, so dass man die Yacht recht gut von allen Seiten betrachten konnte. Vor dem Bug der Yacht war eine Plattform von etwa 20 x 40 Fuß errichtet und darüber eine kleinere von etwa 8 x 10 Fuß. Auf der letzteren Plattform, der eigentlichen Taufkanzel, war ein Gehäuse aufgestellt – etwa von der Art der Kompassgehäuse an Bord von Dampfyachten –, dessen oberen Teil ein Teakholzkasten bildete, in welchem ein über einen kleinen Teakholzblock gespanntes dünnes Schnürchen sich befand, das die beiden schweren bleiernen Gewichte auslöste, durch deren Fall die Yacht zum Ablaufen in Bewegung gesetzt wurde. Zum Durchschlagen dieses Schnürchens diente ein zierlich modelliertes silbernes Beilchen in der Art eines Tomahawks. An Backbord der Yacht, dicht vor der Ankerklüse, war ein kurzes Stück Winkeleisen angebolzt, an dessen scharfer Kante die Flasche Schaumwein bei der Taufe zertrümmert werden sollte. Die Weinflasche selbst hing an einer etwa 20 Fuß langen Silberkette, deren oberes Ende am Dach des Bauschuppens befestigt war. Die Flasche – es war französischer Champagner von der Firma Moet & Chandon, Marke ,White Star' – befand sich zum Schutz gegen die Splitterwirkung in einer Umhüllung von Silberfiligran, die mit den deutschen und amerikanischen Wappenschildern geschmückt war. Ein nach unten führendes Sprachrohr war auf der größeren Plattform angebracht.

Da das Dach des Bauschuppens das Deck der Yacht nur um einige Fuß überragte, so war kein Platz zum Aufrichten der üblichen Flaggenmasten an Bord vorhanden. Man hatte nun in die Öffnungen für die Masten kleine Mastböcke eingesetzt, in denen am Unterende mit Blei beschwerte Flaggenmasten sich um Drehbolzen leicht aufrichten ließen. Und mittels Fallen und Trippleinen konnten beide Masten zugleich auf- und niedergestellt werden, sobald die Yacht beim Stapellauf den Bauschuppen verlassen hatte, so dass sie über die Toppen geflaggt zu Wasser kommen musste. Am Großmast war die Rennflagge des Kaisers, der rote kurbrandenburgische Adler im weißen Felde und darunter eine deutsche Flagge angesteckt, während vom Vortopp und vom Heck die amerikanische Flagge wehte. Die übrige Flaggengala bestand aus Signalflaggen. Am Heck erglänzte der Name METEOR in Goldbuchstaben, während die Zahl ,24' – die Baunummer der Yacht – an den Klüshölzern angebracht war.

Am Dienstag Morgen herrschte dickes Wetter und es sah sehr nach Regen aus, aber das hielt keinen der 3.000 Zuschauer ab, sich an Bord des großen Fährdampfers ROBERT GARRIT einzuschiffen, den die Baufirma für den Transport ihrer geladenen Gäste bereitgestellt hatte. Nach fast einstündiger Fahrt in dickem Nebel langte der Dampfer bei der Werft an, gerade als die Taufgesellschaft von New Jersey mit einem großen Fährschiff der Pennsylvania-Eisenbahn eintraf. Prinz Heinrich nebst Gefolge, der Präsident mit Gemahlin und Tochter, viele hohe Würdenträger und Gäste, Offiziere der Armee und Marine und hervorragende Persönlichkeiten des öffentlichen Lebens bildeten die engere Taufgesellschaft, während sonst wohl noch etwa 3.000 geladene Zuschauer zugegen waren.

Eine große Polizeimacht und Mannschaften der Marine waren aufgeboten, um die Ordnung aufrechtzuerhalten. Eine Salutbatterie harrte des Befehls und das Musikkorps der Marine-Reserve hatte neben dem der HOHENZOLLERN bei der Yacht Aufstellung genommen. Die großen Strohhüte der HOHENZOLLERN-Musikanten passten allerdings schlecht zum Wetter, denn es hatte leichter Regen eingesetzt. Die Herren A. Cary Smith und Wallace empfingen die Ankommenden und geleiteten sie auf ihre Plätze. Prinz Heinrich, Präsident Roosevelt und die Taufpatin Fräulein Roosevelt begaben sich auf die Taufkanzel.

In ganz kurzer Zeit waren die letzten Vorbereitungen zum Stapellauf getroffen; und als durch das Sprachrohr nach oben gemeldet wurde, dass „Alles klar!" sei, ergriff Fräulein Roosevelt mit den Worten „Im Namen des Deutschen Kaisers taufe ich diese Yacht METEOR!" die Champagnerflasche, ließ sie mit kräftigem Schwunge am Bug zerschellen und nahm dann aus der Hand des Prinzen das silberne Beil, um die die Gewichte haltende Schnur durchzuschlagen. Gehorsam begann die Yacht sich in Bewegung zu setzen, die Musik spielte „Heil Dir im Siegerkranz" und unter den Klängen eines vom Präsidenten auf den Kaiser ausgebrachten Hochs, dem Prinz Heinrich drei Hurras auf den Präsidenten folgen ließ, glitt die Yacht stolz zu Wasser, während sich wie durch Zauberkraft die flaggengeschmückten Masten auf ihr aufrichteten.

Als die Yacht ins Wasser rauschte, salutierten Prinz Heinrich und das militärische Gefolge, während der Präsident und die Herren von Zivil mit entblößten Köpfen dastanden, und unter tausendfachen Rufen, dem Donner der Geschütze und dem Geheul der Dampfersirenen glitt METEOR in sein Element.

Die Uhr zeigte gerade 10.39, als die Yacht zu Wasser gelassen war. Sie schwamm sehr hoch heraus, da sie nur einen Teil ihres Ballastes eingenommen hatte, sah aber trotzdem sehr hübsch aus, weil ihre Schwimmlage ebenmäßig war.

Während ein Schlepper die Yacht an die Werft brachte, wurden die Baunummern an den Klüsenhölzern durch Namensschilder mit der Aufschrift METEOR ersetzt.

Alice Roosevelt

Nach einem kurzen Aufenthalt in der neuen großen Werkhalle, in welcher ein Frühstück bereitstand, verließen die hohen Herrschaften die Werft und begaben sich an Bord des Marineschleppers VIGILANT, um nach der HOHENZOLLERN zu fahren, wo ein Frühstück stattfand.

Die amerikanische Tagespresse gab gelegentlich des Stapellaufes der Yacht wieder einen glänzenden Beweis für ihre Schnelligkeit in der Berichterstattung, denn die am Nachmittag erscheinenden Ausgaben der New Yorker Zeitungen brachten schon Illustrationen nach Momentaufnahmen vom Stapellauf und am Abend fanden in New Yorker und Brooklyner Theatern schon Biograph-Vorführungen von dem Schauspiel statt, das sich erst wenige Stunden vorher auf Shooters Island weit von den Toren New Yorks abgespielt hatte. Die Yacht wird so bald als möglich ihre Reise über den Ozean antreten und sie erhält zu diesem Zweck einen Satz amerikanischer Segel von der Firma Wilson & Silsby, während ihre Regattasegel von Ratsey & Lapthorne in Southampton angefertigt werden. Auch die Ausstattung der Kajüten wird in England (von der Firma Waring & Co.) besorgt. Die Beiboote der Yacht sind aber amerikanische Arbeit. Es sind vorhanden eine Mahagoni-Motorbarkasse von 26 Fuß (7,93 m) Länge, eine Mahagoni-Rudergig von gleicher Länge und ein Mahagoni-Dingi von 14 Fuß (4,27 m) Länge. Die Ruderboote hat die Spalding St. Lawrence Boat Co. in Ogdensburg geliefert und die Motorbarkasse ist von Charles L. Seabury & Co., Morris Heights (New York) gebaut und von der Gas Engine & Power Co. maschiniert.

Wassersport, 1902

Die neue Kaiserjacht METEOR III

Die auf der Werft von Townsend and Downey auf Shooters Island bei Staten Island erbaute neue Segeljacht Kaiser Wilhelms II., die am 25. Februar in Gegenwart des Prinzen Heinrich von der Tochter des Präsidenten der Vereinigten Staaten von Amerika, Miss Alice Roosevelt, auf den schon von zwei kaiserlichen Sportfahrzeugen geführten Namen METEOR getauft wird, verspricht eins der in der Konstruktion solides-ten und in der Ausstattung elegantesten und praktischsten Schiffe zu werden, die je am Start internationaler Regatten erschienen sind. Beeinflusst von dem Kaiser selbst, der den Konstrukteuren des Schiffes, Cary Smith und Barben, bei ihren Entwürfen der inneren Einrichtung durch den deutschen Botschafter in Washington Dr. von Holleben seine Wünsche übermitteln ließ, ist der Bau unter Leitung des Herrn Wallace Downey mit peinlichster Sorgfalt und genausten Berechnungen ausgeführt worden, so dass sich erwarten lässt, der neue METEOR, der bei günstigem Wind 16 Seemeilen in der Stunde zurücklegen, das heißt ungefähr so schnell sein soll wie unsere Linienschiffe der Brandenburgklasse, werde sich auf den Regattafeldern der kommenden Saison als Raceboot ohne Konkurrenz bewähren. Haben doch die letzten Wettkämpfe um den Amerika-Pokal bewiesen, dass die Amerikaner heute im Rennjachtbau den Engländern überlegen sind und in dieser Technik unerreicht dastehen.

Im äußeren Ansehen wird der neue METEOR einen schneidigen Eindruck machen. Ganz aus Stahl gebaut, durch einen eleganten Klipperbug ausgezeichnet, über Deck 160, in der Wasserlinie 120 engl. Fuß lang, hat das schlanke Fahrzeug eine größte Breite von 27 Fuß und bei einem Tiefgang unter Wasser von 15 Fuß eine Gesamttiefe vom Deck zum Kiel von 18 Fuß acht Zoll. Über das Deck, dessen Relings und Oberlichtrahmen aus tadellosem, stärkstem Teakholz gearbeitet sind, erheben sich die beiden aus feinster Oregonkiefer gezimmerten Maste des als Schoner getakelten

Schiffs mit ihren eigens konstruierten Groß- und Toppsegeln nicht weniger als 105, beziehungsweise einschließlich Stänge reichlich 170 Fuß, während der gewaltige Großbaum des Hauptmastes die ansehnliche Länge von 85 Fuß besitzt. Gangspill, Winden, Steuerpinnen und sonstige Metallteile an Deck sind aus Bronze hergestellt. Als Beiboote erhält die Jacht zwei Motorpinassen und vier kleinere Rettungsboote, von denen natürlich im Rennen nur der notwendigste Bedarf mitgeführt wird.

Indes interessanter, insbesondere für den Laien, als der äußere Eindruck des Fahrzeugs, das übrigens nur im Rohbau amerikanischen Ursprungs, in seiner inneren Ausstattung aber deutsches Erzeugnis sein wird, ist ohne Zweifel die ebenso komfortable wie praktische Raumverteilung unter Deck, wo alle Wandungen, Plafonds und Fußböden aus verschiedenen Harthölzern vorzüglichster Qualität hergestellt sind. Auf dem Achterdeck führt von einer mit Teakholz verkleideten Stahlkabine aus, in der sich die Spinde für Karten, nautische Instrumente und Ölkleidung befinden, eine Treppe unter Deck in einen Vorraum, von dem aus man auf der einen Seite in den im Hinterschiff gelegenen, auf beiden Schiffsseiten von je einem Schlafraum und eingebauten Schränken eingeschlossenen Damensalon gelangt, an den sich auf der Steuerbordseite der zugehörige Baderaum schließt. In der Richtung zum Mittschiff führt von dem genannten Vorraum zum Salon eine Längspassage, an die auf der schmaleren Backbordseite drei Kajüten für Gäste des Kaisers nebst dem gemeinschaftlichen Badezimmer grenzen, während auf der breiteren Steuerbordseite die Privatgemächer des Kaisers, untereinander und jedes mit dem Korridor durch Türen verbunden, liegen. Diese Flucht wird von achtern eröffnet durch ein Vorzimmer für den Kammerdiener, in dem die Garderobenschränke für den Kaiser aufgestellt sind; sodann folgen Toiletten- und Baderäume und endlich das dreizehn Fuß lange Wohnzimmer des Kaisers mit

Messingbettstelle, Sofa, Schreibtisch, Schränken und sonstigem Zubehör. Von diesem Zimmer aus führt eine Tür direkt in den für die übrigen Passagiere vom Korridor aus erreichbaren großen Salon, dessen Decke zwischen den beiden genannten Zugängen vom Großmast der Jacht durchbohrt wird. Dieser Hauptraum, der sich, 27 Fuß lang und 20 Fuß tief, durch die ganze Breite des Schiffes erstreckt, wird gleich den Privatgemächern des Kaisers in Mahagoni gehalten sowie in Gold und Elfenbein ausdekoriert. Breite Polsterbänke in feinem Oliveton begleiten die Wände, während in der Mitte ein Speisetisch für 24 Personen aufgestellt ist; ein Piano, Notenregale, Schreibtische ergänzen das Mobiliar des sogar mit einem Kamin ausgestatteten Prachtraums. Vor dem Salon, mit diesem für die bei Tafel servierende Dienerschaft durch eine Tür verbunden, sonst aber vom Mittel- und Achterschiff streng getrennt und nur vom Vorderdeck aus durch einen Treppenschacht erreichbar, liegt, auf den Seiten von den Kabinen für Koch und Aufwärter sowie einem Kühlraum, Vorrats- und Geschirrschränken begrenzt, die Küche für die Tafel des Kaisers nebst der Kombüse für die Mannschaften, denen außer dem von den Kajüten des Kapitäns und des Bootsmanns flankierten Logis ein gemeinsames, vom Fockmast durchbrochenes Speisezimmer zur Verfügung steht. Über die Details der inneren Dekorierung der Jacht, deren größere Räume sämtlich Oberlicht haben und durch überall verteilte Ventilatoren mit reichlicher frischer Luft versehen werden, wird der Kaiser voraussichtlich noch mancherlei Anordnungen treffen, wenn der am 15. März von der Werft abzuliefernde METEOR unter dem Kommando des Kapitänleutnants Karpf nach Europa übergeführt sein wird, um dann im Juni d. J. sich an den sportlichen Wettkämpfen der Kieler Woche zu beteiligen. G. H.

Illustrierte Zeitung, 1902

Die neue in New York gebaute Kaiserjacht METEOR nach ihrer Vollendung. Nach Plänen gezeichnet von Willy Stöwer

Die Sportjacht ORION, vormals METEOR II

Mit der zunehmenden Pflege des Segelsports geht ein so rastloses Streben nach technischer Vervollkommnung der diesen Mut und Kraft stählendem Wettkampf dienenden Fahrzeuge Hand in Hand, dass eine bei ihrem Stapellauf noch so unbedingt auf der vollen Höhe stehende Rennjacht kaum Aussicht hat, länger als zwei bis drei Jahre hindurch Favorit der Saison zu bleiben. Diese Tatsache ist die Ursache dafür, dass auch der Kommodore des Kaiserlichen Jachtclubs, Kaiser Wilhelm, in der kommenden Kieler Woche zum dritten Mal seit Bestehen des Clubs mit einem neuen erstklassigen Rennfahrzeug am Start erscheinen wird, das noch in diesem Monat jenseits des Ozeans in hochfestlichem Taufakt, vollzogen von der Tochter des Präsidenten der Vereinigten Staaten, seinem Element übergeben wird, um alsbald nach Europa übergeführt und hier für die Sportkämpfe des Sommers ausgerüstet zu werden. Mit dem Kommodorestander und dem die Rennflagge schmückenden roten brandenburgischen Adler wird auf das neue Schiff auch der traditionell gewordene Name METEOR übergehen, den schon zwei prächtige Jachten zuvor so manches Mal durch Wind und Wellen zum Siege geführt haben. Der erste METEOR, vor seiner 1891 erfolgten Erwerbung unter englischer Flagge den Namen THISTLE führend, wurde im Jahre 1896 durch seinen Nachfolger ersetzt, hat aber, vom Kaiser unter dem Namen KOMET an das Marine-Offizierskorps der Ostseestation geschenkt, sich noch bis zum heutigen Tag als wackeres Fahrzeug bewährt, und das Gleiche steht von dem zweiten METEOR zu erwarten, der am Geburtstage des Kaisers als ORION in den Besitz desselben Offizierskorps übergegangen ist, während der KOMET dem der Nordseestation zum Geschenk gemacht wurde. Der zweite METEOR hat von vornherein diesen Namen getragen, der dem am 23. Mai 1896 in Glasgow von Stapel gelaufenen Fahrzeug bei der Taufe von der Gräfin Lonsdale verliehen wurde. Nach den Plänen des berühmten Konstrukteurs G. L. Watson aus Stahl erbaut, erwies sich der über Deck 39 m, in der Wasserlinie 27 m lange, 7,60 m breite und 5,1 m tief gehende Kutter mit seinen gewaltigen, 12.000 Quadratfuß messenden Segeln als die schnellste Jacht ihrer Zeit, die dann auch, noch ehe sie zur Kieler Woche nach Deutschland kam, am 4. Juni 1896 die bis dahin unbesiegte BRITANNIA des Prinzen von Wales glänzend geschlagen hatte. Das mit einem Kiel von 1.800 Zentnern versehene, mit allem stehenden und laufenden Gut von bester Qualität ausgerüstete und im Inneren aufs komfortabelste ausgestattete Fahrzeug, dessen einschließlich der Stange 45 m hoher Mast stets hoch über die Segelflächen der übrigen Jachten des Regattafeldes emporragte, hat seitdem einen Triumph nach dem anderen erfochten und seinen Ruf als Matador bis ins Jahr 1899 erhalten. Dann allerdings begannen Bedenken aufzutauchen, ob die Leistungsfähigkeit auch dieser Rennjacht durch die Fortschritte der Technik nicht allmählich überholt sei. Zunächst wurde die bisherige Kuttertakelage durch Hinzufügung eines kleinen Mastes, eines sog. Treibers, im hinteren Teil des Schiffes in diejenige einer Jacht umgewandelt, und in dieser Gestalt erschien das mit 27 Segellängen bewertete Fahrzeug im Jahre 1900 zum letzten Mal unter dem Namen METEOR auf dem Rennplan der Kieler Woche. Die scharfe Konkurrenz, welche die Jacht diesmal seitens der englischen Rivalin SYBARITA des Herrn Whitaker Wright erfuhr, hatte zur Folge, dass der Kaiser sich entschloss, eine neue Rennjacht erster Klasse in Auftrag zu geben, an die der bisherige METEOR, der schon im vorigen Sommer überhaupt nicht mehr in Dienst gestellt war, seinen Namen nunmehr abtreten muss. Durch die erwähnte Abänderung der Takelage des Fahrzeugs ist die Voraussetzung seiner Umschreibung aus der Klasse der Renn- in diejenige der Kreuzerjachten gegeben; und als solche wird die Jacht ORION voraussichtlich am Start der nächstsommerlichen Regatten erscheinen. Dass das Fahrzeug, das als Renn-

METEOR II, später ORION, vor der Änderung des Riggs zur Yawl

jacht mit 39 Mann besetzt war, sich als Übungs- und Tourenboot vortrefflich eignet, ist bei seiner inneren Einrichtung selbstverständlich. Der Hauptsalon, etwa 7,5 m im Geviert messend und mittschiffs gelegen, bietet behaglichen Aufenthalt für größere Gesell-schaft. An den Salon schließen sich im Achterschiff noch drei kleinere und ganz hinten eine Damenkajüte an, während im Vorschiff die Kajüte des Schiffers, die Pantry und ein geräumiges Mannschaftslogis unterge-bracht sind. *G. H.*   *Illustrierte Zeitung, 1902*

Die Stationsyacht ALICE ROOSEVELT

Dem Chef der Marinestation der Nordsee stand bis vor wenigen Monaten für Dienstreisen nur die im Jahre 1887 auf der Kaiserl. Werft in Danzig vom Stapel gelassene Stationsyacht FAREWELL, ein kleiner Doppelschraubendampfer, zur Verfügung.

Das zierliche Fahrzeug, dessen ansprechende Formen sicher jedem Besucher unseres Nordsee-Kriegshafens aufgefallen sind, ist jedoch, abgesehen von seiner geringen Geschwindigkeit, für die Nordseeverhältnisse viel zu klein und zu wenig seetüchtig, und der Stationschef war wiederholt darauf angewiesen, bei Dienst- und Inspizierungsreisen auf Torpedoboote zurückgreifen zu müssen. Um den hiermit in Verbindung stehenden Unzuträglichkeiten ein für alle Mal aus dem Wege zu gehen, wurde dem Chef der Nordseestation mit allerhöchster Genehmigung ein älteres, jedoch noch auf lange Jahre hinaus dienstbrauchbares Torpedoboot, das Divisionsboot D 2, zur Verfügung gestellt. D 2, dessen Stapellauf am 11. September 1886 auf der Schichau-Werft in Elbing erfolgte, besitzt bei 56,5 m Länge, 6,6 m Breite und 3,4 m Tiefgang eine Wasserverdrängung von ca. 300 Tons. Die Hauptmaschine indiziert gegen 2.000 Pferdestärken und gibt bei 260 Umdrehungen dem Schiffe eine Höchstgeschwindigkeit bis zu 19,6 Seemeilen in der Stunde.

Die neue Yacht hat FAREWELL gegenüber den großen Vorzug absoluter Seetüchtigkeit und erheblich größerer Schnelligkeit. Da ein großer Teil der Außenbeplankung erst 1898, die Kesselanlage sogar erst in diesem Jahre gänzlich erneuert worden ist, und da sich die Maschine in gutem Zustande befindet, so dürfte dem Boote noch voraussichtlich eine lange Lebensdauer beschieden sein.

Aus der Vergangenheit des Bootes sei noch hervorgehoben, dass als einer der ersten Kommandanten Seine Königl. Hoheit Prinz Heinrich von Preußen im Jahre 1887 dasselbe eine Zeit lang geführt hat.

Naturgemäß musste die neue Stationsyacht sich äußerlich wie innerlich in einem seiner Verwendung würdigen Kleide dem Auge präsentieren. Der Umbau wurde vom Torpedo-Ressort der Werft zu Wilhelmshaven unter persönlicher Leitung des Torpedodirektors, Korvettenkapitän Stromeyer, ausgeführt. Die künstlerische Ausgestaltung der Innenräume, speziell des Deckpavillons, ruhte in den Händen von Frau Korvettenkapitän Stromeyer, welche in dankenswertester Weise nicht allein die einzelnen Möbel, sondern auch sämtliche Arrangements, einschließlich der kunstvollen Kupferornamente und Beschläge, entworfen hat. – Der bereits erwähnte Pavillon erhebt sich über dem Achterschiff, dicht hinter dem Turm beginnend und kurz vor dem Niedergang der Deckoffiziersmesse endigend. Er vereinigt in sich Empfangssalon, Speise- und Arbeitszimmer. Da in erster Linie auf praktische Unterbringung der Möbel und Raumgewinnung Rücksicht genommen werden musste, so ergab sich als äußere Form des Deckhauses die etwas nüchtern wirkende Gestalt eines länglichen Rechtecks mit leicht abgerundeten Ecken, dessen bester äußerer Schmuck in der eleganten Form der Seitenfenster liegt.

Die bis ins Kleinste sorgfältig durchgearbeiteten Möbel sind sämtlich in vornehm modernem Jugendstile gehalten, ohne jedoch die bizarren Auswüchse und grotesken ornamentalen Verirrungen des Letzteren an sich zu tragen. Jedes Stück Möbel ist den örtlichen Verhältnissen und der Umgebung genau angepasst. Überhaupt ist auf stilvolle Gruppierung und reiche Abwechslung von der Entwerferin besonderer Wert gelegt.

Eine bequeme Wendeltreppe, vor deren Eingang sich eine kunstvolle Balustrade befindet, führt aus dem Pavillon direkt in die Unterdeck-Räume, und zwar zunächst in die frühere Offiziersmesse, welche eine Art von Vestibül bildet, aus dem man auf Backbordseite in die geräumige Kammer Sr. Exzellenz, auf Steuerbordseite in zwei Kammern für das Gefolge gelangt. An Stelle der bisherigen Ingenieurskammer ist ein Baderaum eingerichtet. Der Wohnraum für den Kommandanten ist an seiner Stelle verblieben.

Wie die Innenausstattung, so musste auch das Äußere des Bootes einen etwas mehr yachtmäßigen Anstrich erhalten. Der schmale, schräg nach hinten geneigte Schornstein musste einem voller gehaltenen weichen, dessen Oberteil aus einer schön ausgerundeten kupfernen Krone bestand, ähnlich wie bei dem Torpedoboot SLEIPNER, dessen Aufbau teilweise für D 2 vorbildlich war. Das gewölbte Achterdeck wurde abgeflacht, um neben dem Pavillon bequeme Laufstege und luftigere und hellere Innenräume zu erhalten. Ein blendend weißer Anstrich und eine dezente, vergoldete Bugverzierung reichten hin, um D 2 zu einer eleganten Yacht umzumodeln.

Bei all diesen Arbeiten war jedoch stets darauf Rücksicht genommen, dass das Boot im Kriegsfalle in wenigen Tagen seiner neuen Rüstung beraubt und seiner ursprünglichen Bestimmung als Torpedoboot wiedergegeben werden konnte.

Im März dieses Jahres war die neue Stationsyacht so weit fertiggestellt, dass diese dem Kaiser gelegentlich der letzten Anwesenheit in Wilhelmshaven von Sr. Exzellenz Admiral Thomsen, der sich von der Leistung der Werft voll befriedigt gezeigt hatte, vorgeführt werden konnte. Wenige Wochen später, nach der Rückkehr des Prinzen Heinrich von der Amerikareise, erhielt die neu gebackene Yacht zum Andenken an die glänzende Aufnahme, welche dem Bruder unseres Kaisers drüben zuteil geworden war, den Namen der jugendlichen Tochter des Präsidenten der Vereinigten Staaten: ALICE ROOSEVELT.
Hermann Rückner

Überall, 1902/1903

Das umgebaute Torpedoboot D1 CARMEN, Stationsyacht für die Ostsee, war weitgehend baugleich mit der ALICE ROOSEVELT

Die Kaiserjacht Meteor III

Man kann wohl behaupten, dass der neue METEOR Kaiser Wilhelms, METEOR III, die bekannteste aller heute schwimmenden Jachten ist, und zwar bevor noch ihre Renneigenschaften sich in Konkurrenz mit denen anderer Fahrzeuge genügend messen konnten. Zu diesem den Leistungen der Jacht vorausgehenden großen Ruf trugen bei: die Persönlichkeit des Auftraggebers, Größe und Land des Auftrags, das Ansehen des Konstrukteurs Cary Smith und dann vor allem die Geschichte des Stapellaufs, die infolge der Amerikareise des Prinzen Heinrich zu einem internationalen Vorgang wurde, der die Politiker zum Mindesten ebenso beschäftigte wie die Sportleute.

Die an Gefahren reiche Überführung des für solche Verhältnisse kleinen Fahrzeugs über den während jener Woche überaus sturmbewegten Atlantischen Ozean trug nicht minder dazu bei, das Interesse weiter Kreise für die Jacht rege zu halten, die dabei gleichzeitig ganz hervorragende Seetüchtigkeit bewies. War es doch auch die erste Jacht, die jemals unter deutscher Flagge das große Salzwasser kreuzte! Zur Vollendung seines inneren Ausbaus wurde der METEOR zunächst nach Southampton gebracht und dann auf der Unterelbe zum ersten Mal dem kaiserlichen Eigentümer vor Augen geführt, der auf der Jacht am 24. Juni die Regatta des Norddeutschen Regattavereins mitsegelte. Da ihn hier die Nachricht vom Untergang des Torpe- doboots S 42 traf, so begab er sich an Bord der HOHENZOLLERN gleich bei Schluss der Regatta nach Kiel, ohne das Festessen mitzumachen. METEOR erwies sich als absolut schnellstes Boot, wenn er auch wegen zu leistender Vergütung die ersten Preise

raffinierter Technik lediglich die Höhe des Geschwindigkeitsfaktors anstrebt, sondern eine Kreuzerjacht, die auf manches Extrem verzichtet, dafür aber auch andere Eigenschaften besitzt, ohne die ein gutes Seeschiff nicht denkbar ist. Leider konnte er bisher bei den schwachen Winden sich nicht genug zur Geltung bringen.

Unser Bild führt uns eine Deckszene auf dem METEOR – Backbord, nach vorn gesehen – vor. Wir sehen, wie das Schiff nach Steuerbord überliegt. Einige Matrosen sind mit dem Durchsetzen der Großstenge-Pardunen beschäftigt. Der Kaiser steht am Ruder, wie er es mit so großer Freude und hellem seemännischen Blick zu tun pflegt. Wer an diesem Platz, zumal bei einer Regatta, stehen will, bedarf nicht nur einer bedeutenden praktischen Schulung, sondern auch eines angeborenen Instinkts für die vielen Feinheiten, mit denen die nicht häufige und für den Kenner außerordentlich bewundernswerte Kunst des Rennschiffers arbeitet. Gespannt erwarten die Männer des Segelsports diesseits und jenseits des Ozeans das endgültige Resultat der METEOR-Wettfahrten. Hoffentlich wird es jedermann zur Befriedigung gereichen, zumal dem hohen Eigentümer selbst. *Johannes Wilda*

Illustrierte Zeitung, 1902

nicht errang. Während des jetzigen Verlaufs der Kieler Woche streitet der METEOR mit etwa einem halben Dutzend seiner Klasse um die Siegespalme. Man darf nicht vergessen, dass er keine eigentliche Rennjacht sein soll, das heißt ein Fahrzeug, das mit

Von der Kieler Woche: An Bord der neuen Kaiseryacht METEOR. Nach einer Zeichnung von Willy Stöwer

An Bord einer grossen Rennjacht

Der Startschuss ist gefallen, die großen Renner METEOR, KO-MET, COMMODORE u. a. ziehen davon, und nun beginnt an Deck dieser gigantischen Jachten ein reges Leben. Wie ein Bienenschwarm wogt es durcheinander, Kommandorufe schallen von Bord zu Bord, hierauf zieht sich das Feld der riesigen Leinwandflächen langsam auseinander, METEOR übernimmt die Führung, ihm folgen KOMET und dann die anderen. Der Wind ist flauer geworden und große Beisegel müssen gesetzt werden, der Ballonklüver entfaltet sich unter Rauschen, wird etwas dichtgeholt, und nun heißt es „Ruhe an Deck!", da jede unnötige Erschütterung als Fahrthemmnis vermieden werden muss. Die Besatzung der Jacht liegt in Lee an Deck, der Führer der Yacht hat aufmerksam die Ruderpinne in der Faust und der Segelmeister prüft fortwährend die von leiser Brise geschwellten Segel. Nichts ist dem Segler unangenehmer und nervenabspannender als Flautentreiberei, und wenn nun noch der Gegner sich langsam heranzuschleichen beginnt, begünstigt durch irgendeinen flüchtigen Hauch, so muss er eine Fischnatur besitzen, wenn ihm nicht ein leises „Donnerwetter!" von den Lippen quillt. *Willy Stöwer*

Illustrierte Zeitung, 1902

pht. Studders & Kohl.

DIE ERÖFFNUNG DER SEGELSAISON

Alljährlich wenn der Frühling ins Land zieht, also gegen Ende April oder Anfang Mai, vereinigen sich die zahlreichen Seglerclubs Berlins und seiner Umgebung zur gemeinsamen offiziellen Eröffnung des Segeljahres; diese gemeinsame Veranstaltung ist unter dem Namen Ansegeln hinlänglich bekannt. An diesem Tage wimmelt es vor den Clubhäusern, die Mitglieder sehen sich nach langer Winterzeit zum ersten Male auf blauer Flut wieder, und jede Jacht, jede Jolle und jedes Beiboot erscheint in neuem Schmuck. Glänzende Lackpolitur lässt die Bootskörper wie neu erscheinen, und unter den älteren Rennern und Kreuzern zeigt sich bald hier, bald da ein Neubau, der von kritisierenden und bewundernden Blicken verfolgt wird. Endlich ist alles unter Segel, an Bord herrscht ringsum fröhliche Stimmung, eine frische Brise fegt über das Wasser und in flotter Fahrt gleitet die große Jachtflotte dem ein bis zwei Meilen entfernten Ziel, einem idyllisch gelegenen Waldplätzchen in einer der herrlich gelegenen Havel-, Spree- oder Dahmebuchten, entgegen. Hier wird geankert, gelandet und gefrühstückt; ein Seglerfrühstück ,aus der Faust' an Deck in frischer Frühlingsluft erhöht die Stimmung.

Der Vorsitzende eines der Clubs, ein talentvoller Redner, bringt in markigen Worten, die weit über die Flotte schallen, das Hoch auf den kaiserlichen Schirmherrn des Segelsports aus, und das Hipphipphurra erklingt enthusias-tisch und gewaltig. Nachmittags oder gegen Abend wird die Heimkehr angetreten; die Renner sind bald weit voraus. Nachdem die letzten kleinen Jachten eingetroffen sind, erhellen sich die Clubräume, und ein gemeinsames Mahl beschließt den schönen Tag. *Willy Stöwer*
Illustrierte Zeitung, 1903

DIE BERLINER FRÜHJAHRS-SEGELREGATTEN

Die seglerischen Wettkämpfe auf den Gewässern in der Umgebung Berlins nehmen von Jahr zu Jahr größeren Umfang an und gewinnen immer mehr an Bedeutung. Vor einigen Jahren noch spielte die jährlich im September stattfindende Berliner Woche die Hauptrolle für den Binnensegler, nachdem die große Kieler Woche vorüber war, und gegenwärtig beginnt schon die ‚Berliner Frühjahrswoche' eine ähnliche Rolle zu spielen.

Diese Frühjahrs-Segelregatten sollen das neue Material für die kommende Saison prüfen, Führer und Mannschaften mit ihren Neubauten vertraut machen, kurzum eine große Generalprobe auf dem Wasser sein.

Die Frühjahrswoche umfasst fünf Regatten, von denen zwei auf dem Müggelsee und drei auf der Havel und dem Wannsee stattfinden, Erstere am 10. und 17. Mai, veranstaltet vom Berliner Regattaverein, Berliner Seglerclub und Segelclub Ahoi sowie vom Berliner Jachtclub und dem Zeuthener Seglerverein, den so genannten Oberspree-Vereinen. Am 21., 23. und 24. Mai folgen dann die Wettfahrten auf der schönen Havel und dem Wannsee, veranstaltet vom Seglerclub Tegelsee, vom Akademischen Seglerverein, vom Kaiserlichen Jachtclub und vom Verein Seglerhaus am Wannsee.

Zu diesen Rennen hatte auch Kaiser Wilhelm seine kleine Jacht NIAGARA gemeldet, die sich einen ersten und einen zweiten Preis in ihrer Klasse sicherte. Im Ganzen hatten zu den fünf Wettfahrten 39 verschiedene Jachten 131 Meldungen abgegeben; sieben neue Jachten stellten sich zum ersten Male in einer offenen Wettfahrt dem Starter. Die leichten, kenterbaren Rennboote außer einem (PAULA) fehlten zufolge Beschlusses des Deutschen Seglertages gänzlich und riefen das Gefühl allseitiger Befriedigung unter den Seglern hervor, da das Jonglieren mit diesen leichten Rennflundern die ernste Gefahr nie ausschließt. *Willy Stöwer*   *Illustrierte Zeitung, 1903*

Von der Kieler Woche

Die alljährliche große Deutsche Sportwoche auf der Kieler Bucht mit ihren frisch-fröhlichen Wettkämpfen, glänzenden Festen und ihrem buntfarbigen Verkehr ist wieder einmal zu Ende gegangen. Am 3. Juli früh hat die Flottille der hurtigen Segler, deren im Ganzen nahezu hundert gemeldet hatten, den deutschen Reichskriegshafen verlassen, um sich nochmals auf der Fahrt von Kiel nach Travemünde hinsichtlich der Tüchtigkeit der Fahrzeuge und ihrer Führer zu messen; und mit den Schonern, Yawls und Kuttern gingen Kaiseryacht und Kaiserstandarte, dieses goldige Wahrzeichen für den Nimbus der Kieler Woche. Dem amerikanischen Geschwader, das in diesem Jahr die Zahl der Festlichkeiten vermehren, den wuchtigen, imposanten Eindruck der auf dem Strom vereinigten deutschen Flotte ergänzen half, folgten nacheinander die eleganten einheimischen und fremden Luxus-Dampfjachten, die hamburgische PRINZESSIN VICTORIA LOUISE, die amerikanische NORTH STAR, NAHAMA und UTOWANA, die belgische SCHELDE, BRAVO und wie die schmucken Fahrzeuge alle heißen, die gekommen waren, um das Bild des Hafens mannigfaltiger und buntfarbiger zu gestalten, der nunmehr sein Sonntagsgewand abgelegt hat und wieder daliegt in seiner Alltäglichkeit. Auch die mächtigen Panzerschiffe haben ihre Übungen wieder aufgenommen, und der Fremdenstrom, der, gewaltig wie niemals bisher, die Uferpromenaden und Wirtschaftsetablissements übervölkerte, hat sich verlaufen, nicht ohne die lebendigsten Eindrücke von dem Jubel und Trubel mit sich zu nehmen, der sich bei tadellosem Sommerwetter auf dem Wasser und am Strande abspielte. Nur etwas schlankere Brise hätte man im Allgemeinen der Regatta wünschen können.

Die neue Kaiserjacht METEOR III und die Yacht HAMBURG des Hamburger ‚Vereins Seefahrt' im Rennen. Gezeichnet von Willy Stöwer

Während an den Binnenwettfahrten nur die kleinen Jachten der Klassen V und VI beteiligt waren, galt auf den Seeregatten die Aufmerksamkeit in erster Linie den großen Klassen und unter diesen vor allem der Schonerkreuzerklasse A, in der sich die kaiserliche Jacht METEOR mit der HAMBURG zu messen hatte, während das dritte Fahrzeug, die IDUNA der Kaiserin, die im Sturm vorzüglich läuft, unter den obwaltenden Windverhältnissen als Konkurrent nicht ernstlich in Betracht kam. Nach dem Siege der Jacht METEOR über den Hamburger Schoner auf der Elbe um nur 53 Sek. konnte man selbstverständlich auf den Verlauf der ferneren Wettkämpfe sehr gespannt sein. Kannte man doch die HAMBURG schon von früheren Jahren her, wo sie zuletzt 1898 unter dem Namen RAINBOW auf dem Regattafelde der Kieler Woche erschien, als vorzüglichen Segler, der dem Kaiserschiff an Leistungsfähigkeit wohl ebenbürtig, hinsichtlich der Schönheit der äußeren Erscheinung zweifellos überlegen ist. Und als ebenbürtiger Gegner hat sich HAMBURG, die mit 30,5 Segellängen von METEOR eine halbe Segellänge Vergütung beanspruchen darf, in der Kieler Woche gezeigt. Im ersten Wettkampf zwar war die frühere RAINBOW, deren Silhouette wegen der schneidigen Eleganz jeden Sportsman wie Laien entzückt, von vornherein im Nachteil, da sie mit gebrochener Vorstenge ins Rennen eintrat, mithin bei der Fahrt vor dem Wind allerdings den Spinnaker am Großmast statt am Vormast setzen konnte, aber auf Ballonklüver und Vortoppsegel verzichten musste. Die Hamburger Yacht blieb deshalb beträchtlich hinter ihrer Gegnerin zurück, der sie auch auf der zweiten Seewettfahrt den Rennsieg mit 2 Min. 27 Sek. gesegelter, 1 Min. 48 Sek. berechneter Zeit lassen musste.

Auf der Wettfahrt nach Eckernförde hingegen über 51 Seemeilen ging HAMBURG 2 Min. 34 Sek. vor METEOR durchs Ziel und siegte mit 6 Min. 59 Sek. berechneter Zeit. Auch am Tage darauf im Handicap von Eckernförde nach Kiel siegte das schöne Schiff mit 2 Min. 53 Sek. über die Kaiserjacht, die schließlich auf der 78 Seemeilen langen Bahn Kiel-Travemünde zwar 2 Min. vor der Gegnerin am Ziel eintraf, ihr aber auch diesmal auf dem Wege der Vergütung den Preis lassen musste.

Illustrierte Zeitung, 1903

... Der Hafen ist gut und die Rennen sind auch gut, aber der Hauptreiz von Kiel bleibt doch die Herzlichkeit, mit der alle Besucher von jedermann, vom Kaiser an abwärts, aufgenommen werden. Zweifellos ist der Erfolg der Kieler Woche dem Kaiser zu verdanken, der persönlich das größte Interesse an allem hat, was mit dem Segelsport zusammenhängt. Er ist stets auf dem METEOR, wenn dieser hier eine Regatta segelt. Prinz Heinrich von Preußen ist ebenso eifrig. Er segelt meist auf einer der kleineren Rennjachten (in der Sonderklasse). Beide, der Kaiser und er, kommen abends häufig in den Club, um sich mit den am Rennen beteiligten Seglern über den Sport zu unterhalten ...

Der britische Yachtkonstrukteur Linton Hope in der
Zeitschrift ,Yachtsman' über die Kieler Woche 1903 und die
Hohenzollern

FRANZÖSISCHE PRESSESTIMMEN

Im Anblick des imponierenden und sich sehr selten bietenden Schauspieles einer Flotte von nahezu 200 Yachten verschiedener Nationen, von Deutschen, Engländern, Amerikanern, Dänen, Belgiern und Franzosen, von denen mehr als die Hälfte zu den Regatten gemeldet war, mussten den Seglern, die das Glück hatten, den Rennen der Kieler Woche beizuwohnen, und die so Gelegenheit hatten zu beobachten, in welcher Weise sich der deutsche Segelsport in den letzten Jahren entwickelt hat, die bekannten prophetischen Worte des deutschen Kaisers Wilhelm II. aus einer seiner vielen Reden über die Marine in Erinnerung bleiben: „Die Zukunft Deutschlands liegt auf dem Wasser."

Die Zukunft auf dem Wasser! Dies sieht man gleichzeitig an der Entwicklung der deutschen Kriegsmarine, an dem Aufschwung der Handelsmarine und der immer mehr wachsenden Beteiligung am Segelsport.

Gefördert wird Deutschland in diesen Bestrebungen durch das einflussreiche Beispiel seines Herrschers, der sein lebhaftes, nie nachlassendes Interesse allen Dingen angedeihen lässt, die geeignet sind, einen dieser drei Faktoren des deutschen Seewesens zu fördern. Der deutsche Kaiser hat den Segelsport nicht hinter seinen beiden älteren Geschwistern zurückstehen lassen.

Mit sicherem Blick hatte Wilhelm II. schon zu einer Zeit, die noch gar nicht lange verflossen ist, wo die deutsche Nation seinen Plänen zur Entwicklung der Seemacht noch nicht folgen wollte, erkannt, dass ihm der Wassersport ein sehr wirksames Hilfsmittel zur Erweiterung von Interesse für das Seewesen unter den leitenden Klassen an die Hand gäbe. Die Zeit hat ihm Recht gegeben.

Da er gewohnt ist, selbst mit gutem Beispiel voranzugehen, ist Wilhelm II. selbst Segler geworden. Er hat sich Yachten bauen lassen und hat es nicht verschmäht, diese auch selbst auf Regatten zu führen.

Er hat die Wahl zum Kommodore des Kaiserlichen Yachtclubs angenommen und hat von allen Ehrenrechten dieses Amtes Gebrauch gemacht und sich keiner der daraus erwachsenden Verpflichtungen entzogen.

Wir müssen uns daran erinnern, dass der deutsche Segelsport noch wenig entwickelt war, als der Kaiser im Jahre 1897 einen Preis für die Regatta Dover-Helgoland stiftete. Hierdurch sollten die großen englischen Yachten veranlasst werden, die deutschen Gewässer zu besuchen. Von diesem Zeitpunkt an kann man den schnellen Aufschwung der Kieler Regatten datieren.

Um diesen jedes Jahr wiederkehrenden Veranstaltungen mehr Glanz und Wichtigkeit zu geben, erscheint er jedes Jahr persönlich zur Kieler Woche und erhöht den Wert der gestifteten Preise, indem er sie persönlich den glücklichen Siegern aushändigt und jedem einige liebenswürdige Worte zukommen lässt.

Während die Rennen in Kiel zu Anfang nur von Engländern und Deutschen besucht wurden, sind sie jetzt nach kurzer Zeit die internationalsten Regatten geworden, die wir haben. In diesem Jahre waren acht verschiedene Flaggen dort vertreten.

Die Rennen der großen Schoner METEOR, IDUNA, HAMBURG, CICELY, CLARA, ADELA, EVELYN boten ein wunderbar schönes Bild. In einem Geschwader sah man untereinander gemischt die Yachten aller Nationen vorbeiziehen.

Viele Dänen waren mit ausgezeichneten, sehr seetüchtigen Booten zu den Regatten gekommen, einer Sorte von Kreuzern, auf denen die Segler als Amateure in guter Kameradschaft leben. Diese Yachten von amerikanischem Typ waren sehr gut in Stand gehalten.

In dem kleinen Wald von Masten, die zu den Rennen nach Kiel gekommen waren, sah man nur eine einzige französische Flagge, an Bord des Schoners

ANDREE des Herrn Glandaz, wehen. Die Mannschaft der MEULAN fand hier gastliche Aufnahme.

ANDREE ist nicht mehr ganz jung. Herr Glandaz hat es aber verstanden ihn zu verschönen. Die zahlreichen Besucher, die an Bord kamen, haben mit Interesse die schönen Malereien betrachtet, die den Salon schmücken. Der ANDREE ist außerdem sehr gut in Stand gehalten und die Besatzung sah musterhaft aus. Er vertrat den französischen Yachtsport in würdiger Weise.

Was am meisten überrascht hat, ist die elektronische Einrichtung. Die Erzeugungsstation für den Strom ist das große Beiboot, dessen Petroleummotor nach Belieben eine Schraube oder eine Dynamomaschine antreiben kann. Die Ladung der Akkumulatoren kann erfolgen, wenn das Boot im Wasser ist oder wenn es in den Davits hängt.

Im ersteren Fall wird das Boot, damit das Geräusch des Motors und der Geruch der Abgase nicht störe, ein Stück achteraus gefiert. So bleibt es dann durch ein Kabel mit der Yacht verbunden und die Ladung der Akkumulatoren kann nun sofort erfolgen. Nach etwa zwei Stunden ist diese Arbeit beendet und die Ladung genügt für 14 Tage ungefähr zur Beleuchtung.

Dieses von Herrn Glandaz erfundene Verfahren hat Herrn Cecil Quentin so gefallen, dass er jetzt sofort auf seinem Schoner CICELY die gleichen Einrichtungen treffen lässt.

Wie man erwarten konnte, sind die französischen Segler, die von Kiel zurückkommen, begeistert von der Aufnahme, die sie überall gefunden haben. Sie wurden zum großen Festessen des Kaiserlichen Yachtclubs und zum Bierabend des Norddeutschen Regattavereins eingeladen.

Beim Festessen präsidierte der Kaiser im Anzug des Kommodore des Clubs und fast alle anderen Herren waren ebenfalls im Clubanzug. Die wenigen schwarzen Anzüge der französischen und belgischen Segler, die keinen besonderen Clubanzug kennen, brachten die französischen Segler auf den Gedanken, dass es für derartige internationale Veranstaltungen vorteilhafter wäre, wenn man in Frankreich ebenso einen Clubanzug hätte wie ihn die Segler anderer Länder auch haben.

Der Clubanzug mit einer kurzen Jacke ist eine Uniform, bei der man die Mütze tragen kann, was beim schwarzen Anzug unmöglich ist. Die Tatsache, dass die französischen Segler bei den Empfängen in Kiel gezwungen waren, den schwarzen Anzug und die Mütze zu tragen, hat mehrere Mitglieder französischer Vereine veranlasst, sich mit der Zusammenstellung eines Clubanzuges zu beschäftigen, der sie mit den Seglern anderer Nationen gleichstellen würde.

Das Haus des Kaiserlichen Yachtclubs, in dem das Festessen stattfand, ist ein prächtiges Bauwerk, das nahezu eine Million gekostet haben muss.

Der Saal war glänzend mit Blumen und Trophäen geschmückt. Die Bedienung wurde von Matrosen in großer Uniform gebildet und während des ganzen Festessens ließ sich die Kapelle der HOHENZOLLERN hören.

Die Ansprache des Kaisers in deutscher Sprache führte die Zuhörer zu den Anfängen des Clubs zurück und gedachte eines seiner bedeutendsten Mitglieder, des berühmten Krupp, der vor kurzem gestorben ist und der das Clubhaus hat erbauen lassen.

Nach der Beendigung des Festessens hielt der Kaiser Cercle ab, bei dem er jeden Beteiligten in seiner Muttersprache anredete und seine umfassenden Kenntnisse durchblicken ließ.

Bei diesen Vereinigungen geht es sehr einfach und liebenswürdig zu. Wilhelm II. hält sich immer auf dem Laufenden, auch über die geringsten Ereignisse im Segelsport. Die Franzosen haben dies an mehreren Beispielen gesehen.

Bei einer Unterhaltung mit einer offiziellen Persönlichkeit, einem Landsmann von uns, dessen Verdienste und dessen Amt ihn oft in die Nähe des Kaisers Wilhelm II. führen – er hat das Zusammentreffen mit dem Herrn Walkdeck Rousseau im vorigen Jahre in Norwegen herbeigeführt, wo der Letztere an Bord der Yacht ARIADNE des Herrn Gaston Menier kreuzte und ihm an Bord der HOHENZOLLERN einen Besuch machte – sprach sich dieser begeistert über den Ex-Premierminister aus und sagte: „An Bord einer Yacht darf es nichts anderes geben als Sportleute".

Und in der Tat ist der Kaiser, wenn er segelt, nur Segler. Beim Kaiserlichen Yachtclub beschäftigt er sich nur mit dem Wassersport und will nichts anderes vorstellen als den Kommodore dieses Clubs.

Ganz dasselbe ist beim Prinzen Heinrich von Preußen der Fall, dem Groß-Admiral der deutschen Marine, und auch bei dem dritten Sohn des Kaisers, dem Prinzen Adalbert, dem zukünftigen Seeoffizier. Beide sind begeisterte Segler und beteiligten sich an den Regatten der Sonderklasse. Der Erstere mit der TILLY, der Zweite mit SAMOA III.

Jedes Mal, wenn sie am Start erschienen, begrüßten die Prinzen ihre Konkurrenten mit einigen liebenswürdigen Worten.

Als einmal bei einem Manöver die MEULAN zu Luv von der TILLY vorbeiging, rief der Prinz Heinrich Bravo und applaudierte. Der Bruder des Kaisers manövriert gut und ist ein guter Taktiker. Vom ersten

Tag an hatte die Mannschaft der MEULAN immer ganz besonders die Manöver der TILLY beobachtet, obgleich sie nicht wusste, dass die Yacht vom Prinzen Heinrich geführt wurde.

Der Prinz Adalbert führt seine Yacht mit großem Eifer, SAMOA muss aber nicht sehr gut laufen. Sie ist bisher niemals unter den ersten Booten gewesen. Sie ist eine deutsche Yacht, die im vorigen Jahr in Hamburg vom Yachtkonstrukteur Max Oertz gebaut worden ist. Bis jetzt haben die Boote von Hacht in dieser Klasse die besten Erfolge gehabt, wie WANNSEE, LUNULA und BENJAMIN. (Der Verfasser ist hier wieder demselben Irrtum verfallen wie schon vorher einmal. D. Red.)

Wenn der deutsche Yachtbau auch mit dem amerikanischen oder englischen noch nicht rivalisie-

Seine Majestät der Kaiser nach der Preisverleihung Cercle abhaltend. Nach einer Zeichnung von Willy Stöwer

ren kann, so hat er doch in den letzten Jahren ohne Zweifel enorme Fortschritte gemacht. Der Typ der Fahrzeuge ist elegant mit sehr hübschen Linien. Die Takelage ist leicht. Im Ganzen eine fortschreitende Entwicklung, bei der alles berechnet wird und nichts dem Zufall überlassen wird. So ist zum Beispiel die Organisation der Bauwerften bewundernswert. In weniger als einer Stunde bringt man ungefähr 15 Boote auf Land. Die Schnelligkeit, mit der gearbeitet wird, ersieht man am besten aus den an der MEULAN und IRIS in der Nacht von der Regatta ausgeführten Arbeiten.

Die Vermessung macht in Kiel nicht so viele Schwierigkeiten wie in Frankreich. Man muss zwar dafür bezahlen, aber man wird dafür sehr gut bedient. Für eine Yacht wie MEULAN kostet die Vermessung 24 Mark. Beim Kaiserlichen Yachtclub ist zu jeder Zeit ein Sekretariat, das unter der Leitung des Kapitäns Sarnow steht, geöffnet. Die Mannschaft der MEULAN hatte Gelegenheit, den Eifer kennenzulernen, mit dem man den Sportsleuten Instruktionen zukommen lässt und ihnen behilflich ist.

Der Herr Kapitän Sarnow ließ für sie alle Bestimmungen, die ihnen nützlich sein konnten, ins Französische übersetzen und gab ihnen außerdem noch viele persönliche Ratschläge.

Die Segler, welche die Kieler Woche mitgemacht haben, sind ganz begeistert wieder zurückgekehrt. Sogar nach der Meinung der Engländer wird Cowes bald von Kiel überflügelt werden.

Der Eindruck, den die französischen Segler empfangen haben, lässt sich am besten aus ihrem Wunsche erkennen, im nächsten Jahre zahlreicher nach Kiel zurückkehren zu können.

Wir wissen schon, dass im Jahre 1904 zwei neue französische Boote in der Sonderklasse gemeldet werden sollen, ein Neubau für Herrn Glandaz nach den Rissen des Konstrukteurs von MEULAN, eine verbesserte MEULAN; der andere soll die Farben des Vicomte de Curzay führen und nach einem Entwurf des Herrn J. Guédon gebaut werden.

Wir können diesen Artikel nicht schließen, ohne noch einmal auf die schnelle Entwicklung der Regatten in Kiel zurückzukommen, die der Förderung von allerhöchster Stelle zuzuschreiben ist und auch der zahlreichen Beteiligung fremder Yachten.

Den ganz ungewöhnlich großen Erfolg der Kieler Regatten verdanken die Deutschen dem Umstand, dass sie alles Mögliche unternommen haben, um fremde Yachten heranzuziehen und sich sehr gehütet haben, sie zu vertreiben. Dies müssen wir uns vor Augen halten.

Von diesem Beispiel können wir Nutzen ziehen, wenn wir uns entschließen werden, die Regatten in Frankreich wieder aufleben zu lassen.

Yachting Gazette, 1903

Die französische ,Le Yacht' über die Veranstaltungen der Kieler Woche:

Man sieht, wie lebhaft der Kampf zwischen den verschiedenen Rennern war.

Wenn man nun den Ursprung derselben betrachtet, so scheinen die Amerikaner mit NAVAHOE, IDUNA und METEOR einen großen Teil des Erfolges für sich gewonnen zu haben.

Die Engländer waren durch ORION, HAMBURG, CICELY und CLARA vertreten und von der Ostsee stammten KOMMODORE, HERTHA und GARM und ebenso auch eine Unmenge kleinerer Yachten, die wir wegen Platzmangel nicht aufführen konnten.

Eine ganz auffallende Tatsache, von der alle Berichterstatter sprechen, ist der ganz ungewöhnlich schnelle Aufschwung des Yachtsports in Deutschland und den benachbarten Ländern, Russland, Schweden, Norwegen, Dänemark. Im Allgemeinen sind die Yachten sehr modern, aber nicht übertrieben. Sie sind wohnlich und gut eingerichtet. Sie halten ungefähr die Mitte zwischen der reinen Rennyacht, wie sie in Frankreich und in England gebaut wird, und dem sonst üblichen schnellen Kreuzer, wie man ihn in England meistens in Handicaps starten sieht. Dieser Typ, in dem sich die Konstruktion in der Ostsee kristallisiert zu haben scheint, ist ein gesundes Modell, praktisch, mit einer Menge mittlerer Eigenschaften, die weder der Schnelligkeit noch der Eleganz schaden.

Man hat Kiel mit dem Clyde oder gar mit Cowes vergleichen wollen. Das ist ein Unsinn.

Es ist gleichzeitig schlechter und besser. An Wichtigkeit ist die Cowes-Woche überlegen und es steht fest, dass es auf dem Clyde mehr Yachten gibt als bei Kiel. In Kiel gibt es aber keine alten Fahrzeuge. Die Lustflotte auf der Ostsee ist jung, dies ist ihr Vorzug.

Sie ist vollkommen modern, zeigt nichts Veraltetes. Die Zukunft gehört ihr. Sie hat alles, was zum Erfolg nötig ist und wird fortwährend von einem mächtigen Einfluss angespornt, der sich jeden Tag bemerkbar macht. Mit Deutschland folgen seinem Kaiser die benachbarten Länder.

Außerdem können wir sehen, wie in Italien der Segelsport durch die Beteiligung des Herzogs der Abruzzen gefördert wird, der diesen Sport treibt, um ein Beispiel zu geben und weil er seinem persönlichen Geschmack besonders gefällt. In Spanien wartet S. M. Alphonso XIII. nicht bis zur Großjährigkeit, um sich ihm zu widmen.

In Frankreich treffen wir nur vereinzelte Bestrebungen, die ohne großen Erfolg verlaufen. Uns kommt kein Beispiel von oben. Kein Mensch scheint einzusehen, dass der Yachtsport die Pflanzschule für die Kriegsmarine und für die Handelsflotte ist, und dass er als solche mit Recht Anspruch auf Unterstützung machen kann. Trotzdem dürfen wir nicht nachlassen. Wir müssen uns auf uns selbst verlassen. Bleiben wir einig und erreichen wir das, wozu andere durch Beispiele angeleitet werden, durch eine planvolle Vereinigung aller Kräfte.   *Le Yacht, 1903*

Von der Berliner Frühjahrsregatta auf dem Müggelsee

Der erste Tag der alljährlich stattfindenden Berliner Frühjahrsregatten, die Vorprobe des neuen Jachtmaterials für die Kieler Woche, fand am 8. Mai bei herrlichem Frühlingswetter und leichter Brise auf dem schönen hügelumkränzten Müggelsee statt. Veranstaltet war diese Wettfahrt vom Berliner Regattaverein und vom Seglerclub Ahoi. Der Kurs ging von dem Start nach der Boje an der Kuhbrücke, von dort nach der Boje bei Rahnsdorf und zum Start zurück. Von zwanzig gemeldeten Yachten starteten achtzehn. Die Windstärke betrug im Durchschnitt 3,42 m in der Sekunde. Es kam zu recht interessanten Kämpfen der Neubauten gegen vorjähriges und altes Material. Den Lorbeer des Tages aber errang die kleine Rennjacht des Kaisers NIAGARA, die mit fünf Minuten über ihre Gegnerin JUGEND siegte. Ihre beiden anderen Klassengenossen, FRECHDACHS und VERSUCH, waren nicht am Start erschienen. NIAGARA war brillant, machte eine gute Figur und segelte sich schon gleich nach dem Start aus dem übrigen Rudel der Jachten frei. Sie behielt auch sicher die Führung und wurde von den sämtlich am Start erschienenen Jachten die absolut schnellste. Die kaiserliche Jacht hat für dieses Jahr neue und größere Segel erhalten und wird wohl einer der gefürchtetsten Renner der Saison bleiben. Nach Schluss der Regatta fand am Müggelschlösschen die Preisverteilung an die Sieger statt. *Willy Stöwer*

Illustrierte Zeitung, 1904

Von der Kieler Woche.
Die Ankunft des Königs Eduard in Kiel

Die diesjährige Kieler Woche hat ihr besonderes Gepräge durch die Anwesenheit des Königs Eduard von England erhalten, der am 25. Juni an Bord seiner Staatsyacht VICTORIA AND ALBERT durch den Kaiser-Wilhelm-Kanal kommend in dem deutschen Ostseekriegshafen eintraf und bei seiner Ankunft von Kaiser Wilhelm an der Holtenauer Schleuse begrüßt wurde. Zum Empfang des als Admiral à la suite der deutschen Marine stehenden Königs hatten unsere Kriegsschiffe große Toilette gemacht. Was an Linienschiffen, Kreuzern, Schulschiffen, Küstenpanzern gegenwärtig in heimischen Gewässern unter Flagge steht, war auf der Kieler Reede zusammengezogen; das Gros der Flotte hatte seine Plätze in der Wiker Bucht in nächster Nähe der Kanalmündung eingenommen. Sämtliche Kriegsschiffe, dazu auch die in stattlicher Zahl anwesenden einheimischen und fremdländischen Lustdampfjachten und Sportfahrzeuge, hatten über alle Toppen geflaggt, die englische Kriegsflagge im Großtopp, und boten in ihrer Gala trotz der herrschenden regnerischen Stimmung des Wetters ein überaus prächtiges, farbenlebendiges Bild. Noch verstärkt wurde die Zahl der Schiffe durch die vier der englischen Königsjacht vorauslaufenden britischen Kreuzer, von denen als erster der BEDFORD nachmittags gegen ein Uhr eintraf und die am Großmast der HOHENZOLLERN wehende Standarte des deutschen Kaisers salutierte. Unter gleicher Ehrenbezeigung liefen die drei Kreuzer DIDO, ESSEX und JUNO ein, um an den ihnen in unmittelbarer Nachbarschaft der deutschen Kriegsschiffe reservierten Bojen festzumachen.

Um drei Uhr nachmittags stand die Ankunft des Königs zu erwarten; doch schon geraume Zeit

Die britische Staatsyacht VICTORIA AND ALBERT läuft in den Kieler Kriegshafen ein

Willy Stower
Kiel 1904.

Die Uferpromenade während der Kieler Woche

zuvor war an der Holtenauer Schleuse alles zum Empfang fertig. Am Nordkai der Schleusen war eine Ehrenkompanie von der 1. Matrosen-Artillerieabteilung in Friedrichsort, auf dem Südufer die Leibkompanie des 1. Garderegiments zu Fuß mit Fahne und Musik nebst ihren direkten Vorgesetzten bis hinauf zum Divisionskommandeur, Generalleutnant von Löwenfeld, aufgestellt; am linken Flügel der Kompanie standen in der Front die Söhne des Kaisers, die Prinzen Eitel Friedrich, August Wilhelm, Oskar und Joachim. Der Kaiser als englischer Admiral mit dem Bande des Bath-Ordens traf in Begleitung des Kronprinzen, des Prinzen Heinrich und einer glänzenden Suite um 2 ½ Uhr mittels seines Verkehrsbootes HULDA ein.

Gegen drei Uhr sprengten Husaren, die die englische Königsjacht auf ihrem Wege durch den Nord-Ostsee-Kanal begleitet hatten, auf das Schleusenterrain; der Kaiser begab sich mit Begleitung auf das Plateau zwischen den beiden Kammern, und gleich darauf lief die VICTORIA AND ALBERT in die nördliche Schleuse ein, am Vortopp gleich den vorher eingelaufenen Kreuzern die deutsche Kriegsflagge, im Großtopp die Königsstandarte, am Kreuzmast die englische Gösch und am Heck die britische Kriegsflagge führend. Lebhafte Hurrarufe der Zuschauer und die beiden Völkern gemeinsame Melodie der von der Kapelle der präsentierenden Ehrenkompanie gespielten Nationalhymne begrüßten den König, der in der Uniform eines deutschen Admirals mit dem Bande des Schwarzen Adlerordens am Steuerbord-Fallreep seines stolzen Schiffes stand, die militärischen Grüße erwiderte und, sobald die Musik verstummt war, an die Ausgangspforte des Mittelschiffs trat, um freundlich zu dem am Kai stehenden Kaiser hinüberzugrüßen. Als dann die Yacht in der Schleuse festlag und eine Laufbrücke Ufer und Schiff verband, eilte der Kaiser, begleitet von Admiral von Senden-Bibran und dem Flügeladjutanten Korvettenkapitän von Grumme, an Bord, wo die Herrscher einander herzlich umarmten und küssten, um dann zusammen das Schiff zu verlassen. An Land begrüßte der König den Kronprinzen und den Prinzen Heinrich, ließ sich das kaiserliche Gefolge vorstellen und nahm die Meldungen der Herren vom Ehrendienst, des Kommandierenden Generals des Gardekorps, General von Kessel, des Konteradmirals Grafen von Baudissin und des Flügeladjutanten Kapitän von Müller entgegen.

Nach Abschreiten der Front der Gardekompanie und Begrüßung der jungen Prinzen durch den König begaben sich beide Monarchen wieder an Bord der VICTORIA AND ALBERT, die alsdann ausgeschleust wurde und den ihr folgenden Torpedobootzerstörern Platz machte, deren sechs außer den vier Kreuzern das Königsschiff eskortierten. Als die Jacht im Hafen einlief, begann das Artillerie-Schulschiff MARS den Salut, der von sämtlichen auf der Reede liegenden Kriegsschiffen aufgenommen wurde. Eine einzige breite, ballig bewegte Wolke von Pulverdampf lag in wenigen Sekunden auf der Flut; aus dem Qualm ragten die Rümpfe, Decksaufbauten und Gefechtsmasten auf, überspannt von dem festlichen Gepränge unzähliger bunter Girlanden von Flaggen und Wimpeln; auf dem allen lag leichter Sonnenschein, und dieses ganze sonnige Bild hob sich gegen die breite dunkle Wolkenwand eines eben wieder aufsteigenden Gewitterschauers ab. Das war der erste, unbeschreiblich grandiose Eindruck, den Englands König bei seiner Ankunft von dem deutschen, zum großen Sportfest geschmückten Reichsmarinehafen erhalten hat.

Die Wettfahrten

Die in diesem Jahr aus Anlass der Anwesenheit des Königs von England in allen Äußerlichkeiten glänzender als je verlaufene Kieler Woche ist auch bezüglich ihres sportlichen Gehalts reicher bedacht gewesen als in früheren Jahren. Ganz neu war die vom deutschen Automobilklub unter dem Protektorat des Prinzen Heinrich von Preußen veranstaltete Regatta für Motorboote, die, von langer Hand vorbereitet und ausreichender Meldungen nicht entbehrend, infolge des Witterungscharakters leider nicht in der erwarteten und die kostspieligen Zurüstungen lohnenden Vollkommenheit zum Austrag gebracht werden konnte. Nach dem Programm sollte die Wettfahrt sich ganz auf der Kieler Außenförde und in der benachbarten Eckernförder Bucht abspielen, so zwar, dass die Boote der ersten Klasse von 18,01 bis 25 m Länge eine Bahn von ungefähr 60 km, die der dritten Klasse von 8,01 bis 12 m eine solche von ungefähr 36 km und die Fahrzeuge der fünften Klasse von 6,5 m und darunter eine Bahn von 17 km zurückzulegen hatten. Nachdem jedoch die Wettfahrt wegen stürmischen Wetters und hohen Seegangs zweimal hatte verschoben werden müssen, wurde sie am Montag, den 27. Juni, nachmittags 4 Uhr unter stark reduzierten Verhältnissen, sowohl hinsichtlich der Bahn als auch bezüglich der Zahl der beteiligten Boote, abgehalten.

Der Start war von der äußeren Förde in den inneren Hafen verlegt, die Bahn führte bis zum Bülker Leuchtturm und zurück, so dass die Boote nicht in den Bereich der aus der Eckernförder Bucht stehenden schweren See gerieten. Von der Rennklasse III b erschien überhaupt kein Boot am Start, in den Rennklassen I, III a und V ging nur je ein Boot, und zwar die Schichausche Werftbarkasse KARIN, ein Fahrzeug von 320 Pferdestärken, die NAPIER MINOR von S. F. Edge aus London und die UNDINE des Marine-Schiffbaumeisters Neudeck in Kiel, über die Bahn; sie nahmen ohne Konkurrenz die Klassenpreise. Außer den Rennbooten, auf die es bei der Regatta in erster Linie ankam, starteten noch sieben Hafenverkehrsboote über und vier unter acht Pferdestärken; die ersten Preise gewannen in diesen Klassen die LORE des Kapitäns zur See Wentzel in Kiel und die schwedische VIKINGEN des Herrn Werner aus Stockholm. In der Rennklasse III a war außer dem NAPIER MINOR zwar das Daimlerboot BLITZMÄDEL unter Führung des Herrn Westendarp aus Hamburg am Start erschienen, konnte aber die Wettfahrt nicht mitmachen, weil ein Mann der Besatzung ins Wasser fiel. Infolgedessen fand zwei Tage später zwischen

Die ersten Motorbootrennen während der Kieler Woche

BLITZMÄDEL und NAPIER MINOR ein Privat-match über eine Bahn von 20 Seemeilen statt, in welchem das deutsche Daimlerboot glänzend über die englische Rivalin siegte und infolgedessen auch schon tags darauf nach Amerika verkauft wurde.

Was die Segelwettfahrten der diesjährigen Kieler Woche anbelangt, so war das Programm gegen früher noch um eine Binnenwettfahrt bereichert. Am glänzendsten hat unter den Sportsleuten Herr Oskar Huldschinsky aus Wannsee abgeschnitten, der seine beiden Yachten SUSANNE und SUSANNE II zusammen achtmal in Kiel starten ließ und ebenso viele erste Preise gewann, darunter beim Handicap Eckernförde-Kiel den wertvollen Gold-Cup des Königs von Eng-

land. Der Kaiser befand sich während der Kieler Regatten nur einmal an Bord des METEOR und hat auch die Wettfahrt Kiel-Travemünde nicht mitge-macht. Die Kaiserliche Yacht hatte sich auch in Kiel mit zwei zweiten Preisen begnügen müssen, weil die amerikanische Rivalin INGOMAR auf dem Wege der Vergütung alle ersten Preise mit Ausnahme desjeni-gen im Handicap nahm. Nennenswerte Erfolge erziel-ten außerdem NAVAHOE, VALDORA, OLLY, HUBERTUS, VANITY, INULA. In der Sonderklasse nahm GEORG schon am zweiten Tage den Kaiser-preis, TILLY VI den Kronprinz-Pokal, LUNULA den Prinzess-Heinrich-Pokal. *G. H.*

Illustrierte Zeitung, 1904

DER EHRENPREIS KÖNIG EDUARDS VII. FÜR DIE KIELER WOCHE 1904

Wie bekannt hatte König Eduard VII. für die diesjährige Kieler Woche, während der er selber als Gast des Deutschen Kaisers an Bord seiner Staatsyacht auf dem Kieler Hafen weilte, einen Ehrenpreis in Gestalt eines mächtigen Goldcups gestiftet, der gelegentlich des Handicaps von Eckernförde nach Kiel am 29. Juni 1904 unter den Schonerkreuzern der Klassen A, B und I zur Aussegelung gelangte. Unter den zehn gemeldeten Fahrzeugen dieser Klassen ging die SUSANNE des Herrn O. Huldschinsky als Siegerin aus dem Wettkampf hervor, der denn auch der wertvolle Preis zunächst zuerkannt wurde. Es ergab sich jedoch, dass die Jacht einen Verstoß gegen die Segelvorschriften insofern gemacht hatte als sie ein während der Wettfahrt geführtes Segel nicht angemeldet hatte. Infolgedessen musste ihr der Preis nachträglich wieder aberkannt werden, und dieser wurde an die IDUNA der Kaiserin gegeben, die den Cup jedoch dem Kaiserlichen Jachtclub überwies, der ihn in dauernden Besitz übernahm. Im Lesezimmer des Clubs, auf dem Eckschränkchen eines eingebauten Sofas, zwischen dem Porträt des verstorbenen Geheimrats Krupp und einem anderen Gemälde, hat der Pokal in unmittelbarer Nähe einer Statuette Kaiser Wilhelms I. Aufstellung gefunden. Im Ganzen ungefähr einen Meter hoch, steht der nicht, wie man ursprünglich berichtete, massiv goldene, sondern nur stark vergoldete Cup auf einem Sockel mit der Inschrift „King Edward VII. Cup Kiel 1904". Die auf eingezogenem Fuß ruhende, urnenförmige Schale ist in ihrem unteren Teil gleich dem mit einem Knauf abschließenden Deckel wellig unter leicht gedrehter Linienführung getrieben, zeigt vorn, von dicht gedrängtem Kranz umrahmt, ein ovales Medaillon mit allegorischem Motiv und ist zwischen Blumenfestons mit zwei Griffen versehen, um die Meerweibchen ihre Fischschwänze ringeln. Die ganze Arbeit ist aufs sauberste getrieben und durchzieliert und bildet ein kostbares Schmuckstück in dem vornehm-behaglichen Raum des Kaiserlichen Jachtclubs.

Illustrierte Zeitung, 1904

Ehrenpreis des König Eduard VII. von England für die Kieler Woche 1904

DIE OZEANWETTFAHRT UM DEN KAISERPREIS

Am 17. Mai hat das große sportliche Ereignis, die Wettfahrt zwischen Sandy Hook im Staate New Jersey und dem Kap Lizard in der englischen Grafschaft Cornwall ihren Anfang genommen, nachdem der am 16. angesetzte Start wegen starken Nebels verschoben werden musste. Um den von Kaiser Wilhelm gestifteten Pokal ringen elf große Jachten verschiedenen Typs, und der erste Jachtsegler unseres Landes wird stolz sein, dass seinem Rufe so freudig gefolgt worden ist.

Die größte der gemeldeten Yachten ist die VALHALLA des Earl of Crawford, ein als Vollschiff getakeltes Fahrzeug von 1.490 t, die kleinste die FLEUR DE LYS, ein amerikanischer Schoner von 170 t, der aber noch vor dem Start eine leichte Havarie erlitt. Der Nationalität nach beteiligen sich acht amerikanische, zwei englische und eine deutsche Yacht, der Schoner HAMBURG des Vereins Seefahrt, der nach 28-tägiger Reise wohlbehalten New York erreichte. Von den Besatzungen sämtlicher Yachten verlangt diese Wettfahrt nicht allein ein hohes Maß seemännischen Könnens und sportlichen Geist; sie wird auch, besonders bei stürmischem Wetter, eine Prüfung sehr ernster Art sein. Begegnenden Schiffen im Atlantischen Ozean sollen sich daher die Jachten nach Möglichkeit kenntlich machen, sei es durch Tages- oder Nachtsignale, und den zwischen Europa und Amerika um diese Zeit verkehrenden Dampfern dieser Route wurde vom Komitee ein Programm mit

Start der großen Jachten zur internationalen Ozeanwettfahrt um den Pokal des deutschen Kaisers Wilhelm II. von Sandy Hook bei New York nach Kap Lizard vor England. V. l. n. r.: SUNBEAM, HAMBURG, THISTLE, ATLANTIC, VALHALLA, HILDEGARDE, APACHE, UTOWANA, FLEUR DE LYS, AILSA, ENDYMION. Nach einer Zeichnung von Willy Stöwer

sind, das mit keinem anderen verwechselt werden kann. Dieses Vorsignal dürfte vor allem bei Nebel gute Dienste leisten. Von den elf Yachten sind fünf mit Hilfsmaschinen ausgerüstet; doch dürfen sie diese nicht benutzen, auch nicht zum Segelsetzen, und sind die Schrauben an Deck genommen.

Den Start bildeten das Sandy-Hook-Feuerschiff und das Dienstboot VIGILANT, das für diesen Tag vom Präsidenten Roosevelt zur Verfügung gestellt worden war. Nachdem das Feuerschiff passiert war, galten die Bestimmungen des Straßenrechts zur See als Segelregeln. Die Ziellinie in Europa wird durch den Lizard-Feuerturm und ein aufrechtweisend Nord-Süd in einer Seemeile Abstand davon liegendes Markboot gebildet, das von den Jachten Steuerbord gelassen werden muss. Hoffentlich sehen wir die

Abbildungen der Jachten übergeben. Die Jachten führen außer ihren Tages- und Nachtsignalen noch eine besonders konstruierte Art von Raketen an Bord, die mit einem akustischen Achtungssignal versehen kühnen Kämpfer aus blauer Flut diesseits des Weltmeeres wohlbehalten gegen Ende Mai die Ziellinie passieren. *Willy Stöwer*

Illustrierte Zeitung, 1905

ALEX·KIRCHER·

Die Regatten der Kieler Woche 1906

Es lässt sich zwar nicht leugnen, dass die sportliche Betätigung an der Kieler Woche diesmal eine weniger starke gewesen ist als in den letzten Jahren, aber wer daraus den Schluss ziehen wollte, dass der deutsche Wassersport im Allgemeinen eine rückläufige Tendenz bekunde, würde mit dieser Ansicht schwerlich die Tatsache zusammenreimen können dass sich unter den 97 an den heurigen Regatten beteiligten Sportfahrzeugen nicht weniger als dreißig Neubauten befanden, von denen 25 auf heimischen Werften gebaut sind und unter deutscher Flagge segeln. Allerdings gehören diese Neubauten durchweg den kleineren und mittleren Klassen an, die dann auch befriedigend besetzt waren und interessante Rennen boten. Insbesondere halten hier die Rennboote nach den Kreuzerjachten das Gleichgewicht, die in den größeren Klassen das entschiedene Übergewicht haben

Während die zweite und die dritte Kreuzerklasse noch gute Felder von je vier bis sechs Konkurrenten aufzuweisen hatten, stand es in diesem Jahr um den Wettbewerb in den eigentlichen großen Klassen weit weniger günstig, ein Umstand, der in erster Linie durch die Nichtbeteiligung der englischen Jachten bedingt war, die bisher im Anschluss an die Regatta Dover-Helgoland auch im Kieler Hafen am Start zu erscheinen pflegten. Die Folge dieses Ausfalls war das Fehlen der prächtigen Bilder, die so eine Startgruppe hochmastiger und voll besegelter Schoner oder Yawls bieten. Bei der großen Seeregatta des Kaiserlichen Jachtclubs mussten Jachten wie ORI-

Das große Yachtrennen des Kaiserlichen Jachtclubs am 22. Juni zwischen den Schonern KLARA, SMY METEOR und HAMBURG. Gezeichnet von Alexander Kircher

ON, SUSANNA und bei der Seewettfahrt des Norddeutschen Regattavereins auch KLARA jede für sich ohne Konkurrenz über die Bahn gehen. Bei der erstgenannten Regatta war dieser Schoner, obwohl fünf Segellängen kleiner und zur Schonerklasse B gehörig, als Mitbewerber um den Krupp-Erinnerungspreis dem kaiserlichen METEOR und der HAMBURG beigestellt, so dass in der Schonerklasse A drei Fahrzeuge starten konnten, das größte Feld, das diesmal die so genannten großen Klassen aufbrachten. Naturgemäß spitzte sich das Interesse vornehmlich auf den Wettkampf zwischen METEOR und HAMBURG zu, die heute auf ungefähr gleichen Segelwert gebracht worden sind, so dass die Kaiserjacht an die HAMBURG nicht wesentlich mehr zu vergüten hat. Auf der ersten Seewettfahrt über 33 Seemeilen siegte denn auch METEOR, während auf der zweiten, die mit totaler Flaute einsetzte, die Kaiserjacht bei der vorletzten Wendemarke achtzehn Minuten hinter dem Hamburger Schoner lag, dann aufgab, sich von einem Torpedoboot einschleppen ließ und somit den Rest der 19 Seemeilen langen Flautenbahn und den Preis der Kaiserin ihrem Rivalen überließ.

In der B-Klasse der Kreuzeryawls hatte NAVAHOE, noch heute das bestsegelnde größere Sportfahrzeug in deutschen Gewässern, in KOMET, dem ersten METEOR des Kaisers, einen durchaus unebenbürtigen Gegner, der stets schon vom Start aus unterlegen war. In der Kreuzerklasse I war die ARMGARD des Herrn v. Brocken zwar weit besser im Trimm als im Vorjahr, vermochte aber gegen den immer noch trefflichen KOMMODORE des Herrn Hasenclever, dem sie den Sieg in beiden Seeregatten lassen musste, nicht aufzukommen. Der größte Neubau des Jahres, KÄTHE, ein Kreuzer der Klasse II a, erwies sich als guter Flautenläufer und nahm als sol-

cher den ersten Preis auf der zweiten Seeregatta, während er zwei Tage zuvor als letztes Boot ans Ziel gegangen war. Als sehr tüchtig gab sich ALICE zu erkennen, ein Hamburger Neubau vom vorigen Jahr, der damals jedoch aus Qualifikationsgründen nicht auf den Regatten zugelassen werden konnte, in diesem Jahre daher Neuling war, der aber beide erste Preise seiner Kreuzerklasse II b nahm. Unter den übrigen Booten mögen die kleinen Hamburger Renner DIX, BAJAZZO und das Spindler-Boot FEINSLIEBCHEN III, auch ALEXANDRA, SVAN, der auf der ersten Seeregatta den Mast brach, sowie KRANICH und GRÜNAU, unter den Kreuzern PAULA, TAI PENG, VALUTA, ISA, SKEAF, GLÜCKAUF III, LUCHS und VAGABUND als Sieger genannt werden.

Ganz besonders gespannt war man auch in diesem Jahre wieder auf die Resultate der Wettfahrten der mit 17 Booten besetzten Sonderklasse, die allein zehn Neubauten aufwies, darunter die schwedische SVEA und die beiden Spanier MOURISCOT, von König Alfons gemeldet, und SANTI. Die Ausländer hatten jedoch keinen Erfolg; auf der ersten Wettfahrt belegten die Spanier die beiden letzten Plätze am Ziel, während auf der zweiten MOURISCOT schon nach halber Fahrt aufgab, SANTI wiederum den letzten Platz innehatte. Aber auch den übrigen Neubauten war der vom Kaiser gestiftete Samoa-Pokal nicht beschieden; vielmehr war die Hamburger Sonderklassejacht TILLY VI von 1904 in den ersten Rennen Siegerin und damit Gewinnerin des Kaiserpreises, womit der Rest der Wettfahrten an Interesse wesentlich einbüßte. Alles in allem aber darf das sportliche Ergebnis der diesjährigen Kieler Woche bezüglich der mittleren und kleineren Fahrzeuge als ein durchaus günstiges bezeichnet werden. *G. H.*

Illustrierte Zeitung, 1906

„The Germans," Prince Henry of Prussia told me in 1909, „are not a yachting nation. They were not really, until lately, a seafaring nation. It is only my brother's interest in yachting that causes our people to go in for the sport. They go in for it because they are obliged to, to please him. He wishes them to take to yachting and make ‚Kiel Week' a sort of ‚Cowes Week' in order to encourage them to take an interest in the navy. You see, we have to get money for the navy, and the nation knows nothing about navies or the sea. Half of them have never seen the sea. But if they go to the seaside for their holidays and read about the Emperor's yacht and so forth, and wealthy merchants who know nothing of sport try to become sportsmen and yachtsmen to please the Emperor, then it stirs up the interest in the seafaring pursuits and we can get money for the navy. Our people buy yachts and race in them to please my brother. I dare say they get very sea-sick."

He added: „Of course there are exceptions. We have some very good small-boat sailors in the Sonderklasse, excellent sportsmen, but yachting in Germany is a hot-house plant; if it were not for my brother it would die out completely – with exception, of course, of small-boat sailing amongst a few of us who really love it."

Der britische Segelfunktionär B. Heckstall-Smith 1921 in seinen Erinnerungen ‚All Hands on the Main Sheet'

DEUTSCH-FRANZÖSISCHE WETTKÄMPFE ZUR SEE

Während der Segelsaison 1906 wird eine ganze Reihe neuer Jachten die deutschen Farben im Auslande zeigen, besonders in Frankreich und Amerika. Zum ersten Mal hat sich hier ein deutsches Boot an einem Kampf um den französischen Eintonnerpokal, der 1898 für die Eintonner geschaffen wurde, und zwar in den letzten Tagen des Monats Mai in Meulan bei Paris beteiligt, leider ohne Erfolg, und zwei Rennen, in denen ein französisches Boot Sieger blieb, hatten gar keinen sportlichen Wert wegen Kollision und Havarie der deutschen Jacht. Dieses Boot wurde im Auftrage des Norddeutschen Regattavereins auf der Werft v. Hacht in Hamburg erbaut und führte den Namen N.R.V. Der Eintonnerpokal blieb also in französischem Besitz.

Am 10. Juli haben vor Havre neue spannende Kämpfe begonnen zwischen der deutschen Jacht FELCA als Herausforderer und der französischen Gegnerin ROSE FRANCE als Verteidigerin um den Pokal von Frankreich für Zehntonner. Als Kampftage sind der 10., 11. und 14. Juli festgesetzt. Die FELCA ist von dem bekannten Konstrukteur Max Oertz entworfen und auch auf dessen Werft in Neuhof bei Hamburg erbaut. Besitzer sind die Herren Felix Simon und Karl Hagen. Die deutsche Jacht ist 16,55 m lang, 3,11 m breit und hat 2,15 m Tiefgang. Die Segelfläche beträgt 183,50 qm. Das Fahrzeug, dessen Stärke im Kreuzen bei flotter Brise liegt, macht einen guten Eindruck. Es wurde an Bord eines großen Dampfers der Hamburg-Amerika-Linie nach Havre gebracht. Die französische Yacht ist in Lormont bei Bordeaux erbaut. Konstruiert wurde sie von Herrn Guédon. *Willy Stöwer*

Illustrierte Zeitung, 1906

Die Kieler Woche im Jubiläumsjahr

Es war am 23. Juli 1882, als der 1868 in Hamburg gegründete Norddeutsche Regattaverein auf der Kieler Förde zum ersten Mal eine Segelwettfahrt veranstaltete, an der sich im Ganzen 16 Jachten beteiligten. Diese gewiss bescheidene Veranstaltung war der Ausgangspunkt für den organisierten deutschen Segelsport auf der Ostsee und gab die Anregung zu gemeinsamem Vorwärtsstreben aller Segelfreunde, dessen Erfolg seitdem alljährlich in der längst zu internationaler Bedeutung gelangten Kieler Woche vor aller Welt die deutlichste Sprache redet. Der innere Zusammenhang zwischen Keim und Blüte ist leicht nachzuweisen. Unmittelbar veranlasst durch das Vorgehen des Hanseatischen Sportclubs, erließen im Jahre 1884 die Offiziere der hart an der offenen Ostsee liegenden Seefestung Friedrichsort an ihre Kieler Kameraden die Aufforderung zu sportlichem Zusammenschluss. Das führte am 12. Februar 1887 zur Gründung eines Marine-Regattavereins unter dem Protektorat des Prinzen Heinrich, und nun bedurfte es nur der befruchtenden Gunst des Deutschen Kaisers, um dem jungen Pflänzchen die zu schnellem Gedeihen erforderliche Triebkraft zu sichern. Diese Gunst wurde dem Verein in unerwartetem Maße zuteil; denn Kaiser Wilhelm, der am 1. Juli 1889 zum ersten Mal einer Segelregatta von Kriegsschiffsbooten im Kieler Hafen beiwohnte, schenkte dem Segeln nicht nur sein schirmendes Interesse, sondern wurde selbst aktiver Sportsmann und stellte sich als Kommodore an die Spitze des von nun an unter dem Namen eines kaiserlichen Jachtclubs aufblühenden Vereins. In der schottischen THISTLE erwarb er seinen ersten METEOR, der noch heute unter dem Namen COMET alljährlich mit Ehren über die Wasserbahn geht.

Eine breitere und festere Basis für seine Arbeit gewann der Kaiserliche Jachtclub durch den Anschluss

Sieg der Kaiseryacht METEOR gegen die Yacht HAMBURG in der Jubiläumsregatta am 21. Juni. Gezeichnet von Willy Stöwer

an den älteren Norddeutschen Regattaverein. Von gleichen Absichten geleitet, schrieben beide Korporationen im Jahre 1894 gemeinsam die Regatten zum ersten Mal unter der Bezeichnung der ‚Kieler Woche' aus, die schon das darauffolgende Jahr, gleichzeitig mit der Eröffnung des Nord-Ostsee-Kanals, im Glanze internationaler Umrahmung wiederholt werden konnte und dadurch das Interesse der ausländischen Sportwelt, insbesondere der Engländer, auf sich lenkte. Für diese gewann die Deutsche Sportwoche umso mehr an Zugkraft, als im Jahre 1897 für den britischen Sportsegler der Weg aus seinen eignen Segelgebieten nach dem deutschen Ostseekriegshafen durch Einschaltung der Wettfahrt Dover-Helgoland an Reiz gewann. In den letzten Jahren sind nun zwar die Schoner und Yawls der Engländer ausgeblieben. Auch in diesem Jahre sind die Felder der großen Klasse verhältnismäßig schwach besetzt, da die bevorstehende Neuregelung des Messverfahrens die einheimischen Sportsfreunde abschreckt, kostspielige Neubauten zu bestellen, die mit der Einführung jenes neuen Verfahrens ihren Wert verlieren würden. Wer jedoch daraus auf einen Niedergang der Kieler Woche schließen wollte, muss mit seinem Pessimismus Halt machen, nicht nur vor dem gewaltigen Aufschwung des deutschen Jachtbaus – Hamburger Jachtwerften, wie die Max Oertz und W. von Hacht, genießen heute Weltruf –, sondern auch vor dem Programm der diesjährigen Kieler Jubiläumswoche, das die Meldung von nicht weniger als 96 Jachten, darunter zehn ausländische, nachweist, gegen 16 vor 25 Jahren. Tatsachen, die genügsam beweisen, dass dem deutschen Wassersport die Kraft innewohnt, sich selbst auf eignen gesunden Bahnen weiterzuentwickeln.

Mit den von Jahr zu Jahr an Zahl gewachsenen Segelregatten der Kieler Woche sind in letzter Zeit auf Veranlassung des Kaiserlichen Automobilclubs Motorbootwettfahrten verbunden worden, die auf den Gedanken geführt haben, mit der diesjährigen Deutschen Sportwoche eine Internationale Motorbootausstellung zu verbinden. Dank der Unterstützung seitens der Marinebehörden, insbesondere des Staatssekretärs des Reichsmarineamts, der das günstig am Wasser gelegene Terrain der Torpedoinspektion zur Verfügung stellte, konnte das geplante Unternehmen von dem genannten Verein in Verbindung mit dem Verein deutscher Motorfahrzeug-Industrieller und einigen Kieler Herren tatsächlich ins Werk gesetzt werden. Und zwar mit bestem Erfolg. Unter dem Protektorat des Prinzen Heinrich und unter der Präsidentschaft des Admirals à la suite Thomsen ist die Ausstellung, an der sich mehr als 120 deutsche und fremdländische Vertreter der Industrie beteiligt haben, weit reichhaltiger ausgefallen als man erwartet hatte, und sie erfreut sich andauernd des lebhaftesten Interesses einheimischer und fremder Besucher. Zwischen der bekannten Hauptstraße der Kieler Woche, der Düsternbrooker Allee, und dem Hafen gelegen, ist der nüchterne Exerzierplatz der Torpedomannschaften durch grüne Rasenflächen und bunte Blumenbeete sowie durch hoch ragende Flaggenmasten in einen fröhlichen Ausstellungspark umgewandelt worden, in dessen stattlichen, auf kräftigem Balkenwerk ruhenden und wasserdicht gedeckten Gebäuden der gesamte moderne Motorbootbau mit allem Zubehör erschöpfend veranschaulicht wird. In größeren und kleineren Sonderbauten stellen dort die Daimlermotoren-Gesellschaft ihre schnelle Motorjacht, ein Tourenboot für Binnengewässer und Küstenfahrt, die Gasmotorenfabrik Deutz neben ihren Bootsmotoren moderner Konstruktion eine Anzahl älterer Maschinen aus, welche die historische Entwicklung des Gasmotorbaus vorführen. In einem gefällig aus Granitimitation errichteten Pavillon zeigt die Maschinenbaugesellschaft Martini u. Hüneke in Hannover, die außerdem eine Zapfstelle für Motorbenzin errichtet hat, ihre absolut explosionssicheren Lagerungs- und Transportsysteme für das Motorbetriebsmaterial und andere feuergefährliche Flüssigkeiten. Alfred Gutmann in Altona-Ottensen hat seinen Reinigungsmaschinen für Schiffswände, Motorrahmen und Zylinder ein Häuschen erbaut, die Deutsche Vacuum Oil Company in Hamburg ein solches für ihre Marinemotor- und Automobilöle.

Aus der Reihe dieser Einzelbauten erhebt sich die hohe, weite Haupthalle, voll der verschiedensten Erzeugnisse des Motorbootbaus und der ihm dienstbaren Industrie. Motorboote verschiedenster Form und Größe und mannigfachster Zweckbestimmung türmen sich hier übereinander. Von dem Fahrzeug, das in

Regatta der Internationalen Sonderklasse auf der Kieler Förde am 20. Juni. Gezeichnet von Willy Stöwer

Spanten steht, bis zum fertigen Arbeits-, Sport- und Vergnügungsboot wird der Motorschiffbau illustriert. Dass Letzterer sich auch bereits in den Dienst der Kriegsmarine stellt, beweist ein Fiat-Kriegsschiffs-beiboot mit Torpedolanciervorrichtung, Mitrailleuse und Scheinwerfer im Wert von 100.000 M.

Ringsum an den Wänden und in der anstoßenden langen, halboffenen Halle sind zahllose Gegenstände, Werkzeuge, Bootsteile und Ausrüstungsstücke ausgestellt. Vor allem aber Motoren jeder Herkunft und Konstruktion; sie veranschaulichen insbesondere den Wettstreit zwischen Deutschland und Dänemark auf diesem Gebiete, in dem die mit Motorbooten und Motoren vertretene Firma der Gebr. Körting Aktiengesellschaft bei Hannover neuerdings mit ihrem

zweitaktigen Sleipnermotor den Sieg über den viertaktigen dänischen Motor davongetragen hat. Die Mehrzahl der fertigen Motorboote ist übrigens nicht an Land, sondern in dem kleinen, das Terrain nach der Wasserseite begrenzenden Hafen ausgestellt. Dort liegen die Motorboote in langen Reihen neben einem eleganten 40 m langen Hotelboot der Ziegeltransport-Aktiengesellschaft in Berlin und einer Anzahl ernst dreinschauender, wuchtig gebauter Hochsee-Motorfischerfahrzeuge aus Dänemark und von der Elbe. In erster Linie soll ja die Ausstellung nicht der Förderung des Sports und der Lustschifffahrt, sondern der Förderung der Lastschifffahrt und der Fischerei dienen, deren große deutsche Interessenvereinigungen daher ihre instruktiven Vortragsversammlungen vor und in der Kieler Woche an die Küste des Ostsee-kriegshafens berufen haben.

Von der Ausstellung gelangt man durch ein Ausgangstor, das seinerseits als Eingang zur Ausstellung des deutschen Reichs-marineamts in Mailand gedient hat, auf die Strandpromenade und damit an die recht eigentliche Verkehrsader der Kieler Woche. Dort steht das Heim des Kaiserlichen Jacht-clubs, wo während der Festwoche auch dem Norddeutschen Regattaverein ein Büro ein-geräumt ist. In dem von einem wohl gepfleg-ten Garten begrenzten Hause finden zu ruhi-geren Zeiten die kleinen Clubfestlichkeiten statt. Hier versammelt sich der Vorstand, der gegenwärtig aus dem Vorsitzenden Admiral v. Arnim und den Herren Schlosshauptmann Grafen v. Hahn-Neuhaus, Geheimen Regie-rungsrat Busley, Konteradmiral zur See Sarnow, Marinebaurat August Müller, Guts-besitzer v. Schiller-Buckhagen, Kapitän zur See Lilie, Admiral Köllner und Kapitänleut-nant Elert zusammengesetzt ist, um die Ange-legenheiten des Clubs zu beraten und von langer Hand das Programm für die Kieler Woche vorzubereiten, das auch diesmal wie-der eine stattliche Reihe von Wettfahrten vorgesehen hat. Wie immer war der erste Tag der Kieler Woche, der zwar mit regnerischem Wetter, aber unter willkommenen Wind-verhältnissen begonnen hat, dem Sport der kleinen Renn- und Kreuzerjachten der Klas-sen V und VI für eine Binnenwettfahrt vorbe-halten, auf der sich die in Klein-Glienicke beheimatete TELTOW den Ehrenpreis der Stadt Kiel holte. Am 21. Juni fand bei kräftiger Südwestbrise die große Kaiserregatta statt, welche die großen und mitt-leren Sportfahrzeuge, 29 an der Zahl, weit in die offene See hinaus über eine Bahn von 33, bzw. 22 Seemeilen führte. Kaiser Wilhelm war mit seinen Gästen, dem Fürsten von Monaco und dem Fürsten v. Bülow, an Bord des METEOR, der diesmal der HAMBURG unterliegen zu sollen schien. Über die ganze Bahn hatte die am 18. auf der Unterelbe unterlegene HAM-BURG mit einer Minute Vorsprung geführt, als un-

Wettfahrt um den Coupe de France zwischen FELCA und AR-MEN

weit vom Ziel in dem Augenblick da man ans Ab-kreuzen der letzten Strecke ging, die Brise in einer Weise auffrischte, die den Segeleigenschaften des METEOR nicht günstiger hätte fallen können. Infol-gedessen ging das kaiserliche Fahrzeug mit vier Minu-ten Vorsprung durchs Ziel und gewann den Krupp-Erinnerungspreis. Die englische ADELA, die einzige für die Kieler Woche gemeldete Jacht, die sich schon auf der Wettfahrt Dover-Helgoland ausgezeichnet hatte, siegte mit fast einer Stunde über die deutsche CLARA; SUSANNE und ORION starteten in ihrer

als 18 Neubauten, am Start der Regatten, die ein besonderes Interesse dadurch gewannen, dass drei preußische Prinzen im Boote saßen. Kronprinz Wilhelm, der seine ANGELA IV steuerte, ging am ersten Tage leer aus, eroberte am zweiten aber den fünften von den ausgesetzten zehn Preisen. Die 1905 erbaute ELISABETH des Prinzen Eitel Friedrich vermochte mit den zahlreichen Neubauten nicht gleichen Kurs zu halten. Umso schneidiger führte Prinz Heinrich die von ihm als Gast der Herren Krogmann und Dollmann gesteuerte TILLY X am ersten Regattatage nach drängendem Kampf mit WANNSEE ans Ziel. Auf der zweiten Regatta musste der Prinz-Admiral sich freilich mit dem vierten Preis begnügen, der WITTELSBACH II den ersten, SEEHUND und WANNSEE die folgenden Plätze lassend.

Recht ungünstig haben auf der 14,5-Seemeilenbahn die ausländischen Boote konkurriert, darunter die schon im vorigen Jahre unglückliche MOURISCOT des Königs von Spanien und die vom Prinzen Albert von Belgien gemeldete FLANDRIA. Indes ganz ohne ein Zeichen der Erinnerung an die Kieler Jubiläumswoche kehrt keine Jacht in ihren Heimathafen zurück; wer keinen Preis gewinnt, erhält doch die nach Angaben des Kaisers von Bildhauer Prof. Haverkamp ziselierte Jubiläumsplakette. Einen glänzenden Triumph hat übrigens Frankreich auf der Kieler Förde im ersten Rennen über die 20-Seemeilen-Bahn um die von der Berliner FELCA verteidigte Coupe de France errungen, indem die von Mr. Briand de Laubrières kommandierte ARMEN ihre deutsche Gegnerin um 5 Min. 40 Sek. schlug. Zum ersten Mal hat das Rennen in der Kieler Woche stattgefunden, und zum ersten Mal ist in unseren Gewässern ein aus französischen und deutschen Sportsleuten gemischter Regattavorstand in Tätigkeit getreten.

Illustrierte Zeitung, 1907

Klasse ohne Konkurrenz, letztere Rennjacht um den Kaiserpreis. Einen neuen Sieg konnte die Bremer NAVAHOE, das beste Sportfahrzeug in deutschen Gewässern, über COMET einheimsen; erste Preise erzielten ferner die Kreuzer COMMODORE, PAULA, TAI PENG, GLÜCKAUF IV, und die Spindlersche Rennjacht GRÜNAU.

Stark wie noch niemals ist in diesem Jahr das Feld der Sonderklassenjachten besetzt, die am 20. Juni ihr erstes, am 22. ihr zweites Rennen abhielten. Es meldeten sich 28 Fahrzeuge, darunter nicht weniger

Schonerjacht GERMANIA

Der hervorragendste deutsche Jachtneubau des Jahres 1908

Das Jahr 1908 wird in der Geschichte des Segelsports eine bedeutende Stellung einnehmen. Einmal sind durch die internationale Messformel die Segler aller Länder mit Ausnahme der Union zu gemeinsamer Tätigkeit auf dem Regattafelde vereint, sodann – und dies ist für Deutschland hocherfreulich, geht aber auch England und Amerika nahe an – zeigte dieses Jahr die Ebenbürtigkeit des deutschen Jachtbaues mit dem der genannten beiden Länder. Sein Probestück lieferte der deutsche Jachtbau mit der neuen Schonerjacht GERMANIA.

[...] Alle größeren deutschen Jachten, etwa von Klasse II aufwärts, wurden bisher im Auslande, speziell in England oder Amerika, erbaut. So stammen unter anderem die beiden kaiserlichen Schoner ME-TEOR und IDUNA aus Amerika. Die HAMBURG und die kleinere SUSANNE, die als beste deutsche Jacht gilt, sind in England erbaut, ebenso der KO-MET, der älteste METEOR. Etwa bis 1890 ließ man sogar kleinere Jachten, sofern sie für Regatten bestimmt waren, mit Vorliebe in England bauen. Im Laufe der neunziger Jahre entwickelte sich aber die deutsche Jachtbaukunst so weit, dass sie der der anderen Länder im Bau kleiner Fahrzeuge nicht nur ebenbürtig, sondern teilweise sogar überlegen wurde. Heute wird ein Boot von weniger als etwa 16 Segelmetern kaum noch im Ausland erbaut. Jedoch ein großes Fahrzeug in Deutschland in Bau zu geben, das wagte niemand. Gerade der, der damit den Anfang macht, ist ja am schlechtesten dran. Und da auch der Kaiser seinen letzten METEOR 1902 in Amerika bauen ließ, so konnte man den deutschen Konstrukteuren doch noch nicht so viel zutrauen. Da verbreitete sich im Herbst des vorigen Jahres die Nachricht, Herr Krupp von Bohlen und Halbach habe von dem bekanntesten und besten deutschen Konstrukteur Max Oertz in Hamburg eine Schonerjacht in der Größe des METEOR entwerfen lassen. Hierüber herrschte bei den deutschen Seglern große Freude, und mit größter Spannung erwartete man das Erscheinen der neuen Jacht. Der Schoner wurde auf der Kieler Germaniawerft nach den Bestimmungen des neuen Messverfahrens aus Stahl erbaut. Über das Fortschreiten des Baues und der Konstruktionseinzelheiten wurde zunächst wenig bekannt, bis die Jacht im Frühjahr zu Wasser gebracht wurde. Sie erhielt den Namen GERMANIA und ist beim Kaiserlichen Jachtclub eingetragen.

Die GERMANIA ist nur wenig kleiner als der METEOR. Sie hat ein sehr schlankes Unterwasserschiff mit harmonisch verlaufenden Linien. Abweichend von dem METEOR und der HAMBURG, die beide einen Klippersteven haben, besitzt der neue Schoner einen Löffelbug; jedoch sind die Überhänge nur mäßig groß. Die Inneneinrichtung ist sehr gediegen, namentlich ist der Hauptsalon bewundernswert. Die neue Jacht vermisst 31,46 Segelmeter, segelt jedoch, da sie für ihre Schonertakelung noch eine Art Vergütung erhält, zu 27,50 Segelmetern. Sie hat eine Länge über alles von 47,21 m, eine Breite von 8,18 m und geht 5,38 m tief, das ist so tief wie ein moderner kleiner Kreuzer. Der vordere Überhang beträgt 6,17 m, der hintere 8,10 m, so dass eine Wasserlinienlänge von 32,94 m herauskommt. Das Deplacement beträgt 240 t. Ganz ungeheuer erscheint dem Laien die Segelfläche von 1.313 qm, die jedoch durchaus nicht übergroß bemessen ist. Die Segel sind von der deutschen Segelmacherei Mählitz in Spandau geliefert. Das ganze Schiff kostet rund eine Million Mark, davon die Segel allein etwa ein Zehntel. Die Besatzung besteht zur Hälfte aus Deutschen, zur Hälfte aus Engländern. Vor der Kieler Woche war nur noch wenig Zeit für Probefahrten; daher wusste man

Max Oertz, Deutschlands namhaftester Yachtkonstrukteur

nicht viel über die Eigenschaften des neuen Schoners. Umso größer war aber die Spannung nicht nur in Seglerkreisen, sondern auch im großen Publikum. In den ersten beiden Wettfahrten war die GERMANIA ihren Konkurrenten zweifellos unterlegen. Die Unterrichteten, das heißt die gewiegten Segler, hatten das auch nicht anders erwartet. Man schob die Schuld meist auf die schlecht stehenden Segel. Die Hauptsache aber war wohl, dass Kapitän und Mannschaft noch

nicht genügend eingearbeitet und mit dem Schiff vertraut waren. Um die Eigenschaften eines solchen Schiffes genügend kennen zu lernen, dazu gehören meist Jahre. Erst dann sind Kapitän und Schiff gewissermaßen miteinander verwachsen, erst dann auch kennen sich Kapitän und Mannschaft genau. Wie die Kenner vorausgesehen hatten, schnitt das Fahrzeug dann in jeder Wettfahrt besser ab. Auch die Segel kamen bald in Trimm. So brachte denn die GERMANIA von der Kieler Woche schon mehrere Preise mit. Ihre Überlegenheit bewies die GERMANIA jetzt auch bei den internationalen Regatten in Cowes, wo sie

gegen die beiden englischen Jachten CICELY und CARINA den Preis des Deutschen Kaisers überlegen gewann.

Dieser glänzende Erfolg deutscher Arbeit kann gar nicht hoch genug angeschlagen werden. Es war das das letzte Gebiet des Schiffbaues, auf dem uns andere Nationen noch überlegen waren. Nun haben wir auch dies erreicht! Selbst wirtschaftlich ist der Vorteil nicht zu unterschätzen; denn manche Million ist schon für Segeljachten in das Ausland gewandert. Der Erste, der den deutschen Konstrukteuren seine Anerkennung bewies, war Kaiser Wilhelm. Noch während der Kieler Woche beauftragte er Max Oertz mit dem Entwurf eines neuen METEOR, der vierten Jacht dieses Namens. Auch dieser wird auf der Germaniawerft gebaut werden. Ein großartiger Ausblick eröffnet sich uns schon für das nächste Jahr. Nicht weniger als vier erstklassige Schoner werden in der größten Klasse miteinander ringen. [...] *Illustrierte Zeitung, 1908*

Der Wassersport in Süddeutschland

Im Anschluss an die Münchner Ausstellung fanden im Juli auf dem Starnberger See wassersportliche Veranstaltungen größeren Umfangs statt. Außer einem Schau- und Wettschwimmen wurden Ruder-, Segel- und Motorbootregatten abgehalten. Bei dieser Gelegenheit verlohnt es sich wohl, den Wassersport in Süddeutschland einer genaueren Betrachtung zu unterziehen. Heute, wo die Liebe zum Wasser, die Erkenntnis von der wohltätigen Wirkung, dem heilsamen Einfluss des Wassers auf Körper und Geist sich mehr und mehr verbreitet haben, ist Wassersport nicht mehr auf die Seeküste und die Gebiete der großen Ströme beschränkt. Nein, auch überall im Binnenlande, wo nur ein Flüsschen oder ein kleiner See vorhanden ist, da wird der Wassersport getrieben. So gehört beispielsweise Berlin von jeher zu den Hauptzentren dieses Sports.

Auch in Süddeutschland hat der Wassersport in neuerer Zeit eine Stätte gefunden, wo man ihn eifrig pflegt. Was dort noch besonders hinauslockte, war die große landschaftliche Schönheit des Reviers. Inmitten herrlicher alter Waldungen liegen da die dunklen Seen mit ihren zerklüfteten, steil abfallenden Ufern, von denen anmutige Villen herableuchten. Fern im Süden sieht man die blauen Berge, an trüben Tagen nur als duftig zarte Linie, bei schönem Wetter aber mit voller Klarheit. München liegt in der Nähe des Starnberger oder Würmsees und des Ammersees, und infolge dieser bevorzugten Lage ist der Sportbetrieb da auch am lebhaftesten. Den Rudersport pflegen in München der Münchner Ruderclub und die Münchner Rudergesellschaft, die zwar wenig außerhalb ihrer Heimat auftreten, sich aber dort umso mehr betätigen.

Am meisten verbreitet ist in Süddeutschland der Segelsport. In München wurde schon 1888 der Seglerverein Würmsee gegründet, der sich schnell in erfreulicher Weise entwickelte. Er hält in jedem Jahr mehrere Regatten ab, und unter den bei ihm eingetragenen Jachten ist manches vorzügliche Fahrzeug.

Während sein Segelrevier der Starnberger See ist, bevorzugt der zweite Münchner Verein, der Akademische Seglerverein, der im Jahre 1901 gegründet wurde, den Ammersee, wo auch der Augsburger Seglerclub seine Boote stationiert hat. Auf dem Ammersee werden ebenfalls jährlich mehrere Regatten abgehalten. Da bei solchen Gelegenheiten meist auch die regattafähigen Boote der anderen Vereine trotz des schwierigen Transports zusammenkommen, bietet sich stets ein hübsches Bild dar.

Der Motorbootsport findet erst neuerdings größere Verbreitung; eine Motorbootregatta hat bisher noch nicht stattgefunden. Das schönste Revier für den Wassersport ist unstreitig der mächtige Bodensee, auf dessen Fläche von 540 qkm man schon sehr schöne Reisen machen kann. Hier herrscht ein lebhafter Schiffsverkehr, gute Häfen sind vorhanden, und die herrlichen Uferlandschaften gewähren ein anmutiges Bild. Auf deutschem Gebiete besteht hier der Lindauer Segelclub, auf österreichischem der Bregenzer Segelclub. Auch der König von Württemberg besitzt auf dem Bodensee eine moderne Jacht, SKIDBLADNIR, die an den Regatten teilnimmt. Von den Hafenstädten am Bodensee ist ein kostbarer Wanderpreis gestiftet, der alljährlich unter dem Namen ‚Bodenseepokal' ausgesegelt wird. Der Rudersport ist auf dem Bodensee weniger lebhaft, dagegen befindet sich hier eine Zahl größerer Motorjachten. Ein recht schönes Segelrevier bietet auch der Chiemsee. Hauptstätten des Rudersports sind ferner Nürnberg, Regensburg und vor allem Straßburg. Wir sehen also in Süddeutschland ein fröhliches Blühen und Gedeihen des Wassersports. Daher wurde auch der Plan, anlässlich der Münchner Ausstellung internationale Regatten abzuhalten, mit großer Freude begrüßt.

Die Regatten wurden sämtlich auf dem Starnberger See gefahren, der nicht nur ein schönes, sondern auch ein sicheres Revier bietet. Die Segelregatten fanden am 18., 20. bis 22. sowie 25. und 26. Juli statt. Es kamen die 7 m-, die 6 m-Klasse, die Sonderklasse und die alte Rennklasse VI zustande. Die Meldungen waren nicht sehr zahlreich. Als einziges Boot aus Norddeutschland erschien der SEEHUND aus Berlin in der Sonderklasse. An den Rennen nahmen 15 Boote teil. Leider waren die Windverhältnisse durchweg ungünstig. Den kostbaren Herausforderungspreis der Ausstellung München 1908 erhielt AKTIV II in der 7 m-Klasse. SEEHUND II erhielt den Ehrenpreis der älteren Mitglieder des Akademischen Seglervereins. Von den Rennjachten errang der Neubau ELFE den Ehrenpreis des Prinzen Ludwig von Bayern. Am 26. Juli wurde die Ruderregatta abgehalten, an der 17 Vereine mit 56 Booten teilnahmen. Das sportliche Ergebnis war hervorragend. Es ist zu erwarten, dass künftig in jedem Jahre eine Ruderregatta auf dem Starnberger See stattfindet. Den goldenen Kranz der Ausstellung und den Ehrenpreis des Prinzen Ludwig errang der Vierer des Ludwigshafener Rudervereins. Den interessantesten und schönsten Teil der wassersportlichen Veranstaltungen bildeten wohl die Motorbootwettfahrten am 29. und 30., die vom Kaiserlichen Automobilclub, Bayrischen Automobilclub, Deutschen Motorbootclub und Motorjachtclub von Deutschland veranstaltet wurden. Es nahmen 22 Boote teil, die vom 15. bis 20. in der Arena der Ausstellung zur Besichtigung standen. Der erste Tag brachte einen Schnelligkeitswettbewerb, in dem die besten Boote BENZ I etwa 40 km und ESTEREL etwa 36 km Geschwindigkeit erreichten. Den Ausstellungspreis, einen wundervollen Goldpokal, erhielt BENZ I. Der zweite Tag war für eine Dauerfahrt bestimmt, bei der die Klassen I und II 148 km, die übrigen 74 km zu fahren hatten. Den Preis der Gemeinde Starnberg erhielt die Starnberger ANNIE. Der Ehrenpreis des Prinzen Ludwig für das absolut schnellste Rennboot fiel an BENZ I, der diesmal eine Durchschnittsgeschwindigkeit von 43 km erzielte. Da die Gesamtergebnisse der Regatten durchaus befriedigten, so ist auch für das nächste Jahr eine Starnberger Woche in Aussicht genommen.

Illustrierte Zeitung, 1908

Regattateilnehmer bei der Bodenseewoche

Illustrirte Zeitung

Nr. 3445. 133. Bd.   Leipzig, 8. Juli 1909.

Kaiser Wilhelm II. und Prinz Heinrich von Preußen, der Kommodore und der Vizekommodore des Kaiserlichen Jachtklubs, an Bord des „Meteor IV".
Originalzeichnung von Willy Stöwer.

Der deutsche Segelsport

Schon oft war in den letzten Jahren vom deutschen Segelsport die Rede, und in Wort und Bild ist von den Fortschritten berichtet worden, die er gemacht hat, seitdem Kaiser Wilhelm II. seine Hand schützend und fördernd über ihn gehalten hat. War, bevor Kaiser Wilhelm sich zum Förderer des Segelsports erklärte, zwar auch schon ein tüchtiger Kern vorhanden, so kann man doch erst seit den Tagen, da er an Bord des ersten METEOR seinen Einzug in die Kieler Förde hielt, von einer wirklichen Blüte des Segelsports reden.

Wir haben seitdem manche glanzvollen Tage erlebt, und insbesondere sind die Kieler Wettfahrten, die unter der Bezeichnung Kieler Woche in der ganzen Welt bekannt geworden sind, häufig der Sammelplatz vieler Nationen gewesen, und oft hat die ganze Welt auf die Vorgänge geblickt, die in den glanzvollen Festtagen sich an den Ufern der blauen Förde abgespielt haben. Das waren die äußerlichen, politischen Momente; aber auch im inneren Betriebe selbst ist es mächtig vorwärts gegangen. Der immer mehr zunehmende Verkehr ließ es nicht mehr als gewagt erscheinen, neben den freundschaftlichen und kameradschaftlichen Beziehungen zwischen den Nationen auch eine Einigung in allen technischen Fragen anzubahnen, und Deutschland kann den Vorzug für sich in Anspruch nehmen, die ersten einleitenden Schritte dazu getan zu haben. Einer der Führer im deutschen Segelsport, Hr. Geheimrat Busley, war es, der zuerst den Gedanken einer internationalen europäischen Verständigung aussprach, und ganz überraschend für alle Beteiligten kam es, dass sich ohne Ausnahme alle Nationen bereit erklärten, die Idee zu fördern. Seit zwei Jahren nun eint die europäischen Segelsport treibenden Nationen nicht nur ein gemeinsames Messverfahren, eine gleiche Klasseneinteilung und gleiche Bauvorschriften, sondern auch die Wettsegelgesetze, nach denen sich die Wettfahrten abspielen, nach denen die Preise verteilt und etwaige Streiterei-

en entschieden werden müssen, sind überall in Europa die gleichen, und kein Segler hat es heute mehr nötig, erst umzulernen, wenn er einmal außerhalb seines Heimatlandes sich an einem Wettkampfe beteiligt. Ein gleiches Gesetz eint alle Segler, und willig haben sich die Nationen unter die gleichen Bestimmungen gebeugt. Selbstverständlich war es dabei, dass jede von ihnen gewisse altgewohnte und beliebte Einrichtungen fallen lassen musste zugunsten der Internationalität; aber allseitig hat man dieses Opfer gebracht, in dem Bewusstsein, dadurch den internationalen Segelsport und den Wettbewerb zu fördern. Nach den neuen Bau- und Vermessungsvorschriften wird jetzt das gesamte Material der Jachten in verhältnismäßig wenige Klassen eingeteilt, die überall die gleichen sind, und durch die Bauvorschriften werden die Konstrukteure gezwungen, die Fahrzeuge alle bis an die Klassengrenzen heranzubauen, denn Zeitvergütungen gibt es nicht mehr, und auch der krasseste Laie vermag heute sofort mit Sicherheit den Sieger in einem Wettkampfe zu erkennen. Das erste Boot der betreffenden Klasse am Ziel ist auch zweifellos der Sieger, denn nur bei den großen Schonerjachten, deren Größe man nach oben hin und aus technischen Gründen nicht beschränken wollte, wurde die Zeitvergütung beibehalten.

Die neuen Boote sind infolge der begrenzenden Vorschriften des Messverfahrens bei weitem kräftiger, seetüchtiger und lebensfähiger geworden; sie werden infolgedessen auch noch zu guten Preisen verkauft werden können, wenn sie durch neue Boote überholt sind. Allerdings darf nicht verschwiegen werden, dass größere Solidität des Baues und der Bauausführung auch ganz erheblich verteuernd auf den Preis der Fahrzeuge gewirkt hat.

Die Umwandlung der Yachtflotte, der Übergang vom alten zum neuen Typ, hatte, wie das nicht anders möglich ist, zunächst etwas vermindernd auf die Baulust eingewirkt. Im vorigen Jahre waren infolgedessen die Regatten nicht ganz so gut besucht, aber in diesem Jahre ist wieder ein neuer Aufschwung eingetreten, und besonders in Deutschland hat sich das neue Sportjahr ausgezeichnet angelassen.

Schon die ersten Regatten dieses Jahres, die in gewissem Sinne als eine Vorbereitung für das segelsportliche Hauptfest, die Kieler Woche, gelten können, haben gute Ergebnisse gezeigt. In Berlin wie in Hamburg hat es schon heiße Kämpfe gegeben, und kurz vor Beginn der Kieler Woche fand bereits auf der Kieler Förde ein internationaler Wettkampf von besonderer Bedeutung statt. Es handelte sich um den Besitz des französischen Eintonner-Pokals, eines in Paris beheimateten Wanderpreises für kleine Boote von 6 m Länge, der sich nun schon seit drei Jahren in deutschem Besitz befindet, nachdem ihn dreimal hintereinander ein Hamburger Segler, Hr. Friedrich Kirsten (vom Norddeutschen Regattaverein), erfolgreich gegen die Vertreter der verschiedensten Nationen verteidigt hat. Auch diesmal glückte es ihm, gegen die französische TILBY, die dänische ALBATROS und die Schwedin ELGA die Trophäe siegreich zu verteidigen. Die Franzosen haben sofort eine neue Herausforderung für 1910 erlassen, und es steht zu erwarten, dass sich auch andere Nationen an dem Kampf im nächsten Jahr beteiligen werden.

Im Mittelpunkt des Interesses stand diesmal das Auftreten der neuen kaiserlichen Schoneryacht METEOR. Sie ist die vierte ihres Namens, die unter kaiserlicher Rennflagge erscheint. Schon im vorigen Jahre hatte Dr. Krupp v. Bohlen und Halbach das Unternehmen gewagt, eine ebenso große Schoneryacht in Deutschland erbauen zu lassen. Mit achtungsvollem Staunen hatte damals die gesamte europäische Seglerwelt erkannt, dass der deutsche Segelsport und die dazugehörigen Industrien mit Riesenschritten vorwärts gegangen sind und den Wettbewerb mit der alteingesessenen englischen und der berühmten amerikanischen Schiffbaukunst nicht mehr zu scheuen brauchen. Kaiser Wilhelm, dessen frühere, in Amerika erbaute Schoneryacht METEOR sich vor dem vorjährigen deutschen Neubau GERMANIA beugen musste, zögerte nun nicht einen Augenblick und gab einen Neubau in Auftrag, der unter der Devise „Deutsch vom Kiel bis zum Flaggenknopf!" entstan-

den ist. Die Yacht findet in der vortrefflich gelungenen GERMANIA sowie in der etwas älteren, aber auch noch vorzüglichen, in England erbauten Schoneryacht HAMBURG außerordentlich tüchtige Rivalen.

Die kaiserliche Yacht hat denn auch die in sie gesetzten Hoffnungen erfüllt. An zwei Regattatagen wurde sie durch plötzlichen Windwechsel zwar etwas beeinträchtigt, aber am dritten Tage, in der Wettfahrt von Kiel nach Eckernförde, die sich unter ganz regelrechten Wetterverhältnissen abspielte, zeigte sie eine so große Überlegenheit, dass sie von den zahlreichen Zuschauern am Ziele in Eckernförde mit jubelnden Zurufen empfangen wurde, und dass der Kaiser, der sich an Bord seiner Yacht befand, unter dem Eindruck des Augenblicks seine Yachtmannschaft aufforderte, ein Hurra auf den deutschen Yachtbau auszubringen.

Mit den großen Schonerwettkämpfen stehen wir augenblicklich an der Spitze in Europa. Selbst das reiche und sportlustige England vermag nicht, eine ähnlich gelungene Klasse wie die deutsche aufzuweisen. Es gibt in England augenblicklich nur einen Schoner von ähnlichen Fähigkeiten wie sie unsere deutschen Fahrzeuge besitzen, nämlich die CICELY, und mit dieser werden sich unsere deutschen Yachten in den im August stattfindenden Wettfahrten der Cowes-Woche zu messen haben.

Auch noch in anderer Beziehung bot die diesjährige Kieler Woche ein weitergehendes Interesse. Zwischen Deutschland und Amerika hat sich nämlich ein Wettbewerb in kleinen Booten ausgebildet, mit Fahrzeugen der in Deutschland zuerst erbauten und späterhin auch in anderen Segelsport treibenden Ländern beliebt gewordenen Sonderklasse. Bis jetzt hat sich ein solcher Wettfahrt-Zyklus einmal in Amerika vor Marblehead bei Boston und vor zwei Jahren einmal in Kiel abgespielt. Bei den Wettfahrten in Amerika waren die Amerikaner erfolgreich, bei den in deutschen Gewässern abgehaltenen Wettfahrten, zu denen jene drei Boote entsendet hatten, war zur großen Überraschung der Sportwelt die deutsche Flagge siegreich geblieben. Der nächste dieser jeweils in mehrjährigen Zwischenpausen wiederkehrenden Wettkämpfe findet nun Ende August dieses Jahres in Amerika statt, und die Ergebnisse der Kieler Sonderklassen-

Wettkämpfe sind dazu bestimmt, diejenigen drei Fahrzeuge zu ermitteln, die über den Ozean gehen sollen, um die schwarzweißroten Farben gegen das Sternenbanner Amerikas zu vertreten.

Bemerkenswert ist es, dass unter den 21 Booten, die sich an den diesmaligen Kieler Wettkämpfen der Sonderklasse beteiligten, sich nicht weniger als vier Fahrzeuge befinden, in denen preußische Prinzen das Ruder führten. Die ANGELA IV wurde vom Kronprinzen, die ELISABETH vom Prinzen Eitel Friedrich, die TILLY XII. vom Prinzen Heinrich und der JECK vom Prinzen Adalbert von Preußen geführt. In den übrigen 17 Fahrzeugen saß die Blüte unserer deutschen Herrensegler. Es ist an sich schon ein großer Vorzug, wenn ein Segler in dieser Klasse überhaupt nur mit Erfolg bestehen kann; er braucht nicht einmal viele Preise zu erringen, und ein gutes Mittelmaß genügt, seinen Namen in der Segelwelt bekannt zu machen. Ein guter Sonderklassensegler zu sein, bedeutet im deutschen Segelsport eine Auszeichnung; ein erfolgreicher zu sein, ist nur wenigen vergönnt. Aber gerade dieser scharfe Wettbewerb sowie der Umstand, dass sich an ihm lediglich Amateure, also keine bezahlten Mannschaften, beteiligen können, wirkt so anziehend; eben darum fehlt es der Sonderklasse niemals an Zulauf, und es ist heute geradezu der Ehrgeiz jedes tüchtigen deutschen Seglers, in einer Sonderklassenyacht zum mindesten einmal etwas Gutes geleistet zu haben.

Außer der Sonderklasse war noch die Klasse der 10 m-Yachten sowie der 8-, 6- und 5 m-Boote sehr gut besetzt, zum Teil hat auch die internationale Beschickung der Klassen sich sehr gut angelassen. Frankreich, Dänemark, Norwegen, Schweden und Belgien haben ihre Vertreter dazu entsendet, und überall standen heiße Kämpfe auf der Tagesordnung.

Auch der jüngste Zweig des Wassersports, das Motorbootwesen, war in diesem Jahre in Kiel durch vier große Wettfahrten würdig vertreten. Diese Wettfahrten haben ebenfalls internationale Beteiligung aufzuweisen. Der Herzog von Westminster hat sein Boot URSULA entsendet, das von den letzten Wettfahrten in Monaco her europäischen Ruf genießt, und die niederländische Flagge ist durch den Neubau KROMHOUT vertreten. Den Beschluss dieser Motorbootwettfahrten bildete das Rennen um den Ostseepreis, das von Kiel aus um die Insel Fünen herum bis nach Travemünde führte, so dass also die Ostsee zweimal durchkreuzt werden musste und die Yachten einen 225 Meilen (407 km) langen Weg zu machen hatten.

Illustrierte Zeitung, 1909

Die neue Kaiserjacht METEOR IV

Die diesjährige Kieler Woche, das klassische Stelldichein der deutschen Segelei und ein lebhafter Anziehungspunkt für den internationalen Wassersport, vereinigte in besonderer Weise das allseitige Interesse auf die Wettfahrten der großen Schoner. Denn unter diesen mächtigen Kämpen erscheint mit der Rennflagge unseres Kaisers eine neue METEOR – die vierte ihres Namens – am Start, wo sie als gefährlichste Gegnerin die im vorigen Jahre gebaute GERMANIA des Hrn. Krupp v. Bohlen und Halbach neben der HAMBURG des Vereins Seefahrt und der nur noch für Handicaps gemeldeten IDUNA der Kaiserin vorfindet.

Noch bis vor kurzem hielt man es selbst in unseren Seglerkreisen für ein gewagtes Unterfangen, eine große Yacht in Deutschland entwerfen und bauen zu lassen; man glaubte hierin auch fernerhin noch auf England und Amerika angewiesen zu sein, obgleich der deutsche Yachtbau für die kleineren und mittleren Klassen sich im Laufe der letzten 20 Jahre sehr erfolgreich entwickelt und von ausländischer Bevormundung freigemacht hatte. Dieser Bann mangelnden Selbstbewusstseins wurde durch die zahlreichen Regattasiege der GERMANIA endlich und gründlich gebrochen.

Überzeugt durch die Erfolge des Kruppschen Schoners, die der in Amerika 1902 gebauten METEOR III kaum noch spärliche Siegesaussichten ließen, entschloss sich der Kaiser, mit dem Entwurf eines Ersatzbaues einen unserer erfolgreichsten deutschen Yachtkonstrukteure, Hrn. Max Oertz, von dessen Zeichenstich auch die Pläne der GERMANIA stammen, zu beauftragen. Die Yacht sollte nach der international gültigen Messformel den gleichen Rennwert

Die neue Schonerjacht METEOR IV Kaiser Wilhelms II.
während der Kieler Wettfahrten. Nach einem Aquarell von
Willy Stöwer

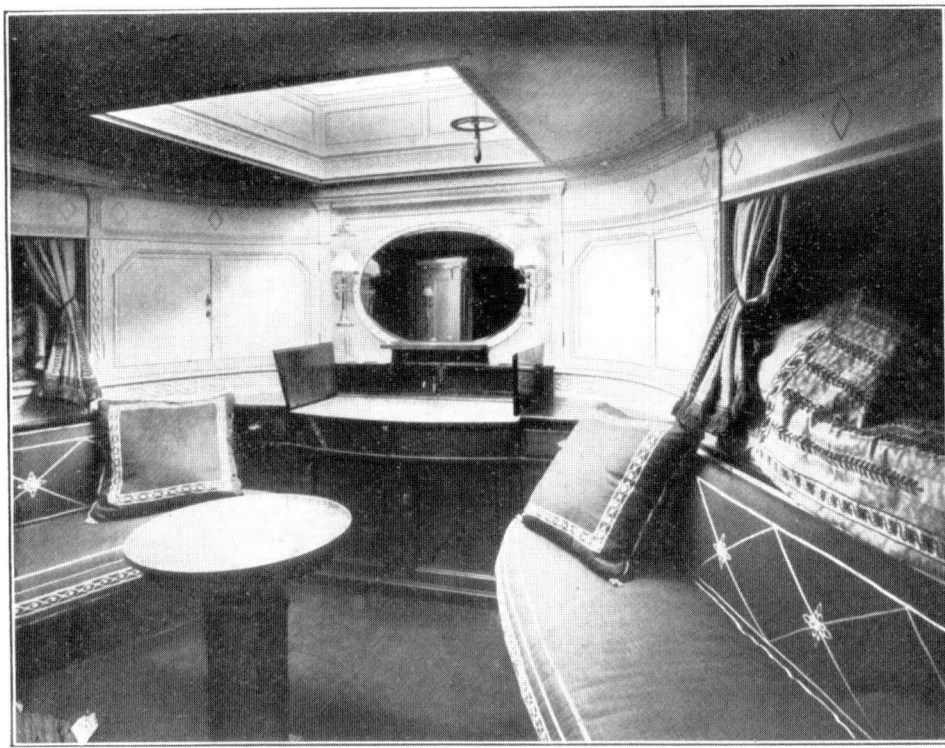

Damensalon mit Toilettentisch, Sofa und Koje an Backbord

besitzen wie die bisherige kaiserliche Segelyacht. Sie erhielt demzufolge auch annähernd die gleiche Schiffsgröße von 450 Yachttonnen; die Wahl der günstigsten Schiffsform jedoch blieb durchaus dem Konstrukteur überlassen, dessen Bestreben es natürlich sein musste, ein der so erfolgreichen GERMANIA noch überlegenes Fahrzeug zu schaffen. Der kaiserliche Yachtherr wünschte besonders die Beibehaltung möglichst der gleichen Raumeinteilung seiner früheren METEOR, um sich auf dem neuen Schiff gleich heimisch fühlen zu können.

Während kleinere und mittlere Yachten zumeist in Holzbeplankung gebaut werden, erfordern die beträchtlichen Abmessungen eines solchen Schoners, der über Deck etwa 48 m lang ist, schon deshalb die Herstellung des Schiffsrumpfes aus Stahl, um bei ausreichender Festigkeit nur einen möglichst geringen Teil von dem gesamten Schiffsgewicht auf den Rumpf selbst verwenden zu müssen. Umso mehr Bleiballast kann dann in der Form eines tiefen flossenartigen Kiels angebracht werden, der nicht nur dem Schiffskörper unter dem Seitendruck der mächtigen Segel und im Seegang Stabilität verleiht, sondern auch wesentlichen Einfluss auf die ganzen Segeleigenschaften der Yacht ausübt.

Die Bauausführung wurde der Germaniawerft in Kiel übertragen. Unter weitgehender Verwendung von Spezialstahl wurde im Laufe der Wintermonate der Neubau gemäß den Bauvorschriften des Germanischen Lloyds bis zur Schwimmfähigkeit fertiggestellt, so dass am 28. Februar d. J. die feierliche Namengebung durch die Frau Prinzessin Heinrich von Preußen und das Zuwasserlassen stattfinden konnten.

Die mächtigen Oregon-Pine-Untermasten wurden aus Hamburg beschafft; während diese vollen Querschnitt haben, sind die übrigen Rundhölzer im Innern hohl, weil dadurch trotz gleicher Festigkeit ihr Gewicht sehr verringert wird. Nur der 28 m lange Baum des Großsegels und dessen Gaffel sind aus Stahl gebaut.

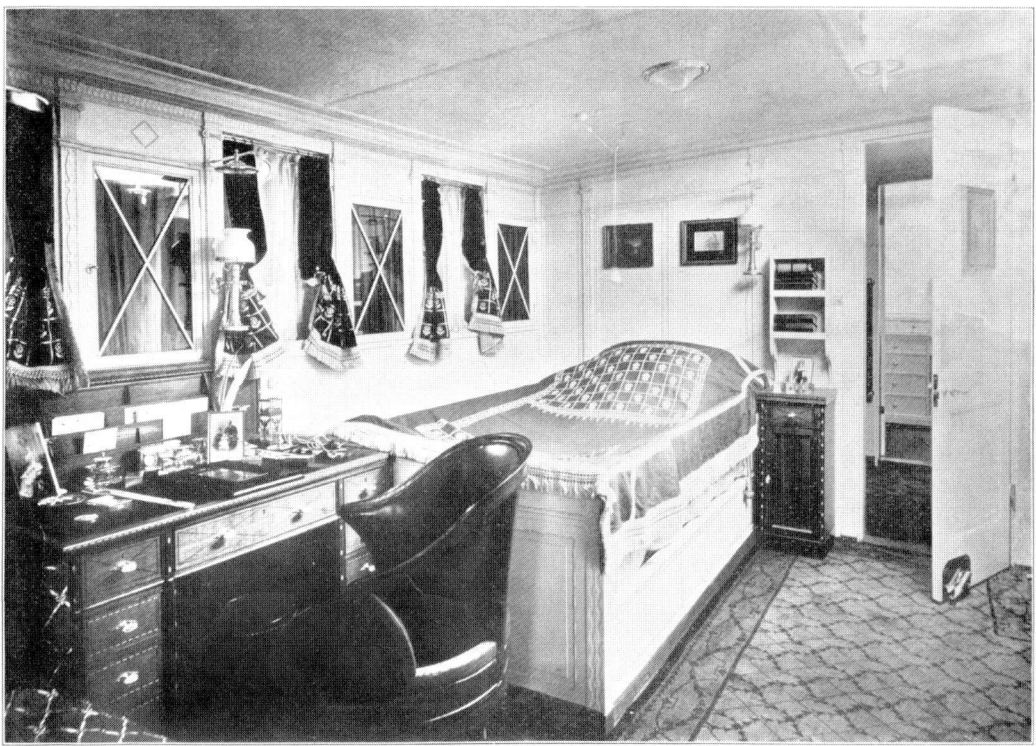

Arbeits- und Schlafzimmer des Kaisers

Jachtsegel anzufertigen ist eine eigene Kunst, die bisher nur Engländer und Amerikaner für sich in Anspruch nahmen; mindestens gleich gute Arbeit wird jetzt auch in Deutschland geliefert. So stammt die rund 1.400 qm vermessene Besegelung der METEOR aus den Werkstätten von Mählitz. Das stehende Gut und auch der überwiegende Teil des laufenden Tauwerks ist aus Stahldraht gefertigt; im Übrigen ist Segelgarntauwerk verwandt worden, wo sonst Hanf und Manila üblich war.

So grundlegend für eine aussichtsvolle Jachtkonstruktion die richtige Vereinigung aller wünschenswerten Eigenschaften ist, als deren wesentliche Seefähigkeit, Geschwindigkeit bei allen Windverhältnissen und Wohnlichkeit genannt seien, so bestimmend die Wahl einer der Schiffsform entsprechenden Besegelung und die Güte ihrer Ausführung – ausschlaggebend für die Erfolge ist die Besatzung. Hatten die ersten beiden Kaiserjachten, die jetzt als COMET und ORION zur Ausbildung deutscher Yachtmatrosen im Marinedienst

stehen, noch eine englische Crew (Bemannung), so wurden schon auf METEOR III zur Hälfte Deutsche eingestellt, bis schließlich auch das Kommando auf einen Deutschen überging. Diese einheimische Bemannung ist jetzt auf die neue Kaiserjacht übergetreten, und gibt die beste Anwartschaft auf vorzügliche Leistungen. So ist der Dreiklang von Schiffskörper, Besegelung und Besatzung in seiner deutschen Reinheit bei der neuen METEOR hocherfreulich, so wird die volle Harmonie des ‚Made in Germany' dadurch gegeben, dass auch die Inneneinrichtung des schönen Schiffs im Inlande, und zwar von der Firma J. D. Heymann in Hamburg, ausgeführt ist. Sie vereinigt in vollendeter Weise vornehme Schönheit mit jener traulichen Wohnlichkeit, die ein Schiff zum behaglichen Heim macht.

Würdige Geschlossenheit zeigt der große Speisesaal, der sich unmittelbar vor dem Großmast von Bord zu Bord querschiffs erstreckt; das prächtige Mittelstück der Vorderwand bildet ein Marmorkamin

Speisesaal mit Kamin und Tafel an Steuerbord

zwischen zwei Büfettnischen, während die drei Rundfenster jeder Schiffsseite durch eingebaute Prunkschränke getrennt sind, in denen neben reichem Silberschatz die wertvollen Rennpreise der früheren Kaiserjachten stehen. An den beiden Längstafeln finden insgesamt 18 Personen Platz auf ledergepolsterten Armstühlen, deren Rückenlehne mit dem Kaiserlichen Wappen geschmückt ist.

Alter Schiffsetikette gemäß gebührt die Steuerbordseite als die vornehmere dem Höchsten an Bord, hier dem Kaiser, dessen geräumige Kammer außer dem breiten Schlingerbett an der Bordseite mit einem Schreibtisch und Diwan ausgestattet ist, während die innere Längswand von einem großen Spiegeltisch und zwei fest eingebauten Kleiderschränken eingenommen wird. Die mancherlei Bilder, die – wie hier – auch die übrigen Räume und Gänge freundlich beleben, sind aus der alten auf die neue METEOR gewandert. Hinter der Eignerkabine folgt ein Toilettenraum mit versenkter Badewanne, dann eine Un-

terkunft für zwei Kammerdiener. Die Backbordseite hinter dem Salon zählt drei verschieden große Kammern für die Begleitung nebst einem Baderaum; sie alle liegen an dem längsschiffs führenden Gang, der am Navigationsraum vorüber in den ganz hinten liegenden Damensalon mündet. Dieses trauliche Gemach wird sicher jede seiner Bewohnerinnen entzükken: Zwei Kojen sind tief in die Schiffsseiten eingebaut, die Rückwand nimmt ein geräumiger Spiegeltisch ein, unter dessen Platte ein Waschbecken verborgen ist. Der runde Mitteltisch und ein ausziehbarer Schreibtisch vervollständigen die Einrichtung dieses Raumes, dem ein besonderes Toilettenzimmer angeschlossen ist.

Weiter nach vorn im Schiff wohnen zunächst der Skipper und zwei Steuerleute auf der einen Seite; an Backbord liegt der Anrichteraum, davor zwei Doppelkammern für Kellner und Köche, während die Mitte von der Messe und der sehr geräumigen Kombüse, der auch ein fest eingebauter Eisschrank nicht

Kombüse mit Herd und Heißwasserbereiter sowie Anrichtetisch

fehlt, eingenommen wird. Vor dem Fockmast liegt das Logis mit 20 Segeltuchklappkojen; der Rest der Besatzung, die bei Regatten etwa 40 Matrosen zählt, schläft in Hängematten hier oder hinten in der großen Segelkoje. Der Raum unter dem Zwischendeck dient teils zur Aufnahme der Vorratslasten, teils als Segelkoje; ferner sind hier die zwölf Raummeter fassenden Frischwassertanks eingebaut.

Das freie, schmucke Deck des Schiffes wird nur durch einige Luken und Oberlichter unterbrochen; hinter dem Großmast bietet ein versenkter Decksalon, der gleichzeitig den Niedergang zu den Wohnräumen bildet, geschützten Aufenthalt mit freiem Ausblick durch die großen Rundfenster. In üblicher Weise wird vom Achterdeck mittels eines doppelten Handrades gesteuert, dessen vorderes auf breiter Bronzefelge das alte Feldgeschrei: „Allweg guet

Zollre" und die Losung „Vom Fels zum Meer", auf der Nabe das Jerusalemkreuz in bunter Emaille zeigt.

Zur Vermittlung des Landverkehrs dient eine flinke Motorpinasse, dem Gebrauch des Kaisers eine vierriemige, schmucke Rudergig, die beide in Davits mitgeführt werden können, während das für Regatten vorgeschriebene Beiboot im Renntrimm an Deck genommen wird.

Den äußeren Schmuck der weiß gemalten Kaiseryacht bildet unter dem Bugspriet ein in Bronze gegossener, zum Fluge sich erhebender Adler, der in den Fängen Eichenlaubreiser trägt. Der Decklinie folgt eine blank polierte Metallzierleiste, die sinnbildlich in einem schweifgeschmückten Meteor ausläuft, während der fein geschwungene Spiegel den Schiffsnamen mit den Initialen des Kaiserlichen Jachtclubs zeigt. F. W. v. Schultzendorff

Illustrierte Zeitung, 1909

Sonderklasse-Wettfahrt auf der Kieler Förde. Zeichnung von Willy Stöwer

WESEN UND BEDEUTUNG DER SONDERKLASSE

Zum dritten Mal findet in diesem Jahre jener Wettstreit zwischen den deutschen und amerikanischen Sonderklassenbooten statt, der in seiner Art zweifellos mit zu den bedeutendsten und sportlich wertvollsten Konkurrenzen gehört, die der Sport auf dem blauen Wasser kennt. Wie der Name besagt, handelt es sich bei diesen Kämpfen um Boote, die aus dem straffen Rahmen, in den das Messverfahren alle Yachten zwängt, mehr oder minder stark heraustreten, und in der Tat hofften die zahlreichen Gegner der kleinen Renner, sie doch endlich beseitigt zu haben – nach manchem fehlgeschlagenen Versuch –, als wir eine

neue internationale Regelung der Dinge im Segelsport erhielten. Gelang es auch diesmal nicht, so war dies lediglich der persönlichen Parteinahme des Kaisers zu danken, der in öffentlicher Versammlung selbst in die Debatte eintrat und den Freunden der Klasse die Versicherung gab, dass es ihnen auch in Zukunft an Preisen nicht fehlen würde.

Die heute fast national deutsche Klasse verdankt ihre Entstehung eigentlich der Anregung eines englischen Seglers, und merkwürdigerweise haben trotzdem gerade die Engländer nie für sie allzu viel übrig gehabt. Mr. Cecil Quentin, ein eifriger Besucher der Kieler Regatten, regte seinerseits die Schaffung einer Klasse kleinerer Yachten an, die, lediglich von Amateuren bedient, seiner Ansicht nach geeignet sein sollten, einen regen internationalen Wettstreit gerade der Herrensegler der verschiedenen Länder herbeizuführen, und der sicher vortreffliche Gedanke fand bei den deutschen Seglern eine Aufnahme wie er sie verdiente und errang sich auch den Beifall des Kaisers sowohl wie des Prinzen Heinrich. In ziemlicher Eile ging man sofort daran, detaillierte Bestimmungen für die neue Klasse festzulegen. Dabei gelangte man zu einem Fahrzeugtyp von relativ geringen, ziemlich eng umgrenzten Größenverhältnissen, ebenfalls genau festgelegter, mäßig großer Besegelung und – was das Wichtigste war und ist – bestimmte überdies, dass sowohl die Boote von Werften und aus Materialien ihres Heimatlandes erbaut sein sollten. Ebenso wurde der Preis der Boote – nicht über 5.100 M für das segelklare Fahrzeug – festgesetzt.

Wie schon gesagt widmete sowohl der Kaiser wie auch Prinz Heinrich der neuen Klasse von Anfang an das lebhafteste Interesse. Der Kaiser stiftete einen kostbaren Pokal und ließ auch für sich eine Sonderklassenyacht erbauen; Prinz Heinrich aber ist seit jener Zeit als ständiger Steuermann der verschiedenen TILLY eine der bekanntesten Erscheinungen des deutschen Segelsports geworden und einer der gefürchtets-ten Gegner dazu. Um den wertvollen Pokal des Kaisers, der in mindestens drei Wettfahrten in Kiel erkämpft werden muss, ist in den zehn Jahren, die seit der Gründung der Klasse verstrichen sind, heiß genug gestritten worden. Umso bemerkenswerter erscheint die Tatsache, dass es nur einmal – im Jahre 1902 – den Amerikanern gelang, ihn den deutschen Seglern zu entreißen. Aus fast allen Ländern Europas haben sich Bewerber in Kiel eingefunden; aber stets gelang es sonst unseren Booten, die Gegner zu schlagen. Schon dieser knappe Umriss der Geschichte der Klasse zeigt zweifellos, dass sie eine sportliche Bedeutung besitzt, die kaum zu hoch eingeschätzt werden kann. Von Jahr zu Jahr reicher mit Preisen bedacht, hat sie die besten Herrensegler, die wir haben, mit wenigen Ausnahmen in ihren Reihen vereinigt, und selbst ein fünfter und sechster Preis in der Sonderklasse wiegt unter heutigen Verhältnissen sportlich oft

mehr als ein erster in anderen. Gewiss ist die Klasse an sich eine so genannte Einheitsklasse; aber zehn Jahre scharfer Konkurrenz haben den Hauptfaktor doch sehr entschieden nach der Seite der seglerischen Qualitäten von Steuermann und Mannschaft hin verschoben, und wer in dieser Beziehung nicht erste Klasse ist, tut besser, sein Heil zunächst anderswo zu versuchen.

Wenn auch der Kaiser bis heute eifriger Freund und Gönner der Klasse geblieben ist, so findet sich doch seine Rennflagge nicht mehr unter den Startern der kleinen, flinken Renner; dafür aber sind seit dem Jahre 1904 der Kronprinz und später Prinz Eitel Friedrich sowie Prinz Adalbert als umso eifrigere aktive Freunde der Sonderklasse auf dem Plan erschienen, und der Kronprinz vor allen Dingen dürfte zu den eifrigsten Seglern überhaupt zu zählen sein. Seine ANGELA ist bei und zwischen den Wettfahrten eine bekannte Erscheinung auf der Havel, und bei Tourenfahrten fehlt auch fast nie die hohe Gemahlin des jungen Kaisersohnes, die es bekanntlich selten versäumt, den Siegern der Berliner Wettfahrten persönlich die Preise zu überreichen.

Die Geschichte der Sonderklassen-Wettkämpfe zwischen Deutschland und Amerika dürfte bekannt sein. Der wertvolle Preis des Kampfes, in Amerika vom Präsidenten, in Deutschland vom Kaiser gestiftet, ist bisher jedes Mal dem Verteidiger verblieben, und es ist verständlich, dass man auf den Ausgang dieses dritten Kampfes in Segelsportkreisen doppelt gespannt ist. Leicht wird der Sieg sicher keinem der Konkurrenten werden. Denn zweifellos ist es sowohl deutscherseits das beste Material, über das wir verfügen, was in den drei Booten nach Marblehead geht, wie auch die Amerikaner alles darangesetzt haben, Meisterstücke ihrer hochentwickelten Yachtbaukunst an den Start zu bringen. Was aber die Mannschaften angeht, so dürfte es auch dem schärfsten Kritiker schwer fallen, dem einen oder anderen den Vorzug zu geben. Deutscherseits ist mindestens Otto Protzen, der Führer der HEVELLA, einer der besten Führer kleiner Yachten, die der internationale Segelsport kennt, und jenseits des ‚großen Teiches' nimmt man alles, was Sport heißt, viel zu ernst, um nicht Segler allererster Klasse an den Start für solche Wettfahrten zu schikken. *Navigator*　　　　　　　　*Illustrierte Zeitung, 1909*

Das Segeln im kleinen Boot

3u den Sportzweigen, die bei uns in Deutschland noch bei weitem nicht so gepflegt und gefördert werden wie sie es verdienen, gehört die Kleinsegelei, wie man – zugestandenermaßen nicht gerade sehr schön – das Segeln in offenen, meist auch noch durch Ruder oder Paddel fortzubewegenden Booten bezeichnet, mit in erster Linie. Das hat seine historischen Gründe, auf die einzugehen hier nicht möglich und, glücklicherweise, auch nicht nötig ist. Die letzten Jahre haben gezeigt, dass nur ein Anstoß erforderlich war, eine Bewegung auf diesem Gebiet hervorzurufen, die, so bescheiden sie dem Fernstehenden heute auch erscheinen mag, so viel Kraft und Gesundheit in sich trägt, dass ein Wiedereinschlafen bestimmt nicht zu befürchten ist.

Wer der Kleinsegelei gerecht werden will, darf sie in erster Linie nicht nach ihren Extremen, dem Rennkanu einer- und der mehr oder weniger geschickt besegelten Ruderjolle andererseits, beurteilen. Ist die Letztere in den meisten Fällen weder ein bequemes Ruderboot noch ein auch annehmbarer Segler, so stellt das Erstere ein Fahrzeug dar, das zwar vom rein sportlichen Standpunkt aus geradezu ein Ideal ist, das aber nicht die geringste Verwendungsmöglichkeit außerhalb der Regattabahn besitzt. Zu seiner Bedienung muss man gleichzeitig Seiltänzer und Schlangenmensch sein, und selbst wenn man diesen Ansprüchen genügt, besteigt man es doch zweckmäßig nur mit einer Badehose. Dem Anfänger gelingt meist nicht einmal das Besteigen, vom Segeln ganz zu schweigen. Wer im Übrigen das Segelkanu dieser Art ‚die Jacht des kleinen Mannes' genannt hat, muss über die Vermögensverhältnisse dieser Menschenklasse ganz eigenartige Begriffe gehabt ha-

ben. Summen, die sich nur in fünfstelligen Zahlen ausdrücken lassen, dürfte selbst in England und Amerika nicht jeder ‚kleine Mann' für Sportzwecke übrig haben. Das Kanu, wie man es heute überall bevorzugt, verdient diesen Namen dagegen schon eher, und vor allen Dingen ist es in seinen verschiedenen Typen für unsere Binnengewässer das idealste Tourenfahrzeug, das man sich denken kann.

Wo das Boot noch eine Wassertiefe von 15 bis 20 cm findet und einen Weg, der gerade breit genug ist, um es aufzunehmen, da kommt es auch durch, und wenn es schließlich gar nicht mehr weitergehen will, so ist das leichte Fahrzeug mit geringer Anstrengung auch über Land zu transportieren. Trotzdem aber ist es ein schneller und stabiler Segler, der auch vor großen Wasserflächen keine Scheu zeigt und in geübter Hand auch nahezu absolut sicher ist.

Wohl die größte Verbreitung als Tourenkanu hat das so genannte Kanadische Kanu gefunden, eine Kulturausgabe des Fahrzeuges, das in den Lederstrumpf-Erzählungen wohl jedem deutschen Knaben bekannt geworden ist. Die Boote sind aus praktischen Bedürfnissen heraus entstanden und besitzen eine Reihe von Eigenschaften, die sich bei keinem anderen Typ erzielen lassen. An relativer Leichtigkeit bei enorm großer Tragfähigkeit sind sie zwar unerreicht, aber sie sind als Segler wohl am wenigsten brauchbar. Hier heißt es eben, nach sorgfältiger Erwägung dessen, was man will, den Typ auswählen; denn Rudern und Segeln sind nun einmal zwei Fortbewegungsarten, die sich nur schwer miteinander in Einklang bringen lassen. Das Universalboot gibt es ebenso wenig wie für den Jäger das Universalgewehr, und wer in erster Linie segeln will, wird es eben in Kauf nehmen müssen, dass sein Boot beim Rudern oder Paddeln etwas langsamer ist als Fahrzeuge, die speziell für diesen Zweck gebaut sind.

Als charakteristisch für das Kanadische Kanu kann die Tatsache gelten, dass es im Querschnitt bei flachem Boden seine größte Breite in der Wasserlinie besitzt und die Bordwand nach oben eingezogen ist. Es ist das für die Handhabung des kurzen Paddelruders einfach eine Notwendigkeit. Das Boot hat weiter seinen größten Tiefgang hinter der Bootsmitte und ist nach hinten zu auch schärfer gehalten. Beim Paddeln hebt sich dadurch das breite Vorschiff leicht auch über recht ansehnliche Wellen; zum Segeln aber dreht man das Fahrzeug um, so dass die schärferen Formen nach vorn kommen.

In Deutschland bevorzugt man die so genannte Gig, ein Fahrzeug, das sich sehr schwer charakterisieren lassen dürfte. Kanu, Jolle und Ruderboot haben beigesteuert, diesen Typ zu schaffen, und es ist nicht immer ganz leicht zu sagen, welchem von den dreien diese oder jene Eigenschaft den Ursprung verdankt.

Allgemein gesprochen ist die Gig ein segelbares Ruderboot. Sie wird also durch Ruder, technisch richtiger Skulls, fortbewegt, wenn sie nicht segelt, und hat sich – im Wesentlichen dank den Bestrebungen der rührigen Wettfahrtvereinigungen Berliner Gigsegler – in den letzten Jahren zu einem Typ entwickelt, dessen vorzügliche Eigenschaften ihm immer Freunde zuführen. Tatsächlich dürfte es kaum möglich sein, innerhalb des Rahmens, den diese Bootsklasse sich gesteckt hat, grundlegend Besseres zu schaffen. Für die Tourenbrauchbarkeit ist durch die detaillierten Sicherheitsvorschriften, durch die Forderung eines mehr als ausreichenden Stauraumes zur Genüge gesorgt, und was die rein seglerischen Qualitäten der Boote angeht, so haben sie sich auf den vier Wettfahrten, die die junge, kräftig aufstrebende Vereinigung

Kleinsegler vor Grünau. Gezeichnet von Alexander Kircher

Kanus bei der Wettfahrt am Ziel. Gezeichnet von Alexander Kircher

jährlich veranstaltet, als ebenso schnelle wie stabile Boote erwiesen.

Einen Vorzug besitzt unseres Erachtens, vom rein touristischen Standpunkt aus betrachte, das Kanu allerdings immer: Man dreht bei der Handhabung des Paddels nicht wie beim Rudern der Landschaft den Rücken zu. Doch ist auch zu berücksichtigen, dass man mit den Skulls bei gleicher Anstrengung entschieden schneller vorwärts kommen dürfte, und es ist eben auch hier Sache des persönlichen Geschmacks, was man vorziehen will.

Als der größte Vorzug des Kanusports oder des Tourenfahrens im kleinen Boot überhaupt muss die Tatsache angesehen werden, dass er wie nichts anderes geeignet ist, seinen Jüngern den unmittelbarsten Genuss der Natur zu gewähren. Der Kanuist, wie er sein soll, verschmäht das Nachtlager im überfüllten Wirtshaus ebenso wie das Diner an der Table d´hôte.

Sein Fahrzeug führt von dem Zelt, das, mit Wolldecken ausgestattet, ihm ein herrliches Nachtquartier bietet, bis zu den Zigarren und – den Skatkarten alles mit, was zu Leibes Nahrung und Notdurft gehört, und draußen in einem lauschigen, verborgenen Winkel, abseits von den großen Heerstraßen sucht und findet er nach des Tages Leistung ein Lagerplätzchen, dessen Reize ihn reichlich für das entschädigen, was er – nach Ansicht des Laien vielleicht – an Luxus und Komfort entbehren muss. Im Gegenteil bildet dieses Auf-sich-selbst-angewiesen-sein sogar vielleicht den höchsten Reiz der Kleinsegelei, und viele, die ihn kennen lernten, tauschten ihr kleines, flottes Fahrzeug nicht gegen die stolzeste Rennjacht. Lehrgeld freilich wird der Anfänger auch hier zahlen müssen, und die erste Tourenfahrt soll nicht gerade immer die reinste Freude sein. Sei nun, dass der junge Adept im Eifer des Stauens nicht daran gedacht hat, dass Zigarren gegen

Wasser meist recht empfindlich sind und nun entdeckt, dass die geliebten Rauchrollen plötzlich auf nahezu das Doppelte des ursprünglichen Volumens angewachsen sind, sei es, dass die Küchensorgen ihm mehr Kopfschmerzen machen, als er sich vorgestellt hat. Aber ein wenig Geduld hilft auch diese Schwierigkeiten überwinden. In kürzester Zeit entdeckt unser Sportjünger, teilweise mit Hilfe einiger Besuche in den geheiligten Räumen der heimatlichen Küche, dass es vorteilhaft ist, die Bohnen zu mahlen, bevor man an das Kochen des Morgenkaffees geht, und auch die Zigarren lassen sich nach geeigneter Anwendung von Sonnenwärme wieder rauchen. Freilich muss man ‚ziehen', wenn man etwas von ihnen haben will – ein bisschen schnell brennen sie nach solchen Experimenten.

Gewissermaßen den Übergang von Gig und Kanu zum reinen Segelboot bildet das englische Segelkanu, von dem die so genannte Klasse B des großen Royal Canoe Club auch in Deutschland schon einige Vertreter besitzt, die als schnelle und schöne Boote dem Typ sicher auch weiterhin Freunde werben werden. Die Boote, die vorn und hinten scharf sind, besitzen eine größte Länge von 5,18 m (3,81 m in der Wasserlinie) und eine Breite von 1,067 m. Alle Maße, auch die Materialstärken usw. sind genau festgelegt, und die Wettfahrten dieser Boote sind unter solchen Umständen fast ausschließlich ein Kampf zwischen den Steuerleuten, bzw. den Mannschaften, was naturgemäß das Interesse an den Konkurrenzen vom sportlichen Standpunkt aus nur steigern kann.

Dass in jüngster Zeit die Freunde des kleinen Bootes rüstig bestrebt sind, den Spuren der Segler zu folgen, ist bereits kurz erwähnt worden. Auch die stolze Kieler Woche ist aus sehr bescheidenen Anfängen zu ihrer heutigen Größe emporgestiegen – möge der Kleinseglei ein gleich erfolgreicher Weg beschieden sein! *H. de Meville*   *Illustrierte Zeitung, 1909*

Von der diesjährigen Kieler Woche: Das Motorbootrennen am 29. Juni. Gezeichnet von Alexander Kircher

Vom Motorbootsport

Die Motorboot-Saison 1909 verspricht, nachdem die verschiedenen Misshelligkeiten, die anfangs zu einer völligen Spaltung zu führen schienen, beigelegt sind, einen besonders glänzenden Verlauf zu nehmen, und vor allem in Deutschland war den Freunden und Anhängern dieses jüngsten Zweiges des Wassersports der Gabentisch noch nie so reich gedeckt wie in diesem Jahr.

Die internationale Saison wird wieder durch die Monaco-Rennen eröffnet werden, zu denen auch Amerika eine Vertreterin entsenden wird, und zwar die DIXI, die erfolgreiche Verteidigerin des Harmsworth-Pokals aus dem Vorjahre. Diese berühmte Trophäe wird übrigens auch in der kommenden Saison wieder bestritten werden, obgleich es in England schon eine ganze Reihe von Leuten gibt, die sich zu der Ansicht bekehrt haben, dass es sich dabei um ein Unternehmen von sehr zweifelhaftem Wert handelt.

In Deutschland wird die Saison am 6. Juni mit einer Wettfahrt auf dem Müggelsee eröffnet werden, und bis in die zweite Hälfte des September hinein folgen von diesem Termine an die Konkurrenzen in kurzen Zwischenräumen und reich bedacht mit wertvollen Preisen, von denen der neue Rhein-Preis – ein Ersatz für die nach dem Bodensee verlegte Lanz-Konkurrenz – besondere Erwähnung verdient. Nicht sehr erfreulich ist es, dass der Preis der Ostsee zu einer Wettfahrt Kiel-Travemünde degradiert worden ist.

Eine Seewettfahrt kann man das selbst bei sehr bescheidenen Ansprüchen wohl kaum noch nennen.

Die Bermuda-Wettfahrt der Amerikaner – das Ideal einer Konkurrenz auf See – wird in diesem Jahre ihre dritte Wiederholung erleben. Die Strecke New York - Bermuda ist nahezu 700 Meilen lang, und bei der geringen Ausdehnung des Zieles ist in der offenen See des Atlantik eine Navigation erforderlich, wenn man nicht Gefahr laufen will, an den Inseln vorbeizufahren, die eine ganz außerordentliche Leistung darstellt. Besonders wenn man die geringen Dimensionen der Boote berücksichtigt, die in Seegang schwer rollen und stampfen, und deren niedrige Lage über Wasser die genaue Handhabung der Instrumente ungeheuer erschwert. Das siegreiche Boot der beiden ersten Konkurrenzen besitzt bei einer Wasserlinie von 17,90 m eine Breite von 3,07 m und einen Tiefgang von 1,22 m; der Motor leistet 65 PS, und das Boot hat auf der Rennstrecke eine Durchschnittsgeschwindigkeit von mehr als 10 Meilen in der Stunde geleistet. Die Wettfahrt ist für uns Deutsche umso interessanter, als sie ein geradezu vorbildliches Beispiel dafür gibt, in welcher Richtung der Weg weiter zu verfolgen ist, den wir mit den beiden ersten Seewettfahrten im vorigen Jahre erst betreten hatten, und der diesmal mindestens nicht weiter vorwärts verfolgt werden soll.

Für die Rennboote ist mit diesem Jahre auch in Deutschland die Monacoformel in Kraft getreten. Eine Maßnahme, die kaum freudig begrüßt werden kann, und die auch einen bedeutenden Grad von Unzufriedenheit erregt hat. Ihre praktische Wirkung dürfte aber, nachdem das Fortbestehen besonderer Kreuzerklassen außerhalb der Formel gesichert ist, nicht mehr allzu schlimm sein. Sie dürfen weder den Schaden bringen, den ihre Gegner befürchten mussten, noch ihre Freunde befriedigen. Für den Sport wie auch für die Industrie liegt bei uns der Hauptwert doch in den Klassen der soliden Gebrauchsboote, die von der Monacoformel nicht berührt werden. Wenn wir für die Konkurrenzen dieser Fahrzeuge Bestimmungen bekommen, welche die Fehler vermeiden, die in der vergangenen Saison manchen Misserfolg herbeigeführt haben, so dürfen wir unseres Erachtens dem Kommenden mit großer Ruhe und ungetrübten Hoffnungen entgegensehen. *Nauticus*

Illustrierte Zeitung, 1909

Das amerikanische Motorboot ALISA-CRAIG. Siegerboot der Wettfahrten New York - Bermuda 1907 und 1908

Kreuzeryacht bei stürmischem Wetter. Gemälde von Willy Stöwer

Was kostet eine seegehende Jacht?

Der Segelsport gilt im Allgemeinen – und wie zugestanden werden muss, nicht ganz mit Unrecht – als ein sehr teueres Vergnügen. Wer Regatten segeln will, muss tatsächlich über einen sehr gesunden Geldbeutel verfügen, wird, selbst bei Beschränkung auf die kleinsten Klassen, nur bei großer Sachkenntnis und Erfahrung mit 4.000 bis 5.000 M aufs Jahr auskommen, und wird in der seegehenden Jacht ein gar nicht so kleines Vermögen anlegen müssen.

Rechnet man daneben noch mit der Tatsache, dass bei dem Segeln auch nicht, wie etwa bei dem Rennsport, wenigstens die Möglichkeit gegeben ist, diese Unkosten durch große Erfolge ganz oder teilweise wieder einzubringen – es gibt mindestens in Deutschland nennenswerte Geldpreise nicht – so kann man es wohl verstehen, wenn eine große Anzahl von Leuten, die an sich Interesse und Neigung für die See und das Segeln haben, die praktische Betätigung scheut.

Es ist eben so gut wie gar nicht bekannt, dass lediglich die Beteiligung an Wettfahrten das Seglen teuer macht, und dass auf der anderen Seite das Tourensegeln vielleicht mehr und höhere Reize bietet als das Treiben auf der Regattabahn. Dass man eine Jacht haben kann, die imstande ist, die Nord- und die Ostsee auf tagelangen Touren zu kreuzen, die dem Besitzer und seiner Familie oder auch mehreren Freunden Wochen hindurch ein schwimmendes Heim bietet, das die Benutzung von Hotels auch für recht verwöhnte Sterbliche entbehrlich macht, ohne viel mehr dafür auszugeben, als man für einen mehrwöchigen Badeaufenthalt ohnehin in den Etat einstellen muss, dürfte den meisten Laien kaum glaublich erscheinen.

Durch die einfache Nennung einer mehr oder weniger hohen Zahl ist nun freilich die Frage, die wir uns eingangs dieser Zeilen gestellt haben, wohl kaum zu beantworten. Es gibt der Faktoren eine ganze Menge – auch Glück und Unglück oder der Zufall spielen dabei natürlich eine Rolle – die eine solche Rechnung sehr stark nach der einen oder der anderen Seite hin beeinflussen können, und die nachstehend durchgeführte Kostenaufstellung ist daher lediglich als ein Beispiel zu betrachten. Die Zahlen können unter Zugrundelegung derselben Bedingungen sowohl unter- als überschritten werden; Anfänger und Laien in der edlen Kunst der Segelei werden ohne sachverständigen Beirat natürlich auch hier einen kleinen Ausschlag als Lehrgeld hinzurechnen müssen.

Es würde sich in unserem Fall etwa um ein Boot handeln, auf dem, außer der aus zwei Bootsleuten und einem Jungen bestehenden Besatzung, Wohn- und Schlafgelegenheit für mindestens vier Personen in der Kajüte vorhanden ist. Nach der Messformel und für Regattazwecke gebaut, ein Fahrzeug von mindestens zwölf bis 15 Vermessungseinheiten, das als Neubau auf einer guten Werft etwa 32.000 bis 50.000 M kosten wird.

Dieselbe Jacht, die dabei für den Tourensegler noch genau ebenso brauchbar und wertvoll ist wie am Tage ihres Stapellaufs, wird nach fünf- bis höchstens sechsjähriger Dienstzeit so viel von ihrem Regattawert eingebüßt haben, dass sie für rund die Hälfte des Baupreises stets zu haben sein wird. Nicht ganz mit

Unrecht behauptete seinerseits ein sehr bekannter und bedeutender englischer Fachmann: „Narren bauen Boote, damit die klugen Leute sie kaufen können!"

Noch vorteilhafter aber kauft man ein Tourenboot, wenn man seine Wahl unter dem älteren Material trifft, das bereits früher aus dem Dienst zwischen den Bojen der Regattabahnen geschieden ist. Boote in Größenverhältnissen, wie wir sie hier im Auge haben, sind in den Katalogen der Jachtagenturen in großer Zahl für einen Preis von 2.000 bis 4.000 M zu finden, und dass der moderne Regattamann unser Fahrzeug halb mitleidig, halb verächtlich ein ‚Waschfass' nennt, darf uns umso weniger kümmern, als dieses Waschfass draußen in schwerer See oft einen behaglicheren und reichlich ebenso sicheren Aufenthalt bietet wie der modernste Rennkreuzer, der freilich in glattem Wasser schneller läuft.

Für ein derartiges Fahrzeug, das bei 4.000 M Anschaffungskosten nach fünfjährigem Gebrauch noch immer für etwa 2.000 M wieder zu verkaufen ist, würde sich also – auf einen Zeitraum von fünf Jahren – folgende Kostenrechnung ergeben:

1. Anschaffung 4.000 M mit	
4 Prozent Zinsen auf fünf Jahre	4.800 M
Ab Verkauf der Jacht mit	2.000 M
Bleiben	2.800 M
Auf fünf Jahre verteilt, ergibt sich hieraus ein erforderlicher Jahresaufwand von	560 M
2. Unterhaltung, Winterlager, kleine Reperaturen	170 M
3. Kosten der Besatzung bei zweieinhalb Monaten Diensttage	800 M
4. Proviant, Material usw. für die Reisen	300 M
Summa	1.830 M

Rechnet man hierzu noch für unvorhergesehene kleine Ausgaben den Betrag von 170 M, so ergibt sich eine Summe von rund 2.000 M oder, wenn man noch vorsichtiger kalkulieren will, 2.500 M aufs Jahr, für die man ein Fahrzeug solcher Größe unterhalten kann. Hat nicht nur der Eigner, was man wohl als selbstverständlich annehmen darf, und was auch bei diesem Anschlag berücksichtigt ist, Interesse genug für seinen Sport übrig, um die Führung selbst zu übernehmen, sondern sind außerdem noch Familienmitglieder vorhanden, die Lust und Neigung haben, an Bord Dienst zu tun, so kann man, mindestens nach dem ersten Jahre, wenn man genügend vertraut mit dem Boot und seiner Handhabung ist, auch recht gut einen Mann der Besatzung entbehren. Die Teilnahme an den Arbeiten an Bord und in noch höherem Maße natürlich die Führung des Schiffes sind auch dem Neuling erfahrungsgemäß hochinteressante Dinge, und selbst Damen stehen oft genug am Ruder einer Jacht oder beteiligen sich auch gelegentlich an der großen Reinigung des Decks wie der tüchtigste Matrose. Tun sich aber etwa drei oder vier jüngere Leute zusammen, um gemeinsam eine solche Jacht zu erwerben, so ist es wohl selbstverständlich, dass sie mit einem Bootsmann auskommen und den seemännischen Dienst selbst tun.

Der Aktionsradius eines solchen Bootes ist in der Praxis nahezu unbegrenzt. Touren durch die dänischen Inseln, nach Schweden und in die herrlichen Fjorde Norwegens sind wohl meist das Ziel unserer deutschen Seesegler. Es steht aber auch einer Reise an die lange nicht ihrer Schönheit entsprechend gewürdigte Küste Schottlands durchaus nichts im Wege, und wenn man besonders vornehm sein will, kann man ja auch zur Cowes Week das schöne Wight mit einem Besuche in der eignen Jacht bedenken. Vor dem Wetter – das mag der angehende Jachteigner sich gesagt sein lassen – braucht man in einem Boot dieser Größe keine Sorge zu haben. Ein wenig Passion und der nötige Sinn für die Schönheit der Natur, die auf See im tobenden Sturm, wenn von den glasigen, grünen Wogen die schneeigen Schaumkronen grüßen, vielleicht noch hehrer hervortritt als in Sonnenlicht und Stille, das ist alles, was nötig, um sich wohl und heimisch zu fühlen auf dem schwimmenden Heim.

Auch den Neubau einer Jacht kann man sich übrigens sehr erheblich verbilligen, wenn man auf die Beteiligung an Wettfahrten verzichtet und allerdings eine von der üblichen abweichende Form des Rumpfes anwendet.

In der amerikanischen Jachtflotte finden wir eine große Anzahl von Fahrzeugen, bei denen – nach dem Vorbilde kleiner Handelsfahrzeuge, bzw. Fischerboote – der U- oder V-förmige Querschnitt des Bootes durch einen solchen aus geraden Linien ersetzt ist. Es sind dies die gewöhnlich nur kleine Dimensionen zeigenden Sharpie mit rechteckigem Querschnitt und der Skippjack, dessen Seitenwände im Verein mit dem Deck ein Fünfeck bilden. Letztere oft Boote von sehr respektablen Dimensionen, und ebenso tüchtige wie sichere und relativ auch schnelle Seeboote.

Der Verzicht auf gewachsene oder künstlich gebogene Spanten, die Möglichkeit, breitere Seitenplanken zu verwenden und viele andere technische Erleichterungen lassen einen solchen Skippjack sich ganz erheblich billiger stellen als ein Boot gewöhnlicher Form. Ein Fahrzeug, mit dem vier nicht allzu verwöhnte junge Leute bequem die ganze Ostsee bereisen könnten, und das bei etwa 9,4 m Länge über Deck 2,8 m Breite und 1,1 m Tiefgang besitzt, dürfte sich, allerdings bei Anwendung des billigsten Materials, für ungefähr 2.000 bis 2.500 M herstellen lassen.

Navigator   *Illustrierte Zeitung, 1909*

Start der großen Schoner während der Kieler Woche 1909. Gezeichnet von Willy Stöwer

In See mit der eignen Jacht

Im Anschluss an unsere Ausführungen über die Kosten, die für die Anschaffung und Unterhaltung einer seegehenden Jacht erforderlich sind, dürfte es für viele Leser nicht unerwünscht sein, auch über das Segeln auf See selbst, den Dienst an Bord, die Handhabung und Navigierung einer Jacht in See und last but not least ihre zweckmäßige Einrichtung einiges zu erfahren. Zunächst sei für den Anfänger einmal festgestellt, dass die ‚Gefahren' der offenen See meist stark übertrieben werden. In freiem Wasser, wo keine Strandung zu befürchten ist, kann ein gut und solide gebautes Fahrzeug kaum ein Wetter finden, dem es nicht gewachsen wäre. Wohl aber erfordert es eine ziemlich große Praxis, wenn man den Aufenthalt in der Kajüte eines kleinen Bootes auch bei schlechtem Wetter noch behaglich machen will, und ganz wird dies überhaupt nur bei Fahrzeugen gelingen, die nicht mehr gerade zu den allerkleinsten gehören.

Wer also seinem inneren Menschen den gelegentlichen Verzicht auf ein warmes Mittagessen nicht glaubt zumuten zu dürfen, der muss schon auf längere Reisen in einer kleinen Jacht verzichten. Ebenso wie Leute, die in Bezug auf nasse Kleidung und Ähnliches allzu empfindlich sind. Andererseits wird es aber kaum jemand bereuen, wenn er dem Versuch, sich mit derartigen Dingen abzufinden, nicht gar zu ängstlich aus dem Wege geht.

Die Grundlagen der Kunst des Segelns selbst muss natürlich beherrschen, wer auf See segeln will, ebenso wie eine genaue Kenntnis der Ausweicheregeln und ähnlicher Dinge aus dem Gebiete der Seemannschaft unbedingt erforderlich sind. Dagegen bewegen sich die erforderlichen Fähigkeiten in der Navigation – dem wissenschaftlichen Teil der Seemannschaft – innerhalb sehr bescheidener Grenzen, selbst bei der Führung schon recht stattlicher Jachten.

Die Kenntnis des Kompasses und seiner Verwendung, die Fähigkeit, Log, Lot und Seekarten richtig und sachgemäß zu benutzen, sowie schließlich einige Erfahrung im Gebrauch des Barometers – das ist im schlimmsten Falle alles, was nötig sein dürfte, um die ganze Ostsee als selbstständiger Führer der eignen Jacht zu bereisen.

Wer im Übrigen noch weitere Reisen machen will und Interesse genug für seinen Sport in sich fühlt, dem kann nur empfohlen werden, von der Möglichkeit Gebrauch zu machen, sich – unter Befreiung von dem für Berufsseeleute erforderlichen Fahrzeitnachweis – das Schifferpatent für kleine Fahrt zu erwerben. Der Besuch einer Navigationsschule ist selbst für den Berufsseemann nicht erforderlich; man kann sich also die nötigen Kenntnisse durch Selbststudium oder durch Privatunterricht daheim erwerben und sich dann irgendwo zum Examen melden.

Tatsächlich beschränken sich die notwendigen navigatorischen Arbeiten in unserem Falle auf das Feststellen des Schiffsortes durch Peilung von Landobjekten, das Absetzten des Kurses in der Karte und eventuell die Aufmachung eines sogenannten ‚gegissten' Besteckes nach gesteuertem Kurs und gelaufener Fahrt. Vor dem ‚Verlaufen' in See braucht man kaum mehr Sorge zu haben als vor den Gefahren des obligaten Seesturmes.

Soweit wie irgend möglich sollte man die nötigen navigatorischen Kenntnisse sich übrigens durch die Praxis und an Deck seiner Jacht zu erwerben suchen. Der schöne Satz von der grauen Theorie gilt kaum irgendwo mehr als auf See, und eine Stunde Anschauungsunterricht bringt den eifrigen Adepten weiter als ein halber Winter über den verschiedenen Lehrbüchern. Ein älterer, erfahrener Skipper wird freilich mindestens im ersten Jahre für den Anfänger eine Notwendigkeit sein, wenn er wenigstens mit einem mittelgroßen Boot und bezahlter Mannschaft längere Reisen in See machen will, und in dieser Lehrzeit muss man eben mit der Stellung eines ‚Eigners' – der bekanntlich auf seiner Jacht oft am wenigsten zu sagen hat – zufrieden sein. Es ist aber in jedem Falle besser, eine solche Lehre durchgemacht zu haben, als ohne sie gelegentlich mit dem vollem Bewusstsein der Verantwortung für Passagiere und Mannschaften in Situationen zu stecken, die für den, der nicht ein ganzer Seemann ist, sehr ernst werden können.

Ruhe und kaltes Blut sind allerdings Eigenschaften, die der Seemann haben oder sich anerziehen muss; und wenn man schon durchaus Angst haben muss, so hüte man sich wenigstens, sie zu zeigen. Im Übrigen aber denke man stets daran, dass man in fünf Metern Wasser ebenso gut ertrinken kann wie in 50; die Sache wird damit nicht, wie viele Leute sich einzubilden, schlimmer.

Neben den erforderlichen seemännischen und navigatorischen Kenntnissen gehört aber auch eine ganz bedeutende Praxis dazu, sich das Leben an Bord zweckmäßig und behaglich zu gestalten, und dabei findet der Anfänger gerade über diesen Gegenstand nur sehr bescheidene Informationsquellen.

Eine große Rolle spielt auf kleinen und mittleren Jachten schon die Einrichtung der Innenräume, und der Neuling merkt meist erst zu spät, wie viel auf diesem Gebiet gesündigt werden kann. In jedem Falle hüte man sich vor überflüssigen ‚Abhärtungs'-Experimenten.

Es hat absolut keinen fördernden Einfluss auf die seemännischen Qualitäten des Betreffenden, wenn er bei einigermaßen rauem Wetter seine Nächte mangelhaft gesättigt und die Wolldecke zwischen den

An Bord einer großen Rennyacht. Gemälde von Willy Stöwer

Zähnen – um das ‚Klappern' zu vermeiden – auf einem nassen, harten Lager verbringt. Denn auch der raueste Seebär tut das mit besonderer Vorliebe bloß in Romanen, in der Praxis nur, wenn er muss – und dann flucht er sehr ausgiebig!

Die Einrichtung der Kajüte, deren Grundlagen durch die Größenverhältnisse gegeben und vom Konstrukteur durch langjährige Praxis richtig und zweckmäßig eingeordnet sind, sei gediegen, aber einfach. Sie vermeide aber auf der anderen Seite nichts, was dazu dienen kann, einen längeren Aufenthalt behaglich zu gestalten. Wird die Hauptkajüte nur als

Schlafraum benutzt, so wird es immer zweckmäßiger sein, die Kojen in Gestalt aufklappbarer Rücklehnen an den Sofas anzubringen, als diese selbst als Schlafplätze zu benutzen. Ohne die geringsten Unbequemlichkeiten ist bei dieser Anordnung der Schlafraum im Augenblick wieder zum Salon avanciert, und, wie gesagt, man sollte nie so weit ‚Seebär' zu werden versuchen, um dies nicht wünschenswert zu finden.

Bilderschmuck gehört nur in die Kajüten sehr großer Jachten. Auf kleineren Fahrzeugen sei die Decke mit weißer oder elfenbeinartiger Lackfarbe gestrichen, an den Wänden und den eingebauten Möbeln diene das rohe Holzmaterial, am besten Mahagoni, in sauberer Politur und mit großen, wenig gegliederten Flächen wirkend, als einziger Schmuck. Teppich und Gardinen – Letztere aus dunklem Stoff mit einfachem Muster oder nur durch die Farbe wirkend – werden die Wohnlichkeit erhöhen.

Ein wunder Punkt ist das Oberlicht der Kajüte auf kleineren Fahrzeugen, und wenn man es entbehren kann, verzichte man gern und willig auf seinen Einbau. In rauem Wetter, wenn die Luft im Schiffsinnern am meisten der Erneuerung bedarf, kommt durch dieses schöne, große Oberlicht zwar weder frische Luft noch Licht in die Räume, dieweil es ‚verschalkt' sein muss – wohl aber Wasser. Ein Oberlicht, das dicht hält, gibt es einfach nicht, und die salzigen Fluten, die, oft in recht ansehnlichen Quantitäten, hier einen Weg ins Innere finden, bilden eine ständige Quelle des Ärgers.

In Bezug auf die ‚Magenfrage' hat die Seefahrt auch mit kleinen Fahrzeugen viel von ihren früheren Schrecken verloren, und bei ausgiebiger und zweckentsprechender Anwendung von Kochkisten und ähnlichen Erfindungen der Neuzeit kann man fast unter allen Umständen wenigstens eine warme Mahlzeit sich selbst bei schlechtem Wetter verschaffen. Für stabiles Geschirr ist natürlich Sorge zu tragen, und auch hier ist es wieder eine zarte Übertreibung, wenn man den bereits zitierten Seeleuten der alten Schule eine besondere Vorliebe für das Trinken der Suppe aus dem ‚Südwester' nachsagt. Als Tafeltuch verwende man auf See eine abwaschbare Wachstuchdecke; denn ein Teil der nicht absolut konsistenten Speisen, und manchmal auch diese, findet immer den Weg auf den Tisch.

Für den Alkoholkonsum stellt man zweckmäßig die Parole auf: Wenig, aber das Beste, was es gibt. Ein gutes, aber sehr gutes Glas Grog ohne allzu starken Wasserzusatz ist nach einer kalten, nassen Deckwache nicht zu verachten und erhöht die Behaglichkeit der Koje ganz ungemein. An Deck selbst ist ein Schluck heißer, starker Kaffee entschieden vorzuziehen.

Hat man Passagiere an Bord, so vergesse man nicht, dass man für ihre Sicherheit mindestens moralisch verantwortlich ist. Für Leute, die nicht daran gewöhnt sind, ist bei schlechtem Wetter und schwerer See das Deck einer kleinen Jacht kein Aufenthaltsort; es sei denn, sie ließen sich festbinden. Eine überbrechende See hat schon, selbst auf größeren Fahrzeugen, manchen seegewohnten Matrosen mit über die Reling genommen, also: Vorsicht und nötigenfalls auch ein wenig Energie.

Dasselbe gilt auch für die etwaige Mannschaft. Ein notwendiges Manöver muss natürlich gemacht werden, auch wenn seine Ausführung gefährlich ist. Man vermeide aber die unnötige Gefährdung von Leben oder Gesundheit der Leute und sorge, wo es möglich ist, auch hier für Sicherheitsvorkehrungen; Leichtsinn und Fahrlässigkeit bei der Handhabung von Booten wie Fahrzeugen ist weder ‚schneidig' noch seemännisch.

Wie ein Kriegsschiff, so soll schließlich auch eine Jacht schon äußerlich ihren Charakter durch die tadelloseste Sauberkeit in jeder Beziehung dokumentieren. Ein liederlich über Bord hängendes Tau oder dergleichen wirkt auf den seemännischen Kritiker genauso wie auf uns an Land etwa die unsaubere Wäsche eines schlecht angezogenen Menschen. Auch die Führung von Fantasieflaggen, das Wehen der Nationalflagge nach Sonnenuntergang und vieles andere gehört zu den Dingen, die der Anfänger sich als grobe Verstöße gegen die seemännische Etikette merken muss.

Ganz leicht und einfach ist es also nicht, wenn man den Posten eines Führers der eignen Jacht ausfüllen will, aber – wohl niemand, der nur einigermaßen Sinn für die unvergänglichen, ewigen Schönheiten der See hat, wird es bereuen, sich gerade diesem Sport zugewandt zu haben. *H. de Méville*

Illustrierte Zeitung, 1909

Vom Motorbootsport

Die diesjährige deutsche Motorbootsaison dürfte sich besonders rege gestalten, da einmal das gesamte Motorbootwesen in Deutschland durch die vom 19. März bis zum 3. April in den Ausstellungshallen am Zoologischen Garten zu Berlin stattfindende Berliner Motorboot- und Motorenausstellung eine bemerkenswerte Förderung erfahren dürfte, und da ferner zahlreiche interessante sportliche Ereignisse auf dem Sommerprogramm enthalten sind. Die Sportsaison wird eingeleitet durch die in Berlin vom 14. bis zum 16. Mai stattfindende Pfingsttourenfahrt des Motorjachtclubs von Deutschland, der zuvor am 1. Mai sein Stiftungsfest feierlich begehen wird. Vom 22. bis zum 29. Mai findet dann das Donau-Meeting statt, dessen Veranstalter der Motorjachtclub von Deutschland, der Österreichische Automobilclub und der Ungarische Yachtclub sind, und am 29. Mai hält ferner der Rheinische Motorjachtclub vor Köln seine Rheinregatta ab. Am 5. Juni veranstaltet der Kaiserliche Automobilclub die Müggelseeregatta, während in der Zeit vom 8. bis zum 12. Juni der Motorjachtclub von Deutschland gelegentlich seines Besuchs der Frankfurter Sportausstellung einen Blumencorso auf dem Main arrangiert. Am 17. Juni folgt die Fahrt des Kaiserlichen Automobilclubs um den Hohenlohe-Preis von Wittenberge nach Hamburg, und den 19. Juni hat sich der Norddeutsche Automobilclub für eine Motorbootregatta in Hamburg reserviert. Am 25., 27. und 29. Juli finden die Motorboot-Wettfahrten gelegentlich der Kieler Woche statt, deren Veranstalter der Kaiserliche Yachtclub und der Kaiserliche Automobilclub sind, während am 26. Juni der Motoryachtclub von Deutschland in Berlin Motorbootgymkhana abhält. Dieser Club veranstaltet auch vom 1. bis 12. Juli die Ostsee-Tourenfahrt für Seekreuzer, worauf am 20., 21. und 23. Juli die Münchner Woche des Bayrischen und des Kaiserlichen Automobilclubs und vom 27. Juli bis 1. August die Bodenseewoche des Motor-Jachtclubs von Deutschland folgen, der ferner noch am 20. und 21. August in Berlin eine Geschwaderfahrt, ebendort am 11. September eine offene Wettfahrt und vom 12. bis zum 18. Oktober eine Tourenfahrt nach Mecklenburg veranstaltet, um am 2. Oktober mit einem offiziellen Abfahren in Berlin die diesjährige Motorbootsaison zu beschließen. Von den ausländischen Motorboot-Konkurrenzen dieses Jahres interessiert vor allem das auch von Deutschland oft beschickte Motorboot-Meeting von Monaco vom 1. bis zum 14. April. Zum Direktor des Motorjachtclubs von Deutschland wurde an Stelle des zurückgetretenen Oberleutnants zur See a. D. Rasch Kapitänleutnant a. D. Schröter gewählt, der die Clubgeschäfte am 1. März übernommen hat. Oberleutnant Rasch, der in seiner bisherigen Stellung ein bemerkenswertes organisatorisches Talent an den Tag legte, hat das Amt des Geschäftführers des Deutschen Luftschifferverbandes angenommen und gleichfalls am 1. März angetreten.

Illustrierte Zeitung, 1910

Neue Kaiserpreise

Wie alljährlich machen, einem schon lange geübten Brauche folgend, der Kaiserliche YC und der Norddeutsche Regattaverein zu Anfang des Jahres Mitteilung von den neuen kaiserlichen Preisstiftungen.

An erster Stelle steht der Ermunterungspreis, der von Seiner Majestät alljährlich an eine der kleineren Klassen von 8 m und darunter verliehen wird. Im vorigen Jahr war er der 6 m-Klasse zugeteilt, was insofern eine günstige Wahl bedeutete, als gerade infolge der Kämpfe um den französischen Eintonnerpokal die 6 m-Klasse sich einer sehr zahlreichen und vortrefflichen internationalen Beschickung zu erfreuen hatte. Der Preis wurde dann auch nach einem schönen heißen Kampf von der englischen Yacht GYPAETOS des Herrn A. G. McMeekin, einer G. U. Lawsschen Konstruktion, erobert. In diesem Jahr ist er für die 5 m-Klasse bestimmt, und da wird wohl an eine internationale Beteiligung kaum zu denken sein, weil von fremden Nationen keine einzige die 5 m-Klasse aufgenommen hat. Der sofort und endgültig zu gewinnende Preis wird gewiss die Ursache werden, dass noch einige Neubauten in der Klasse entstehen werden; soweit uns bis jetzt bekannt, war von vielen Neubauten in der Klasse allerdings bisher noch keine Rede, wohl in der Hauptsache, weil sie die schwere Gegnerschaft der Jollenklasse in erster Reihe auszuhalten hat. Es dürfte wohl auch nur eine Frage der Zeit sein, dass die kleinen 5 m-Yachten zu Gunsten der weit billigeren und mindestens ebenso leistungsfähigen Nationaljollen eingehen werden.

Die beiden Kaiser-Pokale bilden eine alljährliche Stiftung des hohen Schirmherrn des deutschen Segelsports. Sie sind stets für die Wettfahrt von Travemünde nach Kiel bestimmt, und wie in den letzten Jahren hat auch diesmal der Kaiser einen zweiten Preis für die große Klasse A I ausgesetzt, da wohl mit Sicherheit zu erwarten steht, dass wiederum fremde Yachten, insbesondere die vom Vorjahr her bekannte WESTWARD und der englische Neubau erscheinen werden, der nach Fifeschen Rissen auf der Werft der Ailsa Shipbuilding Co. in Troon für Herrn Cecil Whitaker vor kurzem begonnen worden ist, so dass voraussichtlich mindestens außer den drei deutschen Schonern METEOR, GERMANIA und HAMBURG noch zwei fremde am Start erscheinen werden.

Zum zwölften Mal kommt aus des Kaisers freigiebiger Hand der Samoa-Pokal, der unter den alten Bedingungen wieder für die diesjährige Kieler Woche verliehen worden ist. Wie bekannt ist er bisher nur ein einziges Mal, und zwar im Jahr 1902 durch UNCLE SAM des Herrn Francis Riggs ins Ausland gegangen; all die übrigen Jahre ist er in Deutschland verblieben, neunmal haben ihn die Berliner erobert und einmal ist er nach Hamburg (TILLY VI im Jahre 1906) gefallen.

Bei den großen Anstrengungen, die diesmal angesichts der kommenden deutsch-amerikanischen Wettkämpfe gemacht werden, darf man sich wohl auf heiße Kämpfe gefasst machen. In der heutigen Bekanntgabe ist übrigens der vom Kaiser für die deutsch-amerikanischen Wettfahrten gestiftete Hauptpreis nicht angegeben, da es sich nur um ein verabredetes Rennen zwischen den drei deutschen und amerikanischen Booten handelt. Es soll aber seiner hier doch der Vollständigkeit halber Erwähnung geschehen.

Die letzte der kaiserlichen Preisstiftungen ist der 15 m-Klasse gewidmet. In dieser hatte im Jahre 1910 Herr Sanders mit der Yacht PAULA II den im Jahre 1905 vom Kaiser gestifteten Preis zum dritten Mal und damit endgültig gewonnen. Zum ersten Mal wurde der Preis im Jahre 1894 gestiftet, ihn gewann Herr Ad. Büsing mit der Yacht EDDA; der 1897 gestiftete Preis wurde dann von Herrn K. Frisch mit der ausgezeichneten Fifeschen Yacht JOHANNE endgültig gewonnen, und der dann im Jahre 1901 gestiftete Preis wurde im Jahre 1905 von Herrn Kapitänleutnant Pieper mit der stählernen Marine-Wulstkielyacht HERTHA erobert. Die Reihe dieser stolzen Siege schließt augenblicklich PAULA II. Zu-

Kaiser Wilhelm II. bei der Preisverleihung zum Abschluss der Kieler Woche. Gemälde von Willy Stöwer

nächst werden wohl SOPHIE ELISABETH und PAU-
LA als Gegnerinnen der deutschen 15 m-Klasse sich
ihre Kämpfe um diesen Preis liefern, wenn nicht eine
fremdländische 15 m-Yacht in diesem Jahre nach Kiel
kommt, um ihnen die Trophäe streitig zu machen.

Der Norddeutsche Regattaverein gibt außerdem bekannt, dass er in Gemeinschaft mit Hamburger
Freunden des Segelsports eine Anzahl von Geldprei-
sen zum Wettbewerb aussetzt, die als Punktpreise
bezeichnet werden.

Es werden ausgeschrieben:
750 Mark in bar für die 8 m-R-Klasse,
600 Mark in bar für die 7 m-R-Klasse,
500 Mark in bar für die 6 m-R-Klasse,
400 Mark in bar für die 5 m-R-Klasse.
Die Punktpreise sind Extrapreise und werden
in jeder Klasse von derjenigen Yacht gewonnen, wel-

che in den drei Wettfahrten der Hamburger Woche
und den Wettfahrten der Kieler Woche die wenigsten
Punkte erzielt. Yachten, welche nicht starten, nicht
durch das Ziel gehen oder ausgeschlossen werden,
erhalten so viele Punkte, wie die Zahl der für die
betreffende Wettfahrt gemeldeten Yachten ergibt.
Kommen zwei oder mehrere Yachten mit gleicher
Anzahl Punkte für die Preisbewerbung in Betracht, so
erhält von diesen die in der letzten Wettfahrt schnellste Yacht den Preis.

Es wird die Segler interessieren, auch von der
Stiftung dieser Preise am Anfang des neuen Jahres
Kenntnis zu erhalten und sie hoffentlich zu einem
recht regen Besuch der Hamburger Woche anregen.
Wassersport, 1911

Illustrirte Zeitung

Nr. 3550. 137. Bd.   Leipzig, 13. Juli 1911.

Von der Kieler Woche 1911: Der Kaiser an Bord seiner Jacht „Meteor" während des Starts für eine Regatta.

Von der Kieler Woche 1911

Man sagt, dass die Kieler Woche an Bedeutung mehr und mehr abnimmt; und damit hat es, was den in die Augen stechenden allgemein interessanten festlichen Charakter der deutschen Sportperiode und deren Belebung durch die breiten Massen anbelangt, in den letzten Jahren seine Richtigkeit gehabt. Um die Gründe für diese Erscheinung ausfindig zu machen, braucht man nicht allzu weit auszuspähen; es fehlte eben einerseits an den nach außen wirkenden Clous, durch welche Schaulust und Neugierde eines großen Publikums angeregt wird, das von jeher nur zu einem geringen Teil für die Intimitäten des Segelsports Interesse hat, vielmehr zu 90 Prozent durch allerlei neue ‚Attraktionen' lebendig erhalten sein will. Andererseits ist es in Kiel zur Gewohnheit geworden, alles, was der Sommer an zugkräftigen Veranstaltungen in Aussicht stellt, möglichst in der unmittelbaren zeitlichen Umgebung der Sportwoche zusammenzuhäufen und dadurch nicht nur für den Rest der schönen Jahreszeit an der Förde tote Saison zu schaffen, sondern auch das Interesse für die Kieler Woche selbst zu gefährden, statt es zu fördern; eine Wirkung, die sich in diesem Jahre ganz besonders deutlich nachweisen ließ. Denn unmittelbar vor Beginn der sportlichen Wettkämpfe zur See fand gleichzeitig mit dem Norddeutschen Bundesschießen die erste Kieler Flugwoche statt, ein für die deutsche Nordmark mit dem Reiz der Neuheit ausgestattetes, durch die Witterung außerordentlich begünstigtes Ereignis, das nicht allein die gesamte Einwohnerschaft der Reichsmarinestadt tagelang auf den Beinen hielt, sondern auch einen unerhörten Fremdenzugang aus der ganzen Provinz veranlasste.

Indessen, dieses Abflauen des Allgemeininteresses wird gelegentlich wieder einem Auffrischen Platz machen; man braucht nur – woran es gelegentlich des bevorstehenden 25-jährigen Jubiläums der Kieler Woche gewiss nicht fehlen wird – in Zukunft wieder etwas mehr von jenem Um und Bei zu inszenieren, das man im vulgären Jargon als ‚Klimbim' bezeichnet, um auch den Appetit der großen Masse auf das deutsche Wassersportfest von neuem zu reizen. Denn mag die Farbigkeit der Schale an Leuchtkraft eingebüßt haben und des gelegentlichen Aufputzes bedürfen, so ist der Kern der Frucht, der zur Ausübung gelangende Sport selber, nach wie vor durchaus gesund und lebensfähig; eine Tatsache, deren Gültigkeit nicht dadurch beeinträchtigt wird, dass die Zahl der gemeldeten Sportfahrzeuge in diesem Jahre gegenüber der vorjährigen um anderthalb Dutzend zurückgeblieben ist. Denn das ist eine Erscheinung, die sich auf sehr natürlichem Wege begründen lässt. Zunächst nämlich kommt es heute weniger auf die Menge als auf die Qualität der beteiligten Fahrzeuge an, die sich einerseits in den letzten Jahren den neuen Vermessungs- und Klassifizierungsbestimmungen anpassen mussten, so dass sich eine Reorganisation der Jachtflottille vollzogen hat, andererseits aber auch innerhalb dieser Neuorganisation den Fortschritten der Jachtbautechnik dauernd Rechnung zu tragen haben, um mit Aussicht auf Erfolg an den Start gehen zu können. Es ergibt sich daraus ohne weiteres, dass der jeweilige Grad des Interesses am aktiven Segelsport der Kieler Woche nicht nach der Zahl veralteter Fahrzeuge, sondern nach dem Maße zu bewerten ist, in dem er sich auf der Höhe der Zeit zu halten weiß, so genügt die Feststellung, dass sich unter den diesmal gemeldeten 82 Fahrzeugen nicht weniger als 42 Neubauten aus den Jahren 1910/11 befanden, um die innere Lebendigkeit des nebenbei keineswegs billigen, der finanziellen Opferwilligkeit in hohem Maße bedürfenden Segelsports zu erhärten. Der internationale Charakter der Kieler Sportwoche, der sich in diesem Jahr nur durch die Beteiligung von sechs fremden Jachten, je zwei englischen und norwegischen und je einer belgischen und österreichischen, begründete, wird allerdings Gegenstand dauernder Pflege und Förderung seitens der maßgebenden Organe sein müssen; aber abgesehen davon, dass eine freundlichere Gestaltung

Während der amerikanisch-deutschen Sonderklassen-Wettfahrten 1911

der deutsch-englischen Beziehungen auf politischem und wirtschaftlichem Gebiet eine nach und nach wieder zunehmende Beteiligung der im internationalen Sportbetriebe so überaus wichtigen britischen Flagge gewährleisten dürfte, fiel in diesem Jahre die Tatsache stark ins Gewicht, dass der in den letzten Jahren auf der Kieler Förde ausgefochtene Kampf um den französischen Eintonner-Pokal, der auch der Kieler Woche eine Reihe ausländischer Yachten zuführte, in diesem Jahr in den schwedischen Gewässern zum Austrag gelangt und die Beteiligung namentlich der skandinavischen Reeder an unserer Sportwoche, zu der im Übrigen mehr als 30 Sportclubs erschienen waren, merklich beeinträchtigte.

Es ist das im Interesse der ferngebliebenen Segler selbst zu bedauern; denn was in diesem Jahr in Kiel am Start auf Hafen und Förde erschienen ist, wird sich kaum einer Kieler Woche erinnern, in welcher der Sport sich eines so ununterbrochenen Wetterglücks zu erfreuen gehabt und demgemäß durchgehend einen so einwandfreien Verlauf genommen hat wie in den verflossenen Junitagen. Das bedeutsamste Resultat, das die letzte Kieler Woche unter solchen Umständen gezeitigt hat, ist in der Klasse der großen Schoneryachten die unbestreitbare Überlegenheit des kaiserlichen METEOR. Im vorigen Jahre keineswegs auf der Höhe, hat er neuerdings eine Erweiterung seiner riesigen Segelflächen um rund 80 qm erfahren und ist in dieser Form zu einem erstklassigen Fahrzeug geworden, das schon auf der Unterelbe seinen ersten Preis gemacht hatte und in der Kieler Woche mit Ausnahme der Regatta Kiel-Eckernförde, die sein

Schwesterschiff GERMANIA an der Spitze sah, stets als erste Yacht durchs Ziel gegangen ist.

Die Freude an diesen schönen Siegen war umso größer, als es sich zugleich um einen Erfolg des deutschen Jachtbaues gegenüber dem englischen handelte. Über die Leistungsfähigkeit der neuen englischen WATERWITCH, die von Mr. G. Cecil Whitaker für die Kieler Woche gemeldet worden war, gingen in Sportkreisen Gerüchte um, die, von offiziöser Seite unterstützt, ein Fahrzeug von der Art des vorjährigen amerikanischen Allbezwingers WESTWARD in Aussicht stellten. Schon auf der Elbe wurde die Wirkung des Schreckschusses jedoch brüchig; METEOR errang dort über die Engländerin seinen ersten Sieg, und wenn damit die Frage nach der Überlegenheit der einen oder anderen Jacht gleichwohl noch nicht ent-

schieden war, weil WATERWITCH wegen Grundstoßes hatte aufgeben müssen, so wurde diese Entscheidung auf den beiden ersten Kieler Seeregatten über die 34-Meilen Bahn umso einwandfreier gebracht. Auf diesem ging METEOR jedesmal eine gute Viertelstunde vor der ‚Wasserhexe' durchs Ziel, gefolgt von der GERMANIA, die ebenfalls noch so weit vor der Engländerin lag, dass diese ihr trotz des Anspruchs auf eine Vergütung von vier Minuten auch den zweiten Preis lassen musste. Damit war ein Erfolg des deutschen Yachtbaues festgestellt, der nicht durch die Tatsache geschmälert, sondern vielmehr nur glänzender gestaltet wurde, dass WATERWITCH keineswegs ein unbrauchbares Fahrzeug ist, sondern im Racing umso vorteilhaftere Formen annahm, je mehr sie während der Kieler Woche in Trimm kam. Schon

Empfang während der Kieler Woche 1911 mit dem Kaiser

Bierabend in Borby in Anwesenheit des Kaisers am 27. Juni 1911

auf der Fahrt von Kiel nach Eckernförde über 46 Seemeilen, auf welcher GERMANIA vor METEOR ans Ziel ging, musste dieser der an dritter Stelle einlaufenden Engländerin, die diesmal fünf Minuten 22 Sekunden Vergütung zu beanspruchen hatte, den zweiten Preis lassen, den sie tags darauf auch im Handicap Eckernförde-Kiel gewann. Noch günstiger aber schnitt WATERWITCH auf der letzten, 77 Seemeilen langen Wettfahrt nach Travemünde ab, auf der sie gegen den als absolut schnellster Schoner durchs Ziel gegangenen METEOR neun Minuten Vergütung hatte, davon aber nur gut fünf beanspruchte, um an zweiter Stelle den ersten Preis zu gewinnen. Leider verscherzte die englische Yacht ihren Sieg nach erledigtem Rennen, indem sie unbedachterweise zum zweiten Mal die Ziellinie passierte und den Segelbestimmungen gemäß distanziert werden musste, so dass METEOR auch hier den ersten, die in diesem

Falle absolut geschlagene GERMANIA den zweiten Preis gewann. In der A 2-Klasse ging der KOMET, der einstige erste METEOR, einsam durch alle Rennen, während die 19 m-Klasse, in der die Marineyacht ASTOR zwar gemeldet hatte, aber nicht am Start erschien, völlig ausfiel, die Wettfahrten der 15 m-Klasse sich lediglich als sportlich freilich hochinteressante Duelle zwischen zwei schneidigen Kuttern, der Hamburger PAULA und der Bremer SOPHIE ELISABETH, darstellten, von denen die Letztere die Mehrzahl der Siege nach heißen Kämpfen davontrug. Auch die 12 m-Klasse brachte nur zwei Yachten auf die Bahn, von denen der norwegische ROLLO dem Schleswiger SKNAF allemal schon am Start auf Nimmerwiedersehen davonlief. Gut besetzt war die 10 m-Klasse mit fünf Booten, von denen sich die Grünauer FEINSLIEBCHEN und die Kieler PESA je zwei erste Preise holten, einen der Travemünder ERIKA überlassend, während die 9 m-Yacht ARIADNE mit ihrem Konkurrenten NEBO durchweg leichtes Spiel hatte. Die häufigste Gelegenheit zum Starten hatte, wie gewöhnlich, die mit acht bis zehn Booten besetzte 8 m-Klasse, die sowohl die Regatten der ‚Großen' wie diejenigen der ‚Kleinen' mitsegelten; am günstigsten schnitt die Hamburger WOGE ab, der anfangs der norwegische TAIFUN, zum Schluss der Potsdamer STINT scharfe Konkurrenz machte. Unter den drei gemeldeten 7 m-Yachten machte die aus dem Vorjahr berühmte MELUSINE auch diesmal wieder sämtliche Preise, von denen ihr der neue Hamburger BLITZ allerdings den einen und anderen streitig gemacht haben würde, wenn der Besitzer dieses schneidigen Fahrzeugs nicht die rechtzeitige Meldung versäumt hätte und daher nur zum Mitsegeln außer Wettbewerb zugelassen worden wäre. Was sodann die mit zehn Yachten besetzte 6 m-Klasse anbetrifft, so war hier das vorjährige Hamburger WINDSPIEL Favorit, das von den ersten Preisen nur an SCHELM und HARALD, ebenfalls Hamburger, abgab. Um die zweiten Preise bewarb sich mit gutem Erfolg die Österreicherin GEFION, wohingegen der im vorigen Jahr so siegreiche englische SYPANTOS diesmal nicht in Form war und sich mit einem vierten Preise begnügen musste. Unter den fünf 5 m Yachten zeigte der Hamburger BAJAZZO souveräne Überlegenheit und nahm sämtliche fünf erste Preise, die Mehrzahl der zweiten Preise dem ebenfalls Hamburger PANTHER überlassend. Interessant war in diesem Jahr der Verlauf der Sonderklassenwettfahrten, die 14 Konkurrenten an den Start führte, darunter den von Prinz Adalbert gesteuerten JACK, der jedoch ungünstig abschnitt. Dagegen gewann die Hamburger TILLY XIV schon auf der zweiten der vier vorgeschriebenen Wettfahrten den Samoa-Pokal des Kaisers und den Armour-Pokal, und da die demselben Besitzer gehörige TILLY X den Kronprinzen-, den Prinzessin-Heinrich- und den Extrapreis gewann, so

trat der seltene Fall ein, dass sämtliche fünf Ehrenpreise der Klasse an die Familie Krogmann entfielen, die Hamburger Gastfreunde des Prinzen und der Prinzessin Heinrich, die in Abwesenheit ihres Gemahls sämtlichen Wettfahrten der Sonderklasse auf der Dampfyacht CARMEN beiwohnte. Aber so hervorragend die TILLY XIV sich auch auf diesen zurzeit rein nationalen Regatten erwiesen hatte, so wenig vermochte sie sich trotz heißen Bemühens in den amerikanisch-deutschen Wettkämpfen um den Kaiser-Wilhelm- und den Prinz-Heinrich-Pokal durchzusetzen, mit denen die Kieler Woche diesmal eingeleitet wurde. Dass man mit den drei Yachten TILLY, WANNSEE und SEEHUND deutscherseits die im ganzen richtigen Boote ins Treffen geschickt hatte, bewies deren Lage an der Spitze des Feldes auf den genannten Wettfahrten der nationalen Sonderklasse; aber gegen die drei amerikanischen Kämpen BIBELOT, BEAVER und CIMA war das deutsche Material trotz guter Führung machtlos. Auf sämtlichen fünf Wettfahrten gingen die drei Amerikaner mit Entschiedenheit vor den drei Deutschen durchs Ziel, bis schließlich BIBELOT nach einem dritten Sieg den Kaiser-Pokal, BEAVER als Zweiter den Prinz-Heinrich-Preis davontrug.

Auch abgesehen von den drei tüchtigen Nussschälchen war das äußere Bild der Kieler Woche in diesem Jahre stark amerikanisch gefärbt. Denn nicht nur von den Dampfyachten NAHAMA der Mrs. Goal, UTOUWANA des Mr. Armour und CORSAIR Pierpont Morgans, lauter treuen Stammgästen der deutschen Sportwoche, wehte das Sternenbanner, sondern auch vom Heck der vier Schiffe des dem Kommando des Admirals Badger an Bord des Flaggschiffs LOISIANA unterstehenden amerikanischen Dreadnought-Geschwaders, das mit dem mächtigen Kohlenprahm CYCLOP rechtzeitig eingetroffen war, um das Milieu beleben zu helfen.

Illustrierte Zeitung, 1911

Inserat in der Zeitschrift Wassersport, 1911

Die internationale R-Yacht-Flotte

Vor wenigen Tagen ist die neue Ausgabe von Lloyds Yacht-Register für das Jahr 1911 erschienen. Dieses für alle Interessenten des Yachtsegelns unentbehrliche Nachschlagewerk, das mit bewundernswerter, stets gleichbleibender Sorgfalt bearbeitet ist, enthält eine solche Fülle des Brauchbaren und Wissenswerten, dass man dem Herausgeber nur die vollste Anerkennung zollen muss, umsomehr als er ganz sicher keinen irgendwie nennenswerten Geldgewinn dadurch erzielt.

Unter den zahlreichen statistischen Zusammenstellungen dürfte besonders interessieren, dass die Anzahl der im Register enthaltenen Yachten sich auf 7.503 mit einem Tonnengehalt von 366.856 Tonnen beziffert (gegen 7.499 Yachten mit 374.925 Tonnen im Vorjahre). Die Zahl der reinen Segelyachten hat etwas abgenommen, denn sie beträgt 5.025 mit 85.950 Tonnen gegen 5.119 mit 91.091 Tonnen im Jahre 1910. Dagegen hat die Zahl der Dampf- und Motoryachten einen Fortschritt gemacht, denn sie beziffert sich jetzt auf 2.478 mit 280.906 Tonnen gegen 2.380 mit 283.834 Tonnen 1910.

Von besonderem Interesse ist aber das Anwachsen der neuen internationalen R-Yachten-Flotte, das aus der umstehenden Tabelle genauer ersichtlich ist. Sie zeigt das überraschende Ergebnis, dass zurzeit nicht weniger als 530 R-Yachten vorhanden sind, von denen 164 unter deutscher Flagge stehen, so dass Deutschland, was die absolute Zahl anbetrifft, weitaus an erster Stelle steht und das ihm am meisten nahekommende England doch noch ganz erheblich überflügelt hat. Freilich behauptet England in den größeren Klassen immer noch den Vorrang, aber von 10 m abwärts marschiert Deutschland überall weit voran. Das ist insofern bemerkenswert als daraus der feste Wille der deutschen Seglerwelt ersichtlich ist,

Die internationale R-Yacht-Flotte.

Klasse	England	Deutschland	Frankreich	Spanien	Italien	Österreich-Ungarn	Belgien	Niederlande	Dänemark	Norwegen	Schweden	Rußland	Argentinien (auch Schweiz, Egypten)	Zusammen
23 m	2	—	—	—	—	—	—	—	—	—	—	—	—	**2**
19 „	4	—	—	—	—	—	—	—	—	—	—	—	—	**4**
15 „	5	2	1	4	—	—	—	—	—	—	—	—	—	**12**
12 „	8	2	1	—	—	1	—	3	—	4	1	3	2	**25**
10 „	2	14	2	6	—	—	—	1	—	4	6	3	1	**39**
9 „	—	10	—	—	—	—	—	—	—	3	5	2	—	**20**
8 „	19	40	17	5	4	4	2	2	3	7	8	5	2*)	**119**
7 „	8	27	—	10	—	—	—	—	8	16	6	—	—	**75**
6 „	29	39	33	9	9	11	8	6	11	24	12	4	2†)	**198**
5 „	1	30	—	—	—	—	—	—	1	4	—	—	—	**36**
	78	**164**	**54**	**34**	**13**	**16**	**10**	**12**	**23**	**62**	**38**	**17**	**7**	**530**

*) Und 1 Egypten. †) Und 1 Schweiz.

sich durch keinerlei unrationelle Seitensprünge von dem Ausbau seiner Rennyacht-Flotte abbringen zu lassen, sondern alle sportlichen Kräfte in der international verabredeten Richtung geltend zu machen bestrebt ist. Jedenfalls ist auch daraus ersichtlich, dass die Pflege unserer beiden Nebenklassen, der Sonderklasse und der nationalen Jollenklasse, dem Ausbau unserer internationalen R-Flotte keinen Schaden zugefügt hat.

Das Ergebnis dieser nüchternen Zahlen-Aufstellung hat anscheinend in England einen sehr niederdrückenden Einfluss ausgeübt. Man gesteht sich ein, dass man kostbare Zeit versäumt hat, dass man nicht genügend straff genug den Ausbau des Regattawesens betrieben hat, und dass es lebhafter Anstrengungen bedürfen wird, um den deutschen Vorsprung wieder wettzumachen. Man verhehlt sich offenbar

nicht, dass das Wachstum der deutschen Rennyachtflotte gerade in den kleineren Klassen unter 10 m, welche die Domäne der Herrensegler bilden, unendlich viel mehr sportlichen Wert besitzt, als die Unterhaltung der 23- oder 19 m-Klasse, in welcher der Amateur nichts, der berufsmäßige Yachtsegler alles bedeutet. Die nordischen Nationen haben sich in ähnlicher Weise betätigt und auch bei ihnen befindet sich der Herren-Segelsport in einem ähnlich blühenden Zustand wie in Deutschland. Nur durch die ständige Pflege des Herrensegelns in kleinen Yachten lässt sich der Segelsport auf die Dauer erhalten; solange der bezahlte Mann in der Kleinsegelei nur eine ganz bescheidene Rolle spielt, solange wird auch der Segelsport niemals Mangel an Nachwuchs und unternehmungslustiger Jugend haben.

Wassersport, 1911

Die Österreichisch-Deutsche Elbe-Motorbootfahrt

Der glänzende Verlauf der vorjährigen Donaufahrt von Regensburg nach Wien hat deren Veranstalter, die Motor-Jachtclubs von Deutschland und Österreich, veranlasst, auch in diesem Jahre ein ähnliches Unternehmen zu organisieren: die Österreichisch-Deutsche Elbefahrt, die am 17. Mai mit einer Ausstellung der konkurrierenden Boote in Leitmeritz ihren Anfang nahm und am 25. Mai in Berlin endigte. Es war wiederum eine reine Tourenfahrt, die Bewertung erfolgte ohne Rücksicht auf die Geschwindigkeit lediglich nach der Zuverlässigkeit.

Die Entfernung zwischen Leitmeritz und Berlin beträgt etwa 500 km, die in sieben Tagen zurückzulegen waren. Etappenstationen bildeten die Städte Aussig, Schandau, Dresden, Wittenberg, Magdeburg und Brandenburg, wo die Fahrtteilnehmer überall mit großer Herzlichkeit aufgenommen wurden. Meist waren sie Gäste der Stadtverwaltungen, und die Feste wollten kein Ende nehmen. Ihren Höhepunkt erreichten diese am 21. Mai in Dresden bei dem Empfangsabend im Neuen Rathaus, dem ein vom Königlich

Sächsischen Automobilclub gegebenes Frühstück in Posta bei Pirna, dem Startplatz für die als Sonderveranstaltung eingelegte Vorgabewettfahrt Pirma-Dresden, voranging.

Dreiunddreißig Boote haben in Leitmeritz die Startlinie überschritten und sind auch bis auf wenige in Berlin durchs Ziel gegangen, ein mit Rücksicht auf die Verschiedenartigkeit des Bootmaterials – neben kleinen ungedeckten Booten, die mehr für kurze Spazierfahrten als für eine Reise von 500 km bestimmt schienen, sah man seegehende Motoryachten von respektablen Dimensionen – doppelt beachtenswertes Resultat, das seine Einwirkung auf die Verwendung des Benzinmotors in der praktischen Schifffahrt nicht verfehlen wird. Den meisten Teilnehmern brachte die Fahrt auch insofern etwas Neues, als sie ihnen die Bekanntschaft mit den landschaftlichen Schönheiten im oberen Lauf der Elbe vermittelte. In gesellschaftlicher Beziehung bot die von Vizeadmiral Aschenborn und Dr. Latin musterhaft geleitete Veranstaltung ebenfalls viele anregende Momente.

Illustrierte Zeitung, 1911

"Eure Majestät! Aus kleinen Anfängen hat sich der Kaiserliche Jachtclub zu dem emporgearbeitet, was er heute bedeutet. Das Werk, das Eurer Majestät Großvater und Eurer Majestät Vater begann, das haben Eure Majestät weitergeführt und ausgebaut. Eurer Majestät fällt unbestreitbar das Verdienst zu, das deutsche Volk auf das Wasser gezogen zu haben, sei es bezüglich der Kriegsmarine oder der Handelsmarine oder des Sports, der uns hier heute abend in erster Reihe interessiert und beschäftigt. Wenn es Eurer Majestät nicht immer gelungen sein sollte, stets als Erster durchs Ziel zu kommen, so möchte ich darauf aufmerksam machen, dass eure Majestät unser Lehrmeister war, und dass Eure Majestät sich Schüler zu eifrigen und erfolgreichen Konkurrenten erzogen hat. Wir wollen daher dankerfüllten Herzens am heutigen Jubiläum, dem 25. Jubiläum des Kaiserlichen Jachtclubs, Eurer Majestät unsere Verehrung und Dankbarkeit für alles aussprechen, was Eure Majestät auf dem Gebiete des Sports und für den von Eurer Majestät gegründeten Kaiserlichen Jachtclub getan haben. Mir liegt es ob als Vizekommodore, Eurer Majestät unseren tief empfundenen, herzlichen, aufrichtigen Dank zu Füßen zu legen."

Prinz Heinrich von Preußen 1912 anlässlich des 25-jährigen Bestehens des Kaiserlichen Yachtclubs an seinen Bruder Wilhelm II. gerichtet

Kaiser Wilhelm auf der Brücke der Dampfyacht HOHENZOLLERN. Zeichnung von Willy Stöwer

HAUSBOOTE

„Wasser hat keine Balken!" Diesen Warn-
ruf unserer Eltern fängt Deutschland endlich an
zu vergessen, und mit Macht regt sich das Interesse, das Verständnis und die Liebe zum feuch-
ten Element. Wie so vieles, was der Gesundheit
und dem frohen Lebensgenuss dient, lernten wir
das Leben auf dem Wasser vom meer-
beherrschenden Albion.

Wer die Ufer der Themse oberhalb Lon-
dons kennt, der wird entzückt erzählen können
von der dort verankerten Reihe flacher prahm-
artiger Fahrzeuge, in deren blumengeschmück-
ten Aufbauten, von Sonnenzelten beschützt,
sich allsommerlich ein friedliches, fröhliches
Gesellschaftsleben abspielt. Hier hausen ganze
Familien im kühlen Schatten der malerischen
Baumriesen, leise rauscht der Fluss unter den
Fenstern der schwimmenden kleinen Villen,
und aus ihrem Innern dringt Musik und Gesang
zum vorbeihuschenden Kanu oder Punt hin-
über. Abends entwickelt sich auf den geräumigen Decken ein reges Leben. Im luftigen Sport-
kostüm genießt man die kühlende Wärme des Wassers, von Boot zu Boot geht der Verkehr in den
zierlichen Ruder- oder Motorbooten, und bei Tanz
und Gläserklang gedeiht der Flirt unter Lampion-
beleuchtung oder dem Glanze elektrischer Glühbirnen.
Ist man des Ankerplatzes, der gewohnten Gesellschaft und Nachbarschaft überdrüssig, so spannt man
sein Motorboot oder einen Schleppdampfer vor sein
Wasserschloss en miniature, lässt sich weiter stromauf

schleppen durch die Schleusen in einsamere Gegenden und wählt einen anderen Liegeplatz. Seit Jahrzehnten hat sich dort auf diese Weise ein ganz be-
stimmter Typ herausgebildet, der für die obwaltenden
Verhältnisse zweckmäßig ist. Richtige kleine Holz-
häuschen mit plattem Dach, erbaut auf flach-
tauchender, niedrigbordiger Plattform. Oft findet man
sogar zweistöckige Hausboote mit Erkern und Veran-
den und einer ‚Dependance' auf besonderem Floß für
Küche und Dienerwohnung, und man kann ein solches Anwesen mieten, genau wie eine Wohnung auf
dem festen Lande.

Zwar ist Old England keineswegs Erfinder dieser Art zu leben. Die praktischen Briten haben es nur
verstanden, den genialen Gedanken, durch den Noah
die gesamte lebendige Kreatur unserer Mutter Erde
durch die Sintflut gerettet hat, für ihre Zwecke nutzbar zu machen. Dabei hielten sie sich auch an die
Vorbilder, die ihnen in gewisser Beziehung in China
die ‚Blumenboote' des Jangtsekiang und auf dem Nil
die Dahabijen der alten Ägypter gaben. Schon Kleo-
patra und Nero wussten bekanntlich zu leben.

In Deutschland sah man vorn alters her derartige Bauwerke nur in denkbar einfacher Ausführung
auf der Donau, sogenannte Ulmer Schachteln, die,
besonders von Regensburg aus, als schwimmende Post-
kutschen den Strom bis ins Türkenland hinabtrieben.
Auch kann man die schwimmenden Hütten, welche
bei Kanalbauten und Flussregulierungen den Arbei-
tern Unterkunft geben, sowie auch die Brettervor-
schläge der Flößer, welche die großen Holztraften den

Rhein und die Weichsel herabbringen, als Vorläufer der Hausboote betrachten. Hier und da verwendet man ein ausrangiertes Seeschiff als Restaurationsraum oder als Clubheim für einen Wassersportverein, der am Lande keinen geeigneten Platz finden – oder bezahlen – kann.

Erst in neuerer Zeit aber, nachdem der Wassersport die Poesie und die Schönheit unserer deutschen Gewässer entdeckt hatte, fanden auch weitere Kreise Geschmack am Wohnen auf dem Wasser. Besonders auf den Seen westlich von Berlin erblickt man hier und da ein Hausboot, in traulicher Bucht verankert.

Der nur für schmale Gewässer berechnete englische Typ ist jedoch bei uns nicht durchgängig vertreten. Wegen des Seeganges, der leicht die flachgehenden, niedrigbordigen Prahme vollschlagen kann und beim Anprall gegen die vierkantigen Seiten auch die Nachtruhe stört, kann man sich nicht an den Ufern der großen Seen festbinden, sondern muss sich in einiger Entfernung davon verankern, um je nach der Windrichtung um seinen Anker schwingen zu können. Auch ist es aus diesem Grunde vorteilhaft, wenn auch kostspieliger als ein vierkantiger Prahm, dem Untergestell mehr die Form eines Schiffes zu geben.

Es hat sich daher bei uns neben dem englischen Wohnprahmtyp ein Mittelding von Hausboot und Motorboot herausgebildet; ähnlich wie er auch in Nordamerika sehr in Aufnahme gekommen ist, das in Bezug auf die physische Formation des Landes fast gleiche Verhältnisse wie unsere Heimat aufweist. Dass bei der Schaffung des neuen Typs auch die hohe Vervollkommnung des Explosionsmotors mitgewirkt hat ist selbstverständlich.

An Stelle des schwer fortzubewegenden Prahms tritt ein möglichst flachgehendes Motorboot, das bequemes Landen und auch die Befahrung kleinster

Blick in den Salon eines größeren Hausbootes

Flüsse erlaubt. Seine Breiten- und Höhenabmessungen sind so gehalten, dass man mit ihm die Brücken- und Schleusenprofile der Gegenden passieren kann, die man zu befahren gedenkt. Je nach Größe und Form des Rumpfes ist der Aktionsradius gezogen.

Die kleine Kajütmotorjacht, die für kleine, bescheidene Lebensführung notdürftigen Unterschlupf gewährt, die seegehende Dampfyacht, die eine Reise um die Welt nicht zu scheuen braucht, alle sind im Grunde ja ‚Hausboote' oder ‚Wohnschiffe'. Ich will indessen hier nicht den Grundsatz verfechten, dass in der kleinsten Hütte Raum für ein glücklich liebendes Paar ist. Andererseits möchte ich mich jetzt nicht befassen mit den Palästen, die über den Ozean jagen, und die mit ihren Tausenden von Bewohnern nicht mehr den Namen eines Hauses, sondern mehr den einer schwimmenden Stadt verdienen. Ich möchte den Leser einführen in eine nette kleine Sommerwohnung für eine nicht zu zahlreiche Familie; und zwar schlage ich vor, zuerst einen Freund zu besuchen, der sein Heim auf einem Flüsschen geschlagen hat in einem Hausboot vom alten englischen Schlage, ähnlich wie der in umstehender Abbildung eines Hausbootes im Prahm-Typ wiedergegebene Entwurf.

Mit der Eisenbahn sind wir hinausgefahren aus dem Dunste der Weltstadt und haben bald einen kleinen Waldweg gefunden, der uns zur Uferwiese führt. Unter einer Erlengruppe versteckt leuchtet uns die in lustigen Farben prangende Arche Noah meines Freundes entgegen, der, einem mittelalterlichen Raub-

Eignerkabine eines größeren Hausbootes mit anschließendem Badezimmer

ritter gleich, auf Anruf und Losungswort die Ziehbrücke, in diesem Falle einen schmalen Laufsteg, zum Uferrand herunterlässt.

Im behaglich mit Korbmöbeln, Blumen und ein paar Perserteppichen geschmückten Vorraum begrüßt uns der Eigner und führt uns in das Wohnzimmer, das zugleich als Speisesaal gilt. Die hell getäfelten Wände, die kleinen, mit weißen Mullgardinen verhangenen Fensterchen, die zierliche, durchdachte Anordnung der Möbel täuschen darüber hinweg, dass ich die Decke fast mit den Händen berühren kann, und dass auch im Übrigen die Abmessungen der Räume derart sind, wie sie sonst nur in sehr ‚beschränkten' Verhältnissen gefunden werden. Ein Piano, eine gemütliche Plauderecke mit vielen Kissen lassen es völlig vergessen, dass wir auf einem Schiffe sind. Ungehindert flutet Wald- und Wiesenluft durch die weit geöffneten Schiebetüren zum einladend gedeckten Teetisch, und die vom Wasser reflektierte Sonne malt zitternde Muster auf die weiß gemalte Decke und die Wände, die wie mit Seide bespannt erscheinen. Nach rechts und links zweigen sich Türen ab, die einerseits in die Küche, die Dienerschafts- und Vorratsräume führen, anderseits in die luftigen kleinen Schlafkabinen, in denen die Betten aus Rücksicht der Raumersparnis wie auf den Passagierdampfern oder in den Schlafwagen der Eisenbahn übereinander angeordnet sind.

Wer es nicht vorzieht, mit kühnem Kopfsprung vom Boot aus im Flusse seine Morgenreinigung vorzunehmen, der findet ein niedliches Badezimmerchen,

Auf dem Deck eines Hausbootes. Zeichnung von Otto Protzen

das sogar von der Küche aus durch eine Heizschlange mit warmem Wasser gespeist werden kann. Für Trinkwasser sorgt, falls ein mildtätiger Wasserleitungsbesitzer nicht in der Nähe, ein Filter der auch das schlechteste Wasser bald keimfrei und kühl macht.

An so genannten Backspieren, das sind ungefähr 2 bis 3 m lange Stangen, die seitlich vom Hausboot herausragen, sind die Beiboote befestigt, die jederzeit zu einer kleinen Vergnügungsfahrt, zum Einholen der Küchenvorräte oder zum Abholen der Gäste vom Bahnhof bereit sein müssen.

Eine kleine Treppe an der Außenwand, die beim Passieren von Brücken abnehmbar ist, führt hinauf zum Dach, das durch Sonnenzelt, Tische und Stühle nach Geschmack zum Verweilen eingerichtet werden kann. Zweckmäßig ist es, einige Zentimeter über dem eigentlich natürlich ganz regendicht zu erbauenden Dach, das wegen des Wasserablaufs eine kleine Wölbung oder Abschrägung haben muss, ein zweites, ganz ebenes Deck aus Latten zu legen, um einerseits den Sonnenbrand etwas abzuhalten und

kühlenden Durchzug zwischen beiden Decken zu ermöglichen; andererseits um das Geräusch der Schritte zu dämpfen, wenn ein Teil der Bewohner sich oben ergeht, während der andere in den Zimmern weilt. Auch Doppelwände, womöglich mit Korkplatten ausgefüttert, wirken sehr segensreich, um Temperaturschwankungen zu vermindern und Geräusche von Raum zu Raum abzuhalten.

Ich kenne entzückende kleine Fahrzeuge, die mit Liebe und Geschmack für 3.000 M hergestellt sind; nach oben ist natürlich keine Preisgrenze zu ziehen. Die Einrichtung und die Abmessungen einer solchen Villa richten sich ganz nach dem Raumbedürfnis, nach den Brücken und Schleusen, die man passieren will oder muss, und selbstverständlich nach dem Geldbeutel des Bestellers.

Diese ganze Art des Wohnens unterscheidet sich fast in nichts vom gewohnten Leben auf dem festen Lande, oder besser auf einer kleinen Insel; nur besitzt man die Annehmlichkeit, für den Grund und Boden seines Hauses kein Geld ausgeben zu brauchen, da, wenigstens auf allen öffentlichen Wasserstraßen, der Verkehr bisher noch für jedermann frei ist. Nur wäre eventuell erforderlichenfalls dem Besitzer der Zugangsstelle zum Wasser eine kleine Entschädigung zu leisten.

Ein solcher Wohnprahm ist demnach das Ideal eines beschaulichen Ruhesitzes, die unübertreffliche Gelegenheit für ein dolce far niente. Wem aber ein solches Leben nicht behagt, wer sich nebenbei Land und Leute beschauen will, oder wem keine ständige Liegestelle an schmalen Gewässern zur Verfügung steht, dem rate ich zu dem andern Typus, zur Anschaffung eines mehr oder weniger großen Motorbootes, womöglich mit Hilfsbesegelung, dessen Schwergewicht auf äußerste Bequemlichkeit der Einrichtung, weniger auf Erzielung großer Geschwindigkeit gerichtet ist. Natürlich ist ein derartiges Fahrzeug bei gleicher Bequemlichkeit wie im Prahmtyp viel teurer, da die Bootsform eleganter und fester, wohl am besten aus Stahl mit Stahlspanten, hergestellt werden muss und der Motor sowohl einen besonderen Raum als auch Anschaffungs- und Unterhaltungskosten und Bedienung erfordert.

Dafür steht dem Besitzer, wenn er ein Freund des Reisens ist, aber auch die Welt offen. Bekanntlich sind die schönsten, vom Schwarm der Ausflügler nicht erreichbaren Gegenden in Bezug auf Verpflegung und Wohngelegenheit stets stiefmütterlich bedacht. Aber was tut dies, wenn man sein eignes Heim mit sich führt, wenn man Küche und Keller auf Tage und Wochen verproviantiert hat und auf diese Weise unabhängig ist vom lästigen, geräuschvollen Gasthofleben und vom Einkauf des täglichen Bedarfs! Milch und Brot gibt's überall; und Gemüse, wenn auf dem Lande nicht erhältlich, ist in Konserven bequem mitzunehmen. Fleisch, Butter und Obst halten sich lange im Eiskasten. Der Motor treibt zugleich eine Dynamomaschine, und diese speist die Akkumulatoren, in denen ein Vorrat von elektrischer Beleuchtung aufgespeichert und stets erneuert werden kann. Ein Spirituskamin sorgt an rauen, stürmischen Abenden für trauliche Wärme und das Gefühl häuslicher Behaglichkeit. Reichliche Benzintanks, die im Zeitalter des Automobilismus überall frisch aufgefüllt werden können, geben uns einen unbeschränkten Aktionsradius, und vermöge des geringen Tiefgangs ist für uns jeder

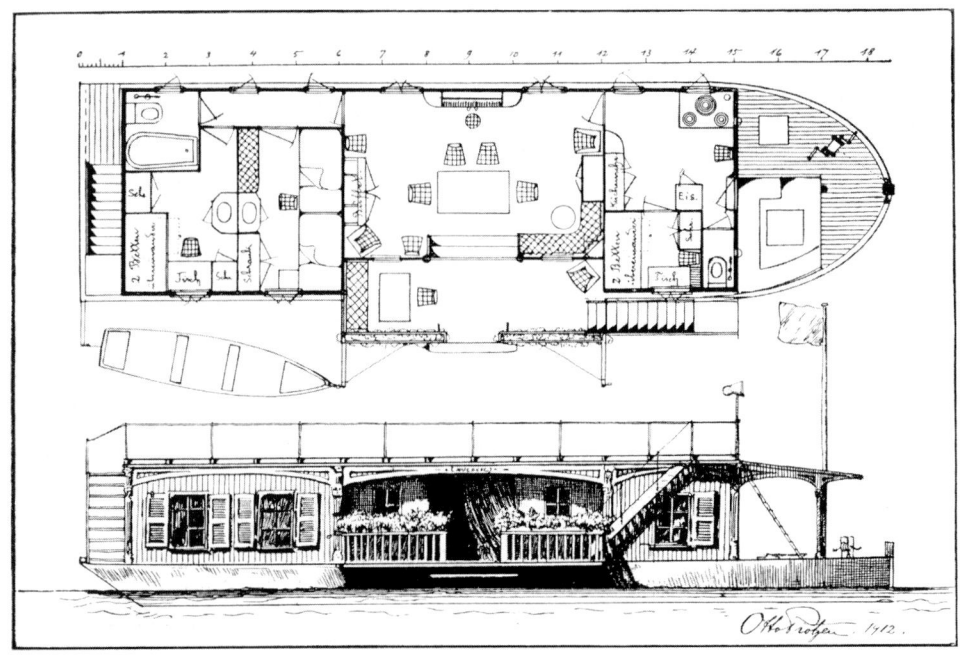

Seitenansicht und Einrichtungsplan eines Hausbootes im Prahmtyp von Otto Protzen

Hausboote vor Anker in einem stillen Winkel der Mark Brandenburg. Gezeichnet von Otto Protzen

Fluss, jeder Kanal unserer Norddeutschen Tiefebene bis weit hinauf nach Schlesien, nach dem Böhmerwald, rheinaufwärts bis Basel befahrbar. Auch ist wohl die Zeit nicht mehr fern, dass wir durch den kanalisierten Rhein bis zum Bodensee gelangen können. Die sagenreiche Donau bis zum Schwarzen Meer ist eine hochinteressante Wasserstraße, vom Rhein aus durch den rebenumkränzten Main und den Ludwigs-Kanal über Nürnberg zu erreichen. Allerdings sind nicht weniger als hundert Schleusen zu überwinden! Durch den Rhein-Rhone-Kanal gelangen wir bis Marseille, ins Mittelmeer, an die Riviera. Die Mosel, die mit dem Rhein verbundenen holländischen Kanäle führen uns bis ins Herz von Frankreich, nach Paris, nach Trouville, Oostende, nach Rotterdam, Amsterdam. Im Osten

sind Königsberg, Memel, Danzig zu erreichen. Ja, sogar Warschau und noch darüber hinaus können wir uns zum Ziele wählen. Das Idealgebiet für diese Art von Hausbooten sind ohne Zweifel das Seengewirr rund um Berlin und die Mecklenburgische Seenplatte, die durch die Quellflüsse der Havel verbunden wird. Beide Reviere weisen unvergleichliche Naturschönheiten auf und haben den Vorteil, fast mit dem gesamten Flusssystem Deutschlands zusammenzuhängen. Die herrlichen Masurischen Seen sowie die Gewässer der ebenso reizvollen Holsteinischen Schweiz sind leider für Hausboote nicht in schiffbarer Verbindung mit den großen Strömen.

Mit einem ähnlichen Fahrzeug wie oben in der Einrichtungsskizze machte ich vor einigen Jahren als

Gast des Eigners in einer Gesellschaft von sechs Personen mit einer Besatzung, bestehend aus Bootsmann, Maschinisten, Köchin und Kammerzofe, eine monatelange Reise von Berlin die Havel, Elbe abwärts nach Hamburg, durch den Kaiser-Wilhelm-Kanal zur berühmten Kieler Woche. Von dort von Hafen zu Hafen die deutsche Küste entlang und landeinwärts durch Flüsse und Kanäle zurück zur Heimat.

Es ist nur eine Frage der Konstruktion, der Maschinenkraft und der – Zeit, um unter fachkundiger Führung derartige Reisen nach Dänemark, Schweden, Norwegen, ja nach England auszudehnen.

Von großer Wichtigkeit ist eine nicht zu kleine Besegelung. Sie vermindert das Rollen des Schiffes bei Seegang und unterstützt auf langer Fahrt die Arbeit des Motors. Sie kann sogar die Rettung aus Gefahr sein, wenn trotz der hohen Vervollkommnung unserer Explosionsmaschinen doch mal eine Betriebsstörung eintritt oder auch der Benzinvorrat während der Fahrt zu Ende geht. In solchen Fällen sind die Masten schnell gesetzt, und die Segelkraft verhindert hilfloses Stranden und bringt uns zur nächsten bewohnten Gegend, zum nächsten Hafen. Auch ist es eine willkommene Abwechslung vom Einerlei der ratternden, brummenden Fortbewegungsart, lautlos mit weit ausgebreiteten weißen Schwingen wie ein stolzer Schwan dahinzuschweben über die blaue Flut.

Langweilig kann so eine Fahrt nie werden; denn wenn auch manchmal die schönsten landwirtschaftlichen Reize durch öde Kanäle oder durch Regenwetter unterbrochen werden, so ist doch stets an Bord viel zu tun, Briefe zu schreiben, aufzuräumen oder wirtschaftliche Angelegenheiten zu regeln. Wir Männer sind sowieso jederzeit in Anspruch genommen durch die Leitung des Schiffes, die bei regem Schiffsverkehr oder schlechtem Wetter manchmal nicht einfach ist und oft Geistesgegenwart und Kaltblütigkeit verlangt. Und gerade die Überwindung von Schwierigkeiten übt bekanntlich großen Reiz aus.

Der Aufenthalt in den Schleusen gibt Abwechslung für Mannschaft und Passagiere, eine willkommene Gelegenheit, die Wasservorräte zu ergänzen, Milch, Brot, Butter und anderes einzukaufen, Briefe zu befördern und die dorthin bestellten in Empfang zu nehmen.

Wenn uns ein malerischer Winkel an unserer Wasserstraße besonders gut gefällt, machen wir unbedenklich Rast. Wir haben ja keinen Anschluss zum nächsten Schnellzug zu verpassen, wir brauchen nicht für unser Nachtquartier besorgt zu sein, und unsere Essenszeit ist überall und jederzeit, sobald wir der Köchin einen Wink geben. Der Knipskasten, das Skizzenbuch und Malzeug beschweren nicht Arme und Rücken; alles steht fertig zum Gebrauch um uns herum. Für die Fahrräder ist auch noch Platz an Bord, und für einen Ausflug in die Nachbarschaft ist leicht die Verbindung mit dem Lande hergestellt, oder die Beiboote werden flottgemacht zur Erforschung eines kleinen Nebenflusses, dessen Tiefgang das Vorbringen mit dem Hausboot verbietet, zu einem Fischzug oder zum Einsammeln der Feldblumen, Schwertlinien und Wassermummeln, die abends unsere Tafel zieren sollen.

So entdeckt man manche Schönheit, die in keinem Baedecker mit einem Stern verzeichnet steht, so stählt man Körper und Geist und lernt eine vom Herkömmlichen ganz abweichende Art zu reisen und die Welt von einer anderen Seite zu betrachten. Wer die Großartigkeit der Natur nur nach der Höhe der Berge, nach der Anweisung des Reiseführers bewundern und beurteilen kann, wer sich nur im Dinnerdress und in Gesellschaftstoilette wohlfühlt, in modernen Riesenhotels, umgeben von befrackten Kellnern, der bleibe fern vom Hausboot! Er wird die Poesie nicht verstehen, die in der einfachsten Szenerie liegt, wenn die Sonne durch die Kiefernstämme flimmert, wenn grandiose Gewitter sich über melancholischem Heideland ballen, wenn Sturm und Regen über weiß schäumende Seen jagen, oder wenn in friedlicher Abendstille der Rohrfänger sein Liedlein im raschelnden Schilfrand schnarrt und die Nachtigall im nahen Busch ihr Liebeslied schluchzt. Das Quaken der Frösche, das Summen der Käfer, Vogelgezwitscher und die anderen tausend Stimmen der Natur: Wer diese Symphonie zu schätzen weiß, der gehe aufs Hausboot!
Otto Protzen   *Illustrierte Zeitung, 1912*

Wandervögel auf hoher See. Gezeichnet von F. Amann

DIE WIRTSCHAFTLICHE BEDEUTUNG DES SEGELSPORTS

Es wird natürlich in weiteren Kreisen genug Leute geben, die den Segelsport als Luxussport, an dem die ärmeren Schichten nicht nur keinen Teil, sonder auch kein Interesse haben dürfen, hinstellen. Diesen einmal mit ein paar Zahlen unter die Nase zu springen wird ganz nützlich sein, und auch die Segler werden sich wohl selten ein Bild über den Umfang der Werte, die durch den Segelsport alljährlich flüssig gemacht und umgesetzt werden, gemacht haben.

Allein für Rennzwecke erbauten die deutschen Werften im Jahre 1912 insgesamt 110 Fahrzeuge im Werte von 450.000 Mark. Man wird die Bauten für Tourenzwecke wohl ebenfalls, wenn man von Jollen und Gigs, über die sich ein Überblick schwer schaffen lässt, auf 100 veranschlagen können, denen ein Wert von annähernd 300.000 Mark zukommt, so dass allein im Schiffbau 750.000 Mark umgesetzt sind, wozu wieder noch für Reparaturen und größere Umbauten mindestens 50.000 Mark kommen dürften. Diese Summe von 800.000 Mark wird übrigens 1913 wegen des Baues mehrerer ungewöhnlich großer Yachten auf ein Mehrfaches steigen.

Im Jahre 1912 sind in Deutschland 97 Wettfahrten allein vom Seglerverband veranstaltet. Dazu kommen aber noch etwa 20 Rennen besonderer Art (Eintonnerpokal usw.), so dass 120 Regatten zusammenkommen. Nimmt man an, dass bei jeder nur durchschnittlich zwei Dampfer gechartert wurden, so dürften für diese wohl gut 20.000 Mark an Miete gezahlt sein, welche Summe sich aber bei Berücksichtigung der internen Regatten, derer des Segelbundes u.a. auf etwa 34.000 Mark erhöht. Rechnet man aber noch die öffentlichen Begleitdampfer der Kieler Woche u. a. dazu, so wird man die Einnahme der Reedereien durch Regatten auf nicht viel unter 100.000 Mark veranschlagen können.

Sehr viel schwerer berechnen lässt sich, wie viel die Eisenbahn an Transportkosten für Rennyachten vereinnahmt hat. Bedenkt man aber die starke wechselseitige Beteiligung zwischen Kiel, Hamburg und Berlin, so wird die Summe von 45.000 Mark sicher nicht zu hoch erscheinen. Übrigens dürften auch die Gebühren für Verladung und Kranbenutzung ein nettes Sümmchen ausmachen, und wenn jemand dabei die Segler so schröpft wie die Flensburger Werft, deren Forderung für Zuwasserbringen mir noch immer unangenehme Gefühle hervorruft, so kann er dabei einen netten Verdienst einstreichen.

Bei den 97 offenen Regatten dieses Jahres sind 1.304 Klassenpreise zur Verteilung gekommen, wozu dann noch etwa 60 gleich zu gewinnende Extrapreise zu rechnen sind. Der Wert der Preise ist natürlich sehr verschieden, wird aber, wenn man die Kostbarkeit der in Kiel gegebenen berücksichtigt, wohl einen Durchschnitt von 120 Mark für jedes Stück eher über- als unterschreiten. Man käme damit auf rund 165.000

Mark Ausgaben für Preise. Zieht man nun noch die internen Regatten in Betracht, so wird eine Summe von mehr als 200.000 Mark sicher herauskommen.

Über die Regatta-Unkosten können einige sichere Zahlen von der Kieler Woche ein Bild geben. Dort kommen allein an Meldegeldern über 16.000 Mark ein. Bedenkt man, dass für die beiden Regatten der Europawoche rund 30.000 Mark gerechnet wurden und nimmt für die Jubiläumswettfahrt des Kaiserlichen Yachtclubs entsprechend etwa 15.000 Mark an, außerdem an Zuschüssen der Vereine für die anderen Regatten 10.000 Mark, so sind für die Kieler Woche allein von den Veranstaltern mindestens 70.000 Mark ausgegeben worden.

Was durch den von der Kieler Woche herbeigezogenen Fremdenstrom die Stadt Kiel verdient, steht auf einem anderen Blatt und ist nicht abzuschätzen. Ebenso ist es kaum möglich, einen Anhalt zu gewinnen für die Höhe der Löhne, welche an die ständige Besatzung der Yachten jährlich gezahlt werden, zumal hier auch noch die Tourenyachten stark in Betracht kommen. Immerhin mag die Summe von 150.000 Mark der Wahrheit ziemlich nahe kommen.

Dieser flüchtige Überblick ergibt nun schon die Zahl von fast 1.300 000 Mark, wobei sicherlich alle Summen sehr vorsichtig und niedrig angesetzt sind. Das ist aber nur der direkte Umsatz des Segelsports, während weniger deutlich hervortretende Seiten – man denke an neue Segel, neues Tauwerk, Lack und Farben, Kleidung, Flaggen – nicht berücksichtigt werden können. Die Summe spielt an sich in unserer Volkswirtschaft keine große Rolle, im Vergleich mit anderen Sportarten aber gewinnt sie an Eindruck und lässt den Segelsport in den Vordergrund treten. St.

Die Yacht, 1913

Eine Sache des Temperaments - nicht des Geschlechts. Aus The Yachting Monthly, 1910

DIE FRAU IM SEGELSPORT

Ein Wort an unsere männlichen Sportskameraden von einer jungen Segelschwester.

Ich möchte eins voransetzen – ich beabsichtige im Nachfolgendem ganz gewiss keine aggressive Tendenz gegen meine männlichen Sportsgenossen, ich habe nämlich durchaus keine Lust, als Frauenrechtlerin angesehen zu werden, und andererseits habe ich mich im Allgemeinen im Kreis meiner Kameraden immer ganz wohl gefühlt und hoffe es als künftige Seemannsfrau noch mehr zu tun. Nein, keine Vorwür-

fe, nur eine sanfte Bitte will ich an Sie richten. Mulier taceat in ecclesia – resp. im Yachtclub. Oft genug bekam ich diese schöne Weisheit wörtlich und sub rosa von meinen Clubkameraden zu hören, wenn ich es wagte, in seglerischen Fragen auch mitreden zu wollen. Und ich bin doch Mitglied des D.S.V., war jahrelang auf allen möglichen und unmöglichen Gewässern herumgegondelt, hatte so manche kleine und große seglerische Dummheit hinter mir, war glückliche Eignerin zweier Boote gewesen – es half alles nichts. „Eine Dame hat im richtigen, echten Segelsport nichts zu suchen" – das ist die allgemeine Meinung. Und warum? Ich möchte es gerne wissen. Auf allen Gebieten des Sports hat die Frau der Neuzeit sich das Feld erobert, sie bezwingt die kühnsten Gipfel, sie springt und läuft auf ihren Skiern mit den männlichen Genossen um die Wette, sie erwirbt sich das Pilotenzeugnis und lenkt sicher und ruhig ihr Flugzeug durch den Luftozean, sie holt sich anstandslos den Führerschein für das Auto – bloß im Segelsport nimmt man sie niemals für voll. Es ist wahr, man lädt uns ein auf die Yacht und freut sich, wenn das junge Mädel an Bord die Rolle des allbekannten süddeutschen ‚Skihaserl' spielt und hilflos mit großen Augen um sich blickt, lacht über seine verkehrten technischen Bezeichnungen und amüsiert sich manchmal in der Flaute recht gern mit ihm als Flirtobjekt. Hie und da kommt es auch vor, dass wir Messing putzen und Deck scheuern dürfen, ganz gern überlässt man uns das Abspülen und bereits etwas misstrauisch das Kochen. Ist ‚sie' wirklich flott und schneidig und möchte in ehrlicher Begeisterung ihre junge Kraft aktiv betätigen, dann gibt man ihr wohlmeinend eine Vorschot in die Hand oder lässt sie gar zum ‚Backstagsmädel' avancieren. Das ist aber schon sehr viel, und der angstgequälte Steuermann bekommt Sorgenfalten auf der Stirn und hört im Geiste bereits den Mast krachen, denn ‚sie' wird beim Wenden natürlich vergessen, die neue Luvpardune zu belegen. Fragt man die männlichen Kameraden, warum sie uns gar so gering einschätzen, zucken sie mitleidig ironisch die Schultern, und wenn sie recht höflich sein wollen, heißt's bedauernd: „Ach nein, das strengt eine Dame zu sehr an, sie taugt zum Segeln nicht, weil die körperliche Kraft fehlt." Meine lieben Herren Sportskameraden, das ist nicht wahr. Die Mittelmaßleistung, was Kraft anbelangt, ist bei der Frau dem Manne gegenüber meist ebenbürtig, wenn freilich nicht zu große Anforderungen gestellt werden. Als ich heuer mich mit einer Gruppe alter Segler herumstritt, hieß es: „Führen Sie allein eine 8 m-R-Yacht bei 6 m Brise, dann wollen wir Sie als ebenbürtig ansehen." Ich habe ja allen Respekt vor solchen Rekordleistungen, aber von meinen Bekannten machte jeder ein bedenkliches Gesicht – versucht hat's keiner. Dagegen habe ich auf einem 7 Sl.-Boot erlebt, dass bei

einer stürmischen Regatta der Großschotmann vom beständigen Holen und Fieren hart am Wind erschöpft und bleich plötzlich seine Großschot im Stich ließ und sie aufatmend in die Hände – des Backstagmädels legte, das denn auch seine Pflicht tat bis zum Schluss. Man macht uns oft den Vorwurf starker Nervosität und fehlender Geistesgegenwart bei schwierigen Situationen. Ich sah schon so manchen Yachteigner oft wegen Kleinigkeiten fluchend und jammernd mit seiner unglücklichen Mannschaft an Deck herumwettern; sprach man ihm dann von Nervosität, gab's große Augen. „Ich nervös – niemals, das sind nur Damen beim Segeln." Und die Geistesgegenwart? Das ist natürlich individuell. Es ist wahr, ich habe schon auf meinem Boot weibliche Gäste gehabt, die bei jeder Bö in Todesangst um Hilfe flehten und bei Havarien gewiss erst nach einer halben Stunde zu einer richtigen Überlegung reif gewesen wären. Doch so sind sie nicht alle. Das echte, geschulte und trainierte Sportgirl wird seine fünf Sinne auch in gefährlichen Situationen beisammen behalten und in der Gefahr ruhig und kaltblütig seine Anordnungen treffen. Ein anderer Einwurf ist, dass einer Dame die nötigen mathematischen Grundregeln fehlen, dass sie von Technik, Bootsbau und Nautik keinen blassen Schimmer zu haben pflegt usw. Es stimmt nicht ganz. Die moderne Frau hat in der Regel in ihrer Schulzeit schon so viel von der gefürchteten Mathematik gelernt als sie braucht, wenn sie auch nicht in zwei Minuten das Besteck aufzumachen versteht oder aus dem Kopf die verzwicktesten nautischen Berechnungen lösen kann. Zu einfachem Touren- und Regattasegeln ist das nicht nötig, und – Hand aufs Herz, meine Herren Kameraden – ich glaube, dass unter sonst tüchtigen Herrenseglern weitaus der größte Teil bei nautischen Aufgaben recht kleinlaut würde und die wenigen anderen schleunigst nach Logarithmentafeln riefen. Schiffsbau und Schiffbautechnik? Naja, es gibt so viele wunderschöne Werke in der Fachliteratur, die leicht fasslich geschrieben sind – ich erinnere nur an ‚Yachtbau und Yachtsegeln' –, dass dieser Lücke der

---

Ein Dinghy kann mehr Aufsehen erregen als ein 30-Tonner.
C. Fleming Williams, 1907

seglerischen Bildung auch bei einer Dame schnell abgeholfen ist. Und die Frau der Moderne, die die komplizierte Mechanik von Flugzeug und Auto beherrscht, wird auch mit der einfacheren Handhabung einer Yacht noch fertig werden. Nun kommt noch ein wunder Punkt: Regattasegeln – die hohe Schule des Segelsports. Da hat die böse Intoleranz unserer männlichen Kameraden eine wahre Chinesische Mauer geschaffen – wehe der Dame, die es wagt, ins Allerheiligste vorzudringen! In der Regel lässt man ihre Meldung nicht gelten – sie darf einfach nicht starten. Gründe? Sie ist kein Mann, das muss genügen. Es ist wahr, Regattasegeln ist gar nicht so einfach, ich hab's selbst erfahren, als ich vor Jahren als blutjunge grüne Seglerin in meiner ersten Regatta stolz am Ruder saß und von Regattengesetzen, Ausweichregeln usw. keine Ahnung hatte. Unter großem Jubel ward die Boje falsch gerundet und eine unvorsichtige Sonderklasse, die nicht gleich weit genug abfiel, an der Außenhaut schnöde misshandelt. „Ja, wenn Damen Regatten fahren wollen...!!!" Aber Ausweichregeln und ähnliche schöne Dinge prägen sich mit der Zeit ein, und die geheimsten Regattenkniffe lernt man von der Konkurrenz auch nach und nach, und eine Dame, das behaupte ich fest, kann, falls sie Talent, Übung, ein gutes Boot und richtig getrimmte Mannschaft besitzt, ebenso gute Erfolge in Wettfahrten haben wie ihr männlicher Sportskamerad. Aber sie darf's eben nicht, sie ist von vornherein verurteilt, nichts, radikal nichts zu können, und unsere lieben Genossen, mögen sie sonst noch so nett und liebenswürdig sein, in der Regatta verwandeln sie sich in wahre Musterexemplare männlicher Intoleranz. Aller Konkurrenzneid wird vergessen, man gönnt gern dem lachenden Dritten den Vorsprung, wenn man nur ‚sie' durch einen endlosen Luvingmatch hinausbringt, man guckt mit Augen und Feldstecher, ob sie nicht doch eine Boje berührt, oder überlegt, wie man den Eindringling sonst ein bisschen ärgern kann – während alldem sitzt an den Wanten schon feierlich einer von der Crew und hält krampfhaft eine ominöse Nationale in der Hand – vielleicht gibt ‚sie' doch noch Anlass zu einem ordentlichen Protest.... Und wenn's nicht gelingt, gibt's lange Gesichter. Als ich in meiner ersten Regatta vor Jahren vergnügt eine Dummheit nach der anderen machte, nickten die Kameraden – als ich bei meiner letzten heuer zwei Preise heimholte, schüttelten sie ungläubig die Köpfe: „So ein Dusel – unerhört!" Dass Erfolge aber eine ehrliche Anstrengung und eine wirkliche Arbeit bedeuten, das bedenken sie nicht. Ich wende mich an meine Kameraden und spreche im Namen vieler Segelschwestern zu ihnen: „Lasst es anders werden, sorgt dafür, dass die ungerechten Bestimmungen, die in den meisten Clubs uns als ordentliche Mitglieder ausschließen, aufgehoben werden, und dass Paragraphen, die uns auf offenen Regatten die Führung einer Yacht verbieten, aus den Gesetzen des D.S.V. verschwinden. Unser schöner Sport ist sonst so fortschrittlich, bringt soviel Neues Jahr für Jahr – weshalb ist man uns gegenüber so reaktionär gesinnt? Wir wollen ganz gewiss nicht als Suffragetten des Segelsports auftreten und uns in alles Mögliche und Unmögliche einmischen – nein, wir wünschen uns nur das Recht ehrlicher Mitarbeit und auch das nur auf Grund vorher in einem Führer- oder Steuermannsexamen nachgewiesener Befähigung; wir wollen nicht eine Konkurrenz mehr bedeuten für unsere männlichen Sportsgenossen, sondern gute Kameradschaft halten, um in gemeinsamem Wetteifer beizutragen zur Hebung und Förderung unseres schönen deutschen Segelsports. *Lisa Holzlechner*

Die Yacht, 1914

DIE SEEWETTFAHRT UND DAS HANDICAP DES NORDDEUTSCHEN REGATTAVEREINS AM SONNTAG, DEN 28. JUNI 1914

nahm leider in mehr als einer Hinsicht einen beklagenswerten Ausgang.

Nachdem die Wettfahrt bereits über drei Stunden gedauert hatte, ohne dass ein Ende abzusehen war, bemerkte man, dass eine Pinasse, in der sich der persönliche Adjutant des Kaisers befand, längsseit des METEOR ging, worauf die Yacht nach wenigen Minuten aus ihrem Kurse drehte, der Rennstander gestrichen und der Clubstander halbstocks gesetzt wurde. Das Ungewöhnliche dieses Vorganges rief auf dem von Hunderten von Mitgliedern besetzten Begleitdampfer des Norddeutschen Regattavereins lebhafte Bestürzung hervor, er dampfte sofort mit Kurs auf METEOR zu, worauf durch Winkersignale und bald danach megaphonisch vom SLEIPNER die Unglücksnachricht von der Ermordung des großherzoglichen Thronfolgerpaares bekannt gegeben wurde.

METEOR, der den ganzen Tag über die Führung gehabt hatte und einem überlegenen Siege entgegenging, nahm sofort die Vorsegel weg und ging im Schlepp eines Torpedobootes nach Kiel zurück. Die, soweit es möglich war, von dem Begleitdampfer in Kenntnis gesetzten Yachten folg-

ten fast ausnahmslos dem Beispiel METEORs und segelten oder kamen im Schlepp von schleunigst beorderten Barkassen in den Hafen, in dem die gesamte Flotte einschließlich der englischen Gäste bereits die österreichische Flagge am Großmast und die englische, beziehungsweise deutsche Kriegsflagge am Vormast halbstocks gesetzt hatte.

Zu Ende gesegelt wurde die Wettfahrt in der Hauptsache nur von den kleinen Klassen und einigen Fünfzehnern, die sich ohnedies bei Ankunft der Nachricht meist schon auf der Heimfahrt befanden. Da die Wettfahrt von der Leitung nicht abgebrochen wurde, sondern die Entscheidung dem persönlichen Gefühl jedes Führers überlassen blieb, gilt sie natürlich als erledigt und wird nicht wiederholt werden.

Die Yacht, 1914

Kaiser Wilhelm II. erhält an Bord der METEOR V durch den Chef des Marinekabinetts Admiral von Müller die Trauerbotschaft von der Ermordung des österreichischen Thronfolgerpaares. Gemälde von Hans Bohrdt

M. Zeno Diemer.

S. M. Yacht METEOR V

Wenn es je im raschen Wechsel der Zeiten und in der Flucht der sich haschenden Ereignisse auf dem Gebiete segelsportlicher Entwicklung ein Jahr gegeben hat, das in gleichem Maße für die Weltgeltung des deutschen Segelsportes wie des deutschen Yachtbaues von grundlegender Bedeutung gewesen ist, so war es das Jahr 1908. War es doch das Geburtsjahr jenes ersten deutschen Rennschoners, der mit sorgsam gewahrtem Recht den Wahrspruch ‚Deutsch vom Kiele bis zum Flaggenknopf' wie kein anderer vor ihm für sich in Anspruch nehmen durfte. Deutsch war der Zeichner, deutsch die Werft, deutsch war die Mannschaft, deutsch das Kleid, deutsch war der Innenbau und deutsch der Rest; und deutsch das Sinnbild, das den Namen gab: GERMANIA, des Deutschen Vaterland; ihm um so teurer heute, da in West und Ost und fern in fremden Ländern der Feinde Zahl ins Ungemessene stieg, es zu zertrümmern. Was aber heue draußen in Russlands Schneegefilden, in Serbiens rauen Bergen, in der Champagne, in Flandern, in der Türkei, in Afrika, auf fernem Meer von Heer und Flotte verteidigt wird: das Recht, so groß zu sein, wie es ein arbeitsames Volk in friedlichem Erwerb und in der Nutzung seiner Mittel zu sein berechtigt ist, das schuf dem deutschen Segelsporte, der deutschen Yachtbaukunst das Jahr 1908. Es brach den Bann und jenen Glauben, den Eingeweihte längst verworfen hatten, dass Deutschlands Großyachtbau dem fremden nicht gewachsen sei. GERMANIA kam, es zu beweisen. Ihr folgte der vierte METEOR und brachte die Erfüllung jenes lang gehegten Wunsches, dass eines Deutschen Kaisers Yacht auch deutschen Ursprungs sei. – Die Jahre gingen; und was dereinst als große Tat gefeiert worden war, der wohlgelungene Bau und der Erfolg der Yachten, das ward inzwischen

METEOR V und Marineflugzeug bei der Kieler Regatta.
Gemälde von Zeno Diemer

zur Gewöhnung; und als im Jahre 1913 das Gerücht auftauchte, dass des deutschen Segelsports stärkster Förderer, der Deutsche Kaiser, einen Neubau plane, da zweifelte kein Mensch mehr am Gelingen; man war allein begierig, das Maß des Fortschritts zu erfahren, das zwischen ihm und seinen Ahnen sich ergeben würde. Dass Meister Oertzens Kunst und deutscher Werften Können sich dieser Aufgabe gewachsen zeigen würden, wie sie es vordem schon getan, das stand – in ruhiger Zuversicht – in Deutschland außer Frage. Und auch im Ausland war man – wenn auch mit stellenweise anderem Gefühl, – der gleichen Meinung und sah von neuem mit stillem Ingrimm ein Gebiet versinken, auf dessen ewige Beherrschung man dereinst verbriefte Rechte zu besitzen wähnte. Und was im friedlichen Bewerb, im freien Spiel der Kräfte nicht gelang, den deutschen Fleiß und deutsches Können zu besiegen, das sollte mit des Schwertes Schärfe glükken. So kam der Krieg und um des Kaisers Fahnen geschart stehen heute Millionen, und unter diesen Tausende aus allen Gauen des deutschen Vaterlandes, die der Wassersport befähigt hat, des Krieges Mühsal zu ertragen. Um diesen, die seit Jahresfrist und länger den Wassersport nur aus Berichten kennen, zum Weihnachtsfeste eine Freude zu bereiten, in ihnen die Erinnerung zu wecken an das, was unser Sport und was die Heimat ihnen einst geboten, und was sie wieder – wenn zum Schluss des Krieges Fackel ausgelöscht – dem Heimgekehrten bieten werden, haben wir des deutschen Segelsportes Allerhöchsten Kommodore um die Genehmigung gebeten, des Deutschen Kaisers fünften METEOR im Bilde und in den Plänen unseren Lesern im Felde draußen und daheim zum Weihnachtsfeste vorzuführen.

Wie unsere Leser sehen, hat Seine Majestät allergnädigst geruht, diese Genehmigung zu erteilen, und während wir im Namen unserer Leser wie im eigenen Namen diesem Dank für diese in gegenwärtiger Zeit, als hohes Zeichen kaiserlicher Huld erscheinende Genehmigung alleruntertänigst Ausdruck geben, verbinden wir damit auch den Dank an Meister Oertz, sowie an die Germaniawerft in Kiel für ihre liebenswürdige Unterstützung bei der Durchführung der Veröffentlichung durch Überlassung der darauf bezüglichen Bilder vom ersten Tage des Baubeginnes bis zur Vollendung.

Am 4. des Weihnachtsmonats (*geschrieben 1915*) waren es zwei Jahre seit dem Tage, an dem auf der Germaniawerft in Kiel das Werk begann. Hoch türmen sich vom tiefsten Punkt des Kieles die Lagerböcke bis hinauf zum Vordersteven, und aus der Kurve ihrer Aufklotzungen ist bereits des künftigen Schiffes Kielstrak zu erkennen. Schon ist achtern die Mittelkielplatte, auf die der Ruderschaft sich später stützt, errichtet, und emsige Hände sind beschäftigt, die fischgeformte Kielplatte, die dem Horizontalschnitt des Bleiballastes entspricht und diesen später tragen soll, mit jener vertikalen Platte zu verbinden. In dieser Platte, die zur Stützung des achtern schmaler werdenden Bleiballastes dient, endet das eigentliche Rückgrat der Yacht und so ist sie zum Schutze gegen Grundberührungen und als die Stelle, die beim Docken zuerst des Schiffes Last zu tragen hat, bis unter die Unterkante des schmalen Bleikieles durchgeführt.

Nur vierzehn Tage später sind die aus Stahl geschmiedeten Vor- und Hintersteven, die Spanten und Gegenspanten, wie sie der Lloyd seit dem GERMANIA-Bau verlangt, an Ort und Stelle und schon das Weihnachtsfest sieht METEOR mit seinen Decksbalken und Winkelunterzügen fertig zur Beplankung, die – wie bei seinen Vorgängern – aus bestem Spezialstahl der Firma Krupp besteht und ihm die Klasse +100 A$_4$ K sichert.

Das neue Jahr begann mit der Fertigstellung des aus fünf Stücken zusammengesetzten Bleikieles im Gesamtgewicht von 127.000 kg und Mitte März war bereits das aus Sprucelholz in schmalen Planken gelegte Deck zum Dichten fertig; die aus Tabasko-Mahagoni hergestellten Decksaufbauten und der aus gleichem Holze gefertigte Schandeckel waren eingebaut, so dass am 23. März mit dem Abschleppen von der Helling begonnen werden konnte. Dieses Abschleppen erfolgte wieder wie bei METEORs Vorgängern in

der Weise, dass die Yacht in einem eisernen Prahm zu Wasser gebracht und auf diesem ins Dock der Kaiserlichen Werft überführt wurde, wo am 29. März 1914 durch die Gattin des Stationschefs, Frau Admiral v. Coerper, Exz., die Taufe des jüngsten Kaiserschiffes in Gegenwart der auf unserem Bilde wiedergegebenen Festversammlung vorgenommen wurde.

Nach dem sich an den Taufakt anschließenden Ablauf im gefluteten Dock erfolgte von neuem die Überführung zur Germaniawerft zur weiteren Fertigstellung des inneren Ausbaues und der Ausrüstung, die die Zeit bis zum 1. Mai erforderte, so dass nach fast – auf den Tag – fünfmonatiger Bauzeit am 3. Mai die erste Probefahrt beginnen konnte. [...]

Was die technische Seite des Baues betrifft, so erfolgte diese in Übereinstimmung mit von Lloyds festgesetzten Materialstärken, in Anlehnung und auf Grund der mit GERMANIA und seinem letzten Vorgänger gemachten Erfahrungen. Die Außenhaut ist wieder glatt genietet worden mit Unterlegstreifen, die unter den gekröpften Spantschenkeln durchgeführt sind. Auch die bei GERMANIA schon eingebauten Kimmstringer mittschiffs, die bis nach oben durchgeführten Gegenspanten, hohe Bodenwrangen, und Winkelunterzüge unter den Decksbalken beider Decks sind beibehalten worden. Unter den Masten sind die Flurplatten höher und stärker gehalten und ebenfalls teilweise mit doppelten Gegenspantwinkeln versehen und durch interkostale Mittelstützplatten zu einem starren Ganzen vereinigt worden, auf dem sich die Mastspur aufbaut. Außerdem sind die Hauptdecksbalken in der Gegend der Masten und am Spill auf die doppelte Stärke gebracht worden und die Gegenspanten dort teilweise bis unter das Deck geführt worden.

Die wichtigsten Abmessungen der neuen Kaiseryacht METEOR V sind:

Länge über alles	47,611 m
Länge in der Wasserlinie	32,134 m
größte Breite über alles	7,675 m
Ballastanteil	135.020 kg
Tiefgang	5,478 m
Segelfläche	1.410,289 qm

Die Yacht, 1915

Vorbei!

Der Zusammenbruch des deutschen Reiches und der Thronverzicht Kaiser Wilhelms bedeuten den endgültigen Abschluss eines Zeitabschnittes des deutschen Segelsports, der auch entscheidende Bedeutung für den Segelsport im Norden erlangt hatte. Kaiser Wilhelm, der auch als Segler ein talentvoller und impulsiver Amateur war, wie auf so vielen – vielleicht allzu vielen – Gebieten, hat eine Reihe von Jahren den Segelsport beschützt und sich auch im großen Stil daran beteiligt. Er war ferner ein Vermittler und Vorkämpfer, um Deutschland einer glänzenden Zukunft entgegenzuführen und um dem Reich gleichzeitig ‚einen Platz an der Sonne' zu verschaffen. . . .

Um in diesem Sinne vorwärts zu kommen, interessierte er das deutsche Volk für Meer, Schifffahrt und Marinewesen, und es schien alles zu glücken. Durch das Anschaffen von großen Yachten – er begann mit dem früheren Amerika-Pokal-Herausforderer THISTLE (METEOR I) – veranlasste der Kaiser Armee- und Marineoffiziere zur aktiven Beteiligung an den großen Wettsegel-Veranstaltungen; seine Söhne beteiligten sich an den Wettfahrten auf dem Wannsee und auf der Kieler Förde; und er selbst blieb der strahlende Mittelpunkt der großen jährlichen Zusammenkünfte in Kiel und Travemünde.

Der Einfluss machte sich hinauf bis zu den nordischen Gewässern bemerkbar; viele Jahre lang wurden die skandinavischen Wettfahrten durch die südlichen Teilnehmer aufrechterhalten, und die Zusammenarbeit auf dem Gebiete der Messformel war von größter Bedeutung für die gedeihliche Entwicklung des Segelsports im Bereich der Ostsee. Nicht ohne Wehmut vermissen wir nun die schmucken Yachten, die, entstanden durch tüchtige deutsche Werften und Konstrukteure, uns in der Öresundwoche mit Deutschland begegnen ließen, nicht minder vermissen wir nun manche tüchtigen und liebenswürdigen Segler, die sowohl Freundschaft als Preise herbeigerufen hatten.

Das ist nun alles vorbei. Und wird das jemals wiederkommen?

Bei der ‚europäischen' Zusammenkunft im Sommer 1914 entfaltete sich das deutsch-nordische Zusammenarbeiten in seinem ganzen Glanz, die Kaiser-Schoneryacht METEOR und die Schoneryacht GERMANIA des Herrn Dr. Krupp v. Bohlen und Halbach waren der Mittelpunkt einer glänzenden Flotte von Yachten. Das war das stärkste Aufblühen unmittelbar vor dem Untergang. Wenige Tage später jagte der drohende Ausbruch des Weltkrieges die ganze Schar in alle Winde. Vernachlässigt, ihrer Segel und Bleikiele beraubt liegen die deutschen Yachten nun da.

Die nordischen Länder haben sich – obgleich die Zeiten vordem auch schon ernst und schwer gewesen sind – in steigendem Maße zusammengeschlossen und der Segelsport hat gestützt auf den Geldreichtum auf allen Gebieten geraden Kurs durchgehalten. Ob dieser Zustand bleiben wird, hängt ab von der Entwicklung der Weltlage; aber solange die Wunden der Welt nicht ausgeheilt sind, wäre es müßig, sich auf Voraussagungen einzulassen. Die Möglichkeit der Wiederanbahnung fruchtbarer Zusammenarbeit mit Deutschland ist jetzt auf allen Gebieten in unsichtbare Ferne gerückt.

Die Yacht, 1918

BILDQUELLEN-NACHWEIS:

Archiv Klaus Kramer:
Seite 295, 296, 11, 14, 15, 19, 22/23, 24, 26/27, 29, 30/31, 32/33, 34, 35, 36, 37, 38/39, 41, 42/43, 46/47, 53, 54, 57, 59, 60. 61, 63, 64, 66, 68, 70/71, 76/77, 79, 80/81, 82/83, 85, 87, 89, 90, 93, 94, 96/97, 100/101, 102, 104, 105, 106, 109*, 110, 111, 112, 114/115, 116, 117, 120/121, 123, 124/125, 126/127, 128/129, 132, 133, 135, 136, 137, 138/139, 141, 144, 147, 148/149, 154/155, 156/157, 158/159, 161, 162/163, 164, 166, 170, 171, 176/177, 179, 181, 182, 185, 186/187, 188, 190/191, 194, 196/197, 198, 201, 202/203, 206/207, 208/209, 210/211, 215, 218/219, 220/221, 222, 224, 240, 241, 243, 254, 256, 262, 267, 271, 277, 278, 280, 291, 293, 296
Württembergische Landesbibliothek, Stuttgart, J. Siener:
Seite 168/169, 204/205, 225, 226/227, 228/229, 232/233, 234/235, 237, 238/239, 244, 248/249, 250, 251, 252, 253, 257, 258, 259, 260, 261, 265, 272, 274, 275, 276, 282, 283, 284, 285, 286, 287, 289, 295*
* © VG-Bild-Kunst, Bonn '02